丁向荣 编著

姚永平 主审

单片机原理与应用项目教程

——基于STC15W4K32S4系列单片机

清华大学出版社

北京

内 容 简 介

STC15W4K32S4 系列单片机是 STC 增强型 8051 单片机最新技术结晶，它支持宽电源电压（2.4～5.5V），无需转换芯片即可直接与 PC 的 USB 接口通信；增强型 8051 单片机集成了上电复位电路与高精准 R/C 时钟，给单片机芯片加上电源就可运行程序；它具备在线编程与在线仿真功能，一颗芯片既是一个目标芯片，又是仿真芯片；它集成了大容量的程序存储器、数据存储器以及 EEPROM，增加了定时器、串行口等基本功能部件，集成了 A/D、PCA、比较器、专用 PWM 模块、SPI 等多功能接口部件，可大大地简化单片机应用系统的外部电路，使单片机应用系统的设计更加简洁，系统性能更加高效、可靠。

本教材以 STC15W4K32S4 系列中的 IAP15W4K58S4 单片机为主线，以单片机资源为项目导向，基于任务驱动组织教学内容，结合 STC 大学推广计划的配套实验箱，使教师可以很方便地实施"教、学、做"一体化教学。

本书可作为高职（含中高三二衔接）电子信息类、自动化类、计算机应用类专业"单片机原理与应用"课程教材，也可作为应用型本科相关专业"单片机应用技术"课程的教学用书。此外，本书可作为电子设计竞赛、单片机应用工程师考证的培训教材，也是传统 8051 单片机应用工程师实现升级转型的最新参考书籍。

图书在版编目（CIP）数据

单片机原理与应用项目教程：基于 STC15W4K32S4 系列单片机/丁向荣编著. —北京：清华大学出版社，2015（2024.9重印）

ISBN 978-7-302-39989-6

Ⅰ．①单… Ⅱ．①丁… Ⅲ．①单片微型计算机—教材 Ⅳ．①TP368.1

中国版本图书馆 CIP 数据核字（2015）第 086515 号

责任编辑：王剑乔
封面设计：常雪影
责任校对：袁 芳
责任印制：刘海龙

出版发行：清华大学出版社
网　　址：https://www.tup.com.cn，https://www.wqxuetang.com
地　　址：北京清华大学学研大厦 A 座　　　　　　邮　　编：100084
社 总 机：010-83470000　　　　　　　　　　　邮　　购：010-62786544
投稿与读者服务：010-62776969，c-service@tup.tsinghua.edu.cn
质量反馈：010-62772015，zhiliang@tup.tsinghua.edu.cn
课件下载：https://www.tup.com.cn，010-62795764

印 装 者：三河市铭诚印务有限公司
经　　销：全国新华书店
开　　本：185mm×260mm　　　　印　张：18　　　　字　数：432 千字
版　　次：2015 年 5 月第 1 版　　　　　　　　　　印　次：2024 年 9 月第 11 次印刷
定　　价：49.00 元

产品编号：064013-02

PREFACE

序

　　21 世纪,全球全面进入了计算机智能控制/计算/通信(物联网)时代,而其中的一个重要方向就是以单片机为代表的嵌入式计算机控制/计算。由于最适合中国工程师/学生入门的 8051 单片机已有 30 多年的应用历史,绝大部分工科院校均有此必修课,有几十万名对该单片机十分熟悉的工程师可以相互交流开发和学习心得,有大量的经典程序和电路可以直接套用,从而大幅降低了开发风险,极大地提高了开发效率,这也是 STC 宏晶科技/南通国芯微电子有限公司生产基于 8051 指令系列单片机产品的巨大优势。

　　Intel 8051 技术诞生于 20 世纪 70 年代,不可避免地面临落伍的危险,如果不对其进行大规模创新,我国的单片机教学与应用就会陷入被动局面。为此,STC 宏晶科技对 8051 单片机进行了全面的技术升级与创新,经历了 STC89/90、STC10/11、STC12、STC15 系列,累计发布上百种产品:全部采用 Flash 技术(可反复编程 10 万次以上)和 ISP/IAP(在系统可编程/在应用可编程)技术;针对抗干扰进行了专门设计,超强抗干扰;进行了特别加密设计,如 STC15 系列现无法解密;对传统 8051 进行了全面提速,相同时钟频率指令平均快7 倍,最快指令速度提高了 24 倍,时钟从传统的 12MHz 提高到最快可 30MHz;大幅提高了集成度,如集成了 A/D、CCP/PCA/PWM (PWM 还可当 D/A 使用)、高速同步串行通信端口 SPI、4 个高速异步串行通信端口 UART、5 个定时器/计数器、看门狗、内部高精准时钟(±1%温漂,−40～+85℃之间,可彻底省掉外部昂贵的晶振)、内部高可靠复位电路(可彻底省掉外部复位电路)、大容量 SRAM、大容量 EEPROM、大容量 Flash 程序存储器等。针对大学教学,现在的 STC15 系列一个单芯片就是一个仿真器(IAP15W4K58S4),定时器改造为支持 16 位自动重载(学生只需学一种模式),串行口通信波特率计算改造为[系统时钟/4/(65536−重装数)],极大地简化了教学,针对实时操作系统 RTOS 推出了不可屏蔽的16 位自动重载定时器(定时器 0 的模式 3),并且在最新的 STC-ISP 烧录软件中提供了大量的贴心工具,如范例程序/定时器计算器/软件延时计算器/波特率计算器/头文件/指令表/Keil 仿真设置等。

　　封装也从传统的 PDIP40 发展到 DIP8/DIP16/DIP20/SKDIP28,SOP8/SOP16/SOP20/SOP28,LQFP32/LQFP48/LQFP64S/LQFP64L,TSSOP20/TSSOP28,DFN8/QFN28/QFN32/

QFN48/QFN64,芯片的 I/O 口从 6 个到 62 个不等,价格从 0.89 元到 5.9 元不等,极大地方便了客户选型和设计。

2014 年 4 月,STC 宏晶科技重磅推出了 STC15W4K32S4 系列单片机,宽电压工作范围,不须任何转换芯片,STC15W4K32S4 系列单片机可直接通过计算机 USB 接口进行 ISP 下载编程,集成了更多的 SRAM(4K 字节)、定时器 7 个(5 个普通定时器+CCP 定时器 2)、串口(4 个),集成了更多的高性能部件(如比较器、带死区控制的 6 路 15 位专用 PWM 等);开发了功能强大的 STC-ISP 在线编程软件,包含了项目发布、脱机下载、RS-485 下载、程序加密后传输下载、下载需口令等功能,并已申请专利。

IAP15W4K58S4 一个芯片就是一个仿真器(OCD,ICE),是全球第一个实现一个芯片就可以仿真的(彻底抛弃了 J-Link/D-Link),一个仿真器售价仅 5.6 元,有 SOP28、SKDIP28、LQFP32、PDIP40、LQFP44、LQFP48、LQFP64S、LQFP64L 等封装型式。

STC 大学计划

STC 全力支持我国的单片机/嵌入式系统教育事业,STC 大学计划正如火如荼地进行中,陆续开展向普通高等学校电子信息、自动化、物联网等相关专业赠送可仿真的 STC15 系列实验箱"仿真芯片 IAP15W4K58S4",共建 STC 高性能单片机联合实验室,本教材为 STC 大学计划的合作教材,也是 STC 杯单片机系统设计大赛的推荐教材。

部分已建和在建的高校:上海交通大学、西安交通大学、浙江大学、武汉大学、华中科技大学、中山大学、吉林大学、山东大学、哈尔滨工业大学、天津大学、同济大学、湖南大学、兰州大学、东北大学、西北农林科技大学、中国海洋大学、北京航空航天大学、南京航空航天大学、北京理工大学、南京理工大学、华东理工大学、太原理工大学、东华理工大学、哈尔滨理工大学、哈尔滨工程大学、北京化工大学、北京工业大学、东华大学、苏州大学、江南大学、扬州大学、南通大学、宁波大学、深圳大学、杭州电子科技大学、桂林电子科技大学、西安电子科技大学、成都电子科技大学、华北电力大学、南京邮电大学、西安邮电大学、天津工业大学、中国石油大学、中国矿业大学等国内著名 985、211 及电类本科高校,以及广东轻工职业技术学院、深圳信息职业技术学院、深圳职业技术学院等著名的职业高校。

对大学计划与单片机教学的看法

STC 大学计划有步骤地向前推进中:第九届"STC 杯单片机系统设计大赛"刚成功落幕,全国数百所高校的近 1100 支队伍参赛;在国内上百所大学建立了联合实验室;上海交通大学、西安交通大学、浙江大学、山东大学、哈尔滨工业大学、成都电子科技大学等著名高校的多位知名教授也正在基于 STC 1T 8051 创作全新的教材。多所高校每年都有用 STC 单片机进行全校创新竞赛,如杭州电子科技大学、湖南大学、山东大学等。

现在的学生到底应该先学 32 位微控制器好还是 8 位 8051 单片机好?我觉得应该从 8 位 8051 单片机入门比较合适。因为现在大学嵌入式课程一般只有 64 个学时,甚至只有 48 个学时,学生能把 8051 单片机学懂,真正做出产品,工作以后就能触类旁通了。但如果也只给 48 个学时去学 ARM,学生不能完全学懂,最多只能搞些函数调用,没有意义,培养不出真正能动手的人才,嵌入式第一门课就将学生吓倒,可能他终生也不会再碰嵌入式开发了,所以我们要培养学生的信心,而不是唱高调,伤害了他们。所以大家反思说,大一、大二还是应该先以 8 位单片机入门。大三时学有余力的学生再选修 32 位的嵌入式课程。C 语言要与 8051 单片机融合教学,大一第一学期就要开始学,现在有些中学的课外兴趣小组多在学 STC 的 8051 ＋ C 语言。工科非计算机专业的学生不要在大一时全是数学、物理、英语……,学生一进大学校门,跟高中一样,不知道自己本专业能干啥,所以 C 语言和单片机要提前学。

目前,我们主要的工作是推动中国工科非计算机专业高校教学改革,研究成果的具体化就是大量高校创新教材的推出,丁向荣老师的这本教材就是我们高校教学改革研究成果的具体体现。希望能在我们的努力下,让中国的嵌入式单片机系统设计全球领先。

感谢 Intel 公司发明了经久不衰的 8051 体系结构,感谢丁向荣老师的新书,保证了中国 30 年来的单片机教学与世界同步。

我们将本教材确定为 STC 大学计划推荐教材、STC 单片机系统设计大赛推荐教材,采用本书作为教材的高校将优先免费获得我们可仿真的 STC15 系列实验箱的支持(主控芯片 IAP15W4K58S4)。

STC MCU Limited：Andy. 姚

www. stcmcu. com；www. gxwmcu. com

2015 年 4 月

STC 系列单片机传承于 Intel 8051 单片机,但在传统 8051 单片机框架基础上注入了新鲜血液,使其焕发新的"青春"。STC 宏晶科技公司对 8051 单片机进行了全面的技术升级与创新:全部采用 Flash 技术(可反复编程 10 万次以上)和 ISP/IAP(在系统可编程/在应用可编程)技术;针对抗干扰进行了专门设计,使其具有超强抗干扰能力;进行了特别加密设计,如宏晶 STC15 系列现无法解密;对传统 8051 进行全面提速,使指令速度最快提高了 24 倍;大幅度提高了集成度,如集成了 A/D、CCP/PCA/PWM(PWM 还可当 D/A 使用)、高速同步串行通信端口 SPI、高速异步串行通信端口 UART(如宏晶 STC15W4K58S4 系列集成了 4 个串行口)、定时器(STC15W4K58S4 系列最多可实现 7 个定时器)、"看门狗"、内部高精准时钟(±1‰温漂,−40~+85℃,可彻底省掉昂贵的外部晶振)、内部高可靠复位电路(可彻底省掉外部复位电路)、大容量 SRAM(如 STC15W4K58S4 系列集成了 4KB SRAM)、大容量 EEPROM、大容量 Flash 程序存储器等。STC 单片机的在线下载编程、在线仿真功能以及分系列的资源配置增加了单片机型号的选择性,可根据单片机应用系统的功能要求选择合适的单片机,从而降低了单片机应用系统的开发难度与开发成本,使得单片机应用系统更加简单、高效,以提高单片机应用产品的性能价格比。

STC 作为中国本土 MCU 的领航者,从 2006 年诞生起,发展了 STC89/90 系列、STC10/11 系列、STC12 系列和 STC15 系列。2014 年 4 月,宏晶科技公司重磅推出 STC15W4K32S4 系列单片机,它具有宽电源电压范围,能在 2.4~5.5V 电压范围内工作;无需转换芯片,STC15W4K32S4 单片机可直接与 PC 的 USB 接口相连进行通信;集成了更多的数据存储器、定时器/计数器以及串行口,更多功能的部件(如比较器、专用 PWM 模块)。技术人员开发了功能强大的 STC-ISP 在线编程软件工具,用于在线编程。此外,还有在线仿真器的制作、脱机编程工具的制作、加密传输、项目发布、各系列单片机头文件的生成、串行口波特率的计算、定时器定时程序的设计、软件延时程序的设计等工具,使人们学习或利用单片机更加便捷与高效。

那么,学习单片机有什么用处?单片机技术是现代电子系统设计的核心技术。学习单片机就是利用单片机设计一个个具有智能化、自动化功能的单片机应用系统。

　　学习单片机的过程中,究竟要学些什么呢? 有哪些学习资源? 如何利用这些资源? 又如何学习呢? 这些都是本书讨论的内容。

　　单片机的学习分成三个方面:一是掌握一种编程语言(C语言或者汇编语言,本书采用C语言);二是掌握单片机应用系统的开发工具;三是学习单片机的各种资源特性与应用编程。

　　本书以STC15W4K32S4系列中的IAP15W4K58S4单片机为主线,以单片机资源为项目导向,基于任务驱动组织教学内容,结合STC大学推广计划的配套实验箱,使教师很方便地实施"教、学、做"一体化教学。书中的每个任务都是一个具有一定功能的单片机应用系统。学习单片机,就是学习一个个单片机应用系统,系统学习与锻炼学生的软/硬件设计能力与系统调试能力。

　　本书中的任务基于STC官方STC15-Ⅳ版实验箱开发。本书是宏晶科技STC单片机大学推广计划的合作教材,也是全国信息技术应用水平大赛"STC"杯单片机系统设计大赛的推荐用书。

　　本书由丁向荣编著。深圳宏晶科技有限公司技术部工程人员在技术上给予了大力支持和帮助。深圳宏晶科技有限公司STC单片机创始人姚永平先生直接参与了教材规划,并认真审阅了全书。在此,对所有提供帮助的人士表示感谢!

　　由于编者水平有限,书中难免有疏漏和不妥之处,敬请读者不吝指正! 书中相关信息或勘误会动态地公布于STC官网,网址:www.stcmcu.com。读者有什么建议,可发送电子邮件到 dingxiangrong65@163.com,与编者沟通与交流。

编　者

2015 年 1 月

本书配套资源(课件和源程序)

CONTENTS

目录

项目一

单片机应用系统的开发工具

本项目要达到的目标包括三个方面：一是让学生理解单片机与单片机应用系统的基本概念；二是了解单片机应用系统的开发流程，学会用 Keil C 集成开发环境输入、编辑、编译与调试用户程序；三是学会用 STC-ISP 在线编程软件进行在线编程与在线仿真。

知识点：
◇ 微型计算机的基本结构与工作过程；
◇ 单片机与单片机应用系统的基本概念；
◇ 单片机应用系统的开发流程；
◇ Keil C 集成开发环境的基本功能；
◇ STC-ISP 在线编程软件的基本功能。

技能点：
◇ 应用 Keil C 集成开发环境输入、编辑、编译与调试单片机应用程序；
◇ 应用 STC-ISP 在线编程软件下载用户程序到单片机中；
◇ 应用 STC-ISP 在线编程软件进行在线仿真。

任务1　单片机与单片机应用系统

从微型计算机的基本组成、工作原理与工作过程等相关知识，引出单片机的基本定义，建立起单片机应用系统的概念。通过单片机应用系统的演示，让学生体会单片机在电子系统中的控制作用，理解单片机在自动化、智能化电子产品中的核心地位，理解单片机在现代电子产品设计中的重要性与必要性。

1. 微型计算机的基本组成

图 1-1-1 所示为微型计算机的组成框图，包括中央处理单元（CPU）、存储器（ROM、

RAM)、输入/输出接口(I/O 接口)和连接它们的总线。微型计算机配上相应的输入/输出设备(如键盘、显示器)就构成了微型计算机系统。

1) 中央处理单元(CPU)

中央处理单元(CPU)由运算器和控制器两部分组成,是计算机的控制核心。

(1) 运算器

运算器由算术逻辑单元(ALU)、累加器和寄存器等几部分组成,主要负责数据的算术运算和逻辑运算。

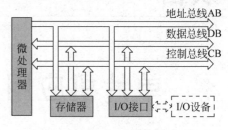

图 1-1-1 微型计算机组成框图

(2) 控制器

控制器由程序计数器、指令寄存器、指令译码器、时序发生器和操作控制器等组成,是发布命令的"决策机构",即协调和指挥整个计算机系统的操作。

2) 存储器(RAM、ROM)

通俗来讲,存储器是微型计算机的"仓库",包括程序存储器和数据存储器两部分。程序存储器用于存储程序和一些固定不变的常数和表格数据,一般由只读存储器(ROM)组成;数据存储器用于存储运算中的输入、输出数据或中间变量数据,一般由随机存取存储器(RAM)组成。

3) 输入/输出接口(I/O 接口)

微型计算机的输入/输出设备(简称外设,如键盘、显示器等)有高速的,也有低速的;有机电结构的,也有全电子式的。由于种类繁多且速度各异,因而它们不能直接地同高速工作的 CPU 相连。输入/输出接口(I/O 接口)是 CPU 与输入/输出设备连接的桥梁,其作用相当于一个转换器,保证 CPU 与外设间协调地工作。不同的外设需要不同的 I/O 接口。

4) 总线

CPU 与存储器、I/O 接口是通过总线相连的,包括地址总线、数据总线与控制总线。

(1) 地址总线

地址总线用作 CPU 寻址。地址总线的多少标志 CPU 的最大寻址能力。若地址总线的根数为 16,则 CPU 的最大寻址能力为 $2^{16}=64$K。

(2) 数据总线

数据总线用于 CPU 与外围器件(存储器、I/O 接口)交换数据。数据总线的多少标志 CPU 一次交换数据的能力,决定 CPU 的运算速度。通常所说的"CPU 的位数",是指数据总线的位数。例如 8 位机,是指该计算机的数据总线为 8 位。

(3) 控制总线

控制总线用于确定 CPU 与外围器件交换数据的类型。从广义上来讲,就是"读"和"写"两种类型。

2. 微型计算机的工作过程

一台完整的计算机由硬件和软件两部分组成,缺一不可。上面所述为计算机的硬件部分,是看得到、摸得着的实体部分,但计算机硬件只有在软件的指挥下,才能发挥其效能。计算机采取"存储程序"的工作方式,即事先把程序加载到存储器中,启动运行后,计算机便自动地工作。

计算机执行程序时,是一条指令一条指令地执行。执行一条指令的过程分为三个阶段:取指、指令译码与执行指令。每执行完一条指令,自动转向下一条指令的执行。

1) 取指

取指是指根据程序计数器中的地址,到程序存储器取出指令代码,并送到指令寄存器。

2) 指令译码

指令译码器对指令寄存器中的指令代码进行译码,判断当前指令代码的工作任务。

3) 执行指令

判断当前指令代码任务后,控制器自动发出一系列微指令,指挥计算机协调地动作,完成当前指令指定的工作任务。

 任务实施

1. 单片机的概念

将微型计算机的基本组成部分(CPU、存储器、I/O 接口以及连接它们的总线)集成在一块芯片中而构成的计算机,称为单片机。

由于单片机是完全做嵌入式应用,故又称为嵌入式微控制器。根据数据总线的不同宽度,单片机主要分为 4 位机、8 位机、16 位机和 32 位机。在高端应用(图形图像处理与通信等)中,32 位机应用越来越普及;在中、低端控制应用中,未来较长一段时间内,8 位单片机仍是主流机种。近期推出的增强型 8051 单片机产品内部集成有高速 I/O 接口、ADC、DAC、PWM、WDT 等部件,并在低电压、低功耗、串行扩展总线、程序存储器类型、存储器容量和开发方式(在线系统编程 ISP)等方面都有较大的发展。

单片机自身仅仅是一个只能处理数字信号的装置,必须配置相应的外围接口器件或执行器件,才能构成完成具体任务的工作系统。这种工作系统称为单片机应用系统。

2. 单片机应用系统的演示与体验

演示与体验:电脑时钟(在 STC15-Ⅳ 实验箱上,采用项目九任务 4 程序进行演示与体验)。

3. 单片机的应用与发展趋势

1) 单片机的应用领域

由于单片机具有较高的性能价格比、良好的控制性能和灵活的嵌入特性,使其在各个领域的应用都极为广泛。

(1) 智能仪器仪表

单片机用于各种仪器仪表,一方面,提高了仪器仪表的使用功能和精度,使其智能化;另一方面,简化了仪器仪表的硬件结构,以便完成产品的升级换代。如各种智能电气测量仪表、智能传感器等。

(2) 机电一体化产品

机电一体化产品是集机械技术、微电子技术、自动化技术和计算机技术于一体,具有智能化特征的各种机电产品。单片机在机电一体化产品的开发中可以发挥巨大的作用,典型产品有机器人、数控机床、自动包装机、点钞机、医疗设备、打印机、传真机、复印机等。

（3）实时工业控制

单片机用于各种物理量的现场采集与控制。电流、电压、温度、液位、流量等物理参数的采集和控制均可以用单片机方便地实现。在这类系统中，单片机作为系统控制器，可以根据被控对象的不同特征采用不同的智能算法，实现期望的控制指标，从而提高生产效率和产品质量。如电动机转速控制、温变控制与自动生产线等。

（4）分布系统的前端模块

在较复杂的工业系统中，经常要采用分布式测控系统采集大量的分布参数。在这类系统中，单片机作为分布式系统的前端采集模块。该系统具有运行可靠，数据采集方便、灵活，成本低廉等优点。

（5）家用电器

家用电器是单片机的又一重要应用领域，其前景十分广阔。如空调器、电冰箱、洗衣机、电饭煲、高档洗浴设备、高档玩具等。

另外，在交通领域中，汽车、火车、飞机、航天器等均广泛应用单片机。如汽车自动驾驶系统、航天测控系统、黑匣子等。

2）单片机的发展趋势

1970年微型计算机研制成功之后，随着大规模集成电路的发展，出现了单片机，并且为适应不同的发展要求，形成了系统机与单片机两个独立发展的分支。美国Intel公司1971年生产出4位单片机4004，1972年生产的雏形8位单片机8008，特别是1976年MCS-48单片机问世以来，在短短的三十几年间，单片机经历了4次更新换代，发展速度之快，应用范围之广，十分惊人。单片机技术渗透到人们生产和生活的各个领域。

综观三十多年的发展过程，单片机朝着多功能、多选择、高速度、低功耗、低价格、扩大存储容量和加强I/O功能及结构兼容方向发展。预计，单片机的发展趋势体现在以下几个方面。

（1）多功能

在单片机中，尽可能多地把应用系统需要的存储器、各种功能的I/O接口集成在一块芯片内，即外围器件内装化，如把LED、LCD或VFD显示驱动器集成在单片机中。

（2）高性能

为了提高速度和执行效率，在单片机中开始使用RISC体系结构、并行流水线操作和DSP等设计技术，使单片机的指令运行速度大大提高，其电磁兼容等性能明显地优于同类型的微处理器。

（3）产品系列化

人们对单片机的应用情况进行评价，根据应用系统对I/O接口的要求分层次配置，形成了系列化的单片机产品，使得技术人员在进行单片机应用系统开发时总能选择到既能满足系统功能要求，又不浪费资源的单片机，提高了开发产品的性能价格比。

（4）推行串行扩展总线

推行串行扩展总线可以显著减少引脚数量，简化系统结构。随着外围器件串行接口的发展，单片机串行接口的普遍化、高速化，使得并行扩展接口技术日渐衰退。许多公司推出了删去并行总线的非总线单片机，在需要外扩器件（存储器、I/O接口等）时，采用串行扩展总线，甚至用软件模拟串行总线来实现。

4. 单片机市场情况

在市场上,以 8 位机和 32 位机(ARM)为主。一般所说的单片机是指 8 位机,32 位机一般称为 ARM。

1) MCS-51 系列单片机与 51 兼容机

MCS-51 系列单片机是美国 Intel 公司研发的,但 Intel 公司后来的产品重点并不在单片机上,因此市场上很难见到 Intel 公司生产的单片机。市场上更多的是以 MCS-51 系列单片机为核心和框架的兼容 51 单片机,主要生产厂家有美国 ATMEL 公司、荷兰 Philips 公司、中国台湾华帮电子股份有限公司和深圳宏晶科技(深圳)公司。本教材以增强型 8051 单片机——STC15W4K58S4 系列单片机为学习机型。

2) PIC 系列单片机

Microchip 是市场份额增长较快的单片机,其主要产品是 16 C 系列 8 位单片机。这款单片机的 CPU 采用 RISC 结构,仅 33 条指令,运行速度快,且以低价位著称,单片机价格都在 1 美元以下。Microchip 单片机没有掩膜产品,全部是 OTP 器件。Microchip 强调节约成本的最优化设计,适于用量大、档次低、价格敏感的产品。

目前,Microchip 为全球超过 65 个国家或地区的 5 万多客户提供服务。大部分芯片有其兼容的 Flash 程序存储器的芯片,支持低电压擦写,擦写速度快,而且允许多次擦写,程序修改方便。

3) AVR 单片机

1997 年,由 ATMEL 公司挪威设计中心的 A 先生与 V 先生利用 ATMEL 公司的 Flash 新技术,共同研发出 RISC 精简指令集的高速 8 位单片机,简称 AVR。AVR 单片机的推出,彻底打破了旧的设计格局,废除了机器周期,抛弃了复杂指令计算机(CISC)追求指令完备的做法;它采用精简指令集,以字作为指令长度单位,将内容丰富的操作数与操作码安排在 1 字之中,取指周期短,又可预取指令,实现了流水作业,因而可以高速执行指令。

AVR 单片机具有增强性的高速同/异步串口,具有硬件产生校验码、硬件检测和校验侦错、两级接收缓冲、波特率自动调整定位(接收时)、屏蔽数据帧等功能,提高了通信的可靠性,方便编写程序,更便于组成分布式网络和实现多机通信系统的复杂应用。AVR 单片机博采众长,又具独特技术,成为 8 位机中的佼佼者。

任务 2　单片机应用程序的输入、编辑、编译与调试

任务说明

单片机应用系统由硬件和软件两部分组成。单片机应用系统的开发包括硬件设计与软件设计。单片机自身只能识别机器代码,而为了便于人们记忆、识别和编写应用程序,一般采用汇编语言或 C 语言编程,为此,需要一个工具将汇编语言源程序或 C 语言源程序转换成机器代码程序,Keil C 集成开发环境就是一个融汇编语言和 C 语言编辑、编译与调试于一体的开发工具。目前流行的 Keil C 集成开发环境版本主要有:Keil μVision2、Keil μVision3 和 Keil μVision4。

本任务以程序实例,系统地学习与实践 Keil μVision4,完成用户程序的输入、编辑、编译与模拟仿真调试。

 相关知识

1. 单片机应用程序的编辑、编译与调试流程

单片机应用程序的编辑、编译一般采用 Keil C 集成开发环境实现,但程序的调试有多种方法。例如,Keil C 集成开发环境的软件仿真调试与硬件仿真调试,硬件的在线调试与专用仿真软件(Proteus)的仿真调试,如图 1-2-1 所示。

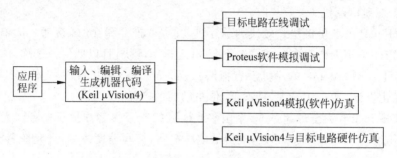

图 1-2-1 应用程序的编辑、编译与调试流程

2. Keil C 集成开发环境

1) Keil μVision4 的编辑、编译界面

Keil μVision4 集成开发环境因工作特性不同,分为编辑、编译界面和调试界面。启动 Keil μVision4 后,进入编辑、编译界面,如图 1-2-2 所示。在此用户环境下可创建、打开用户项目文件,完成汇编源程序或 C51 源程序的输入、编辑与编译。

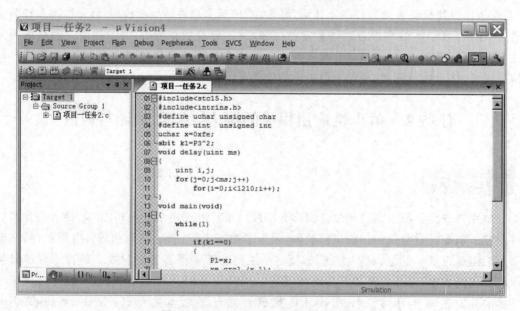

图 1-2-2 Keil μVision4 编辑、编译界面

（1）菜单栏

Keil μVision4 在编辑、编译界面和调试界面的菜单栏是不同的，灰白显示的为当前界面无效菜单项。

① File（文件）菜单：File（文件）菜单命令主要用于对文件的常规（新建文件、打开文件、关闭文件与文件存盘等）操作，其功能、使用方法与 Word、Excel 等应用程序一致。但"文件"菜单的 Device Database 命令是特有的。Device Database 用于修改 Keil μVision4 支持的 8051 芯片型号以及 ARM 芯片的设定。Device Database 对话框如图 1-2-3 所示，用于添加或修改 Keil μVision4 支持的单片机型号以及 ARM 芯片。

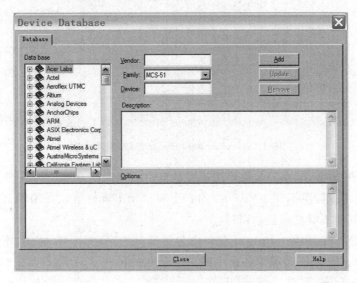

图 1-2-3　Device Database 对话框

Device Database 对话框中各个选项的功能如下所述。

- Data base 列表框：浏览 Keil μVision4 支持的单片机型号以及 ARM 芯片。
- Vendor 文本框：用于设定单片机的类别。
- Family 下拉列表框：用于选择 MCS-51 单片机家族以及其他微控制器家族，如 MCS-51、MCS-251、80C166/167、ARM 等。
- Device 文本框：用于设定单片机的型号。
- Description 列表框：用于设定型号的功能描述。
- Options 列表框：用于输入支持型号对应的 DLL 文件等信息。
- Add 按钮：单击 Add 按钮，添加新的支持型号。
- Update 按钮：单击 Update 按钮，确认当前修改。

② 编辑菜单：Edit（编辑）菜单中主要包括剪切、复制、粘贴、查找、替换等通用编辑操作。此外，本软件有 Bookmark（书签管理命令）、Find（查找）以及 Configuration（配置）等操作功能。其中，Configuration（配置）选项用于设置软件的工作界面参数，如编辑文件的字体大小以及颜色等参数。Configuration（配置）操作对话框如图 1-2-4 所示，有 Editor（编辑）、Colors & Fonts（颜色与字体）、User Keywords（设置用户关键词）、Shortcut Keys（快捷关键词）、Templates（模板）、Other（其他）等配置选项。

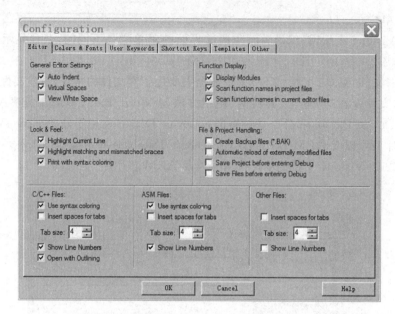

图 1-2-4　Configuration(配置)操作对话框

③ View(视图)菜单：View 菜单用于控制 Keil μVision4 界面显示。使用 View 菜单中的命令，可以显示或隐藏 Keil μVision4 的各个窗口和工具栏等。在编辑、编译工作界面和调试界面有不同的工具栏和显示窗口。

④ Project(项目)菜单：Project 菜单中包括项目的建立、打开、关闭、维护、目标环境设定、编译等命令。Project 菜单中各命令的功能介绍如下。

- New Project：建立一个新项目。
- New Multi-Project Workspace：新建多项目工作区域。
- Open Project：打开一个已存在的项目。
- Close Project：关闭当前项目。
- Export：导出为 μVision3 格式。
- Manage：工具链、头文件和库文件的路径管理。
- Select Device for Target：为目标选择器件。
- Remove Item：从项目中移除文件或文件组。
- Options：修改目标、组或文件的选项设置。
- Bulid Target：编译修改过的文件并生成应用程序。
- Rebulid Target：重新编译所有文件并生成应用程序。
- Translate：传输当前文件。
- Stop Build：停止编译。

⑤ Flash(下载)菜单：Flash 菜单主要用于程序下载到 EEPROM 的控制。

⑥ Debug(调试)菜单：Debug 菜单用于软件仿真环境下的调试，提供断点、单步、跟踪与全速运行等操作命令。

⑦ Peripherals(外设)菜单：Peripherals 菜单包括外围模块菜单命令，用于芯片的复位和片内功能模块的控制。

⑧ Tools（工具）菜单：Tools 菜单主要用于支持第三方调试系统，包括 Gimpel Software 公司的 PC-Lint 和西门子公司的 Easy-Case。

⑨ SVCS（软件版本控制系统）菜单：SVCS 菜单命令用于设置和运行软件版本控制系统（Software Version Control，SVCS）。

⑩ Window（窗口）菜单：Window（窗口）菜单命令用于设置窗口的排列方式，与 Window 的窗口管理兼容。

⑪ Help（帮助）菜单：Help（帮助）菜单命令用于提供软件帮助信息和版本说明。

（2）工具栏

Keil μVision4 在编辑、编译界面和调试界面有不同的工具栏，在此介绍编辑、编译界面的工具栏。

① 常用工具栏：图 1-2-5 所示为 Keil μVision4 的常用工具栏，从左至右依次为 New（新建文件）、Open（打开文件）、Save（保存当前文件）、Save All（保存全部文件）、Cut（剪切）、Copy（复制）、Paste（粘贴）、Undo（取消上一步操作）、Redo（恢复上一步操作）、Navigate Backwards（回到先前的位置）、Navigate Forwards（前进到下一个位置）、Insert/Remove Bookmark（插入或删除书签）、Go to Previous Bookmark（转到前一个已定义书签处）、Go to the next Bookmark（转到下一个已定义书签处）、Clear All Bookmarks（取消所有已定义的书签）、Indent Selection（右移一个制表符）、Unindent Selection（左移一个制表符）、Comment Selection（选定文本行内容）、Uncomment Selection（取消选定文本行内容）、Find in Files...（查找文件）、Find...（查找内容）、Incremental Find（增量查找）、Start/Stop Debug Session（启动或停止调试）、Insert/Remove Breakpoint（插入或删除断点）、Enable/Disable Breakpoint（允许或禁止断点）、Disable All Breakpoint（禁止所有断点）、Kill All Breakpoint（删除所有断点）、Project Windows（窗口切换）、Configuration（参数配置）等工具图标。单击工具图标，将执行对应的操作。

图 1-2-5　常用工具栏

② 编译工具栏：图 1-2-6 所示为 Keil μVision4 的编译工具栏，从左至右依次为 Translate（传输当前文件）、Build（编译目标文件）、Rebuild（编译所有目标文件）、Batch Build（批编译）、Stop Build（停止编译）、Down Load（下载文件到 Flash ROM）、Select Target（选择目标）、Target Option...（目标环境设置）、File Extensions，Books and Environment（文件的组成、记录与环境）、Manage Multi-Project Workspace（管理多项目工作区域）等工具图标。单击图标，将执行对应的操作。

图 1-2-6　编译工具栏

（3）窗口

Keil μVision4 在编辑、编译界面和调试界面有不同的窗口。在此介绍编辑、编译界面的窗口。

① 编辑窗口：在编辑窗口中，用户可以输入或修改源程序。Keil μVision4 的编辑器支持程序行自动对齐和语法高亮显示。

② 项目窗口：选择菜单命令 View→Project Window 或单击工具图标，可以显示或隐藏项目窗口（Project Window）。该窗口主要用于显示当前项目的文件结构和寄存器状态等信息。项目窗口中共有 4 个选项页，即 Files、Books、Functions 和 Templates。Files 选项页显示当前项目的组织结构，可以在该窗口中直接单击文件名打开文件，如图 1-2-7 所示。

图 1-2-7　项目窗口中的
Files 选项页

③ 输出窗口。

Keil μVision4 的编译信息输出窗口（Output Window）用于显示编译时的输出信息，如图 1-2-8 所示。在窗口中双击输出的 Warning 或 Error 信息，可以直接跳转至源程序的警告或错误所在行。

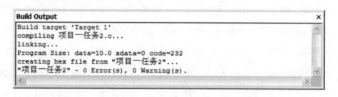

图 1-2-8　Keil μVision4 的编译信息输出窗口

2）Keil μVision4 的调试界面

Keil μVision4 集成开发环境除可以编辑 C 语言源程序和汇编语言源程序之外，还可以实现软件模拟调试和硬件仿真调试用户程序，以验证用户程序的正确性。在模拟调试中主要完成两个方面的内容：一是了解程序的运行方式；二是查看与设置单片机内部资源的状态。

选择菜单命令 Debug→Start/Stop Debug Session 或单击工具栏中的调试按钮 ，系统进入调试界面，如图 1-2-9 所示；若复选调试按钮 ，则退出调试界面。

（1）程序的运行方式

图 1-2-10 所示为 Keil μVision4 的运行工具栏，从左至右依次为 Reset（程序复位）、Run（程序全速运行）、Stop（程序停止运行）、Step（跟踪运行）、Step Over（单步运行）、Step Out（执行跟踪并跳出当前函数）、Run to Cursor Line（执行至光标处）等工具图标。单击工具图标，将执行对应的操作。

① （程序复位）：使单片机的状态恢复到初始状态。

② （程序全速运行）：从 0000H 开始运行程序。若无断点，则无障碍运行程序；若遇到断点，在断点处停止，再按"全速运行"，从断点处继续运行。

注：对于断点的设置与取消，在程序行双击，即设置断点，在程序行的左边出现一个红色方框；反之，取消断点。断点调试主要用于分块调试程序，便于缩小程序故障范围。

③ （停止运行）：从程序运行状态中退出。

④ （跟踪运行）：每单击该按钮一次，系统执行一条指令，包括子程序（或子函数）的每一条指令。运用该工具，可逐条调试指令。

⑤ （单步运行）：每单击该按钮一次，系统执行一条指令，但系统把调用子程序指令

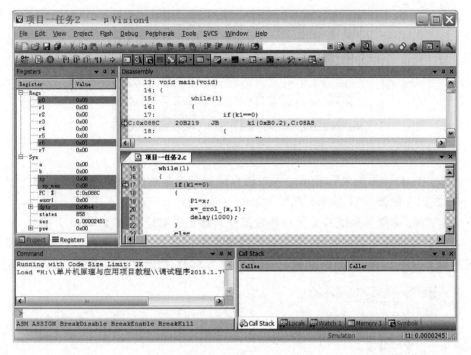

图 1-2-9　Keil μVision4 的调试界面

当作一条指令执行。

⑥ （跳出跟踪）：当执行跟踪操作进入某个子程序后，单击该按钮，可从子程序中跳出，回到调用该子程序指令的下一条指令处。

图 1-2-10　程序运行工具栏

⑦ （运行到光标处）：单击该按钮，程序从当前位置运行到光标处停下，其作用与断点类似。

（2）查看与设置单片机的内部资源

单片机的内部资源包括存储器、寄存器、内部接口特殊功能寄存器各自的状态。通过打开窗口，可以查看与设置单片机内部资源的状态。

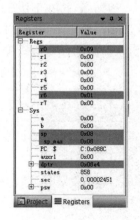

图 1-2-11　寄存器窗口

① 寄存器窗口：在默认状态下，单片机寄存器窗口位于 Keil μVision4 调试界面的左边，包括 R0～R7 寄存器、累加器 A、寄存器 B、程序状态字 PSW、数据指针 DPTR 以及程序计数器，如图 1-2-11 所示。用鼠标左键选中要设置的寄存器，双击后即可输入数据。

② 存储器窗口：选择菜单命令 View→Memory Window→Memory1（或 Memory2，或 Memory3，或 Memory4），显示与隐藏存储器窗口（Memory Window），如图 1-2-12 所示。存储器窗口用于显示当前程序内部数据存储器、外部数据存储器与程序存储器的内容。

在 Address 地址框中输入存储器类型与地址，存储器窗口将显示以相应类型和地址为起始地址的存储单元的内容。通过移动垂直滑动条，可查看其他地址单元的内容，或修改存储单元的内容。

• 输入"C：存储器地址"，显示程序存储器相应地址的内容。

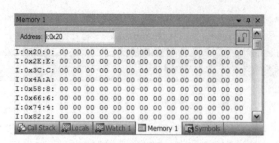

图 1-2-12　存储器窗口

- 输入"I：存储器地址"，显示片内数据存储器相应地址的内容，图 1-2-12 所示为以片内数据存储器 20H 单元为起始地址的存储内容。
- 输入"X：存储器地址"，显示片外数据存储器相应地址的内容。

在窗口数据处单击鼠标右键，可以在快捷菜单中选择修改存储器内容的显示格式或修改指定存储单元的内容，比如修改 20H 单元内容为 55H，如图 1-2-13 和图 1-2-14 所示。

图 1-2-13　修改数据的快捷菜单

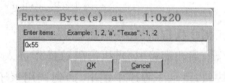

图 1-2-14　输入数据"55H"

③ I/O 口控制窗口：进入调试模式后，选择菜单命令 Peripherals→I/O-Port，再在下级子菜单中选择显示与隐藏指定 I/O 口（P0、P1、P2、P3 口）的控制窗口，如图 1-2-15 所示。使用该窗口，可以查看各 I/O 口的状态和设置输入引脚状态。在相应的 I/O 端口中，上为 I/O 端口输出锁存器值，下为输入引脚状态值。用鼠标单击相应位，方框中的"√"与空白框切换。"√"表示为"1"，空白框表示为"0"。

④ 定时器控制窗口：进入调试模式后，选择菜单命令 Peripherals→Timer，再在下级子菜单中选择显示与隐藏指定的定时器/计数器控制窗口，如图 1-2-16 所示。使用该窗口，可以设置对应定时器/计数器的工作方式，观察和修改定时器/计数器相关控制寄存器的各个位，以及定时器/计数器的当前状态。

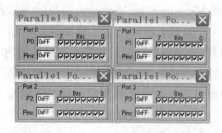

图 1-2-15　I/O 口控制窗口

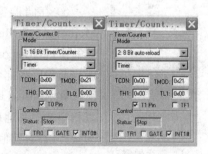

图 1-2-16　定时器/计数器控制窗口

⑤ 中断控制窗口：进入调试模式后，选择菜单命令 Peripherals→Interrupt，可以显示与隐藏中断控制窗口，如图 1-2-17 所示。中断控制窗口用于显示和设置 8051 单片机的中断系统。根据单片机型号的不同，中断控制窗口有所区别。

⑥ 串行口控制窗口：进入调试模式后，选择菜单命令 Peripherals→Serial，可以显示与隐藏串行口的控制窗口，如图 1-2-18 所示。使用该窗口，可以设置串行口的工作方式，观察和修改串行口相关控制寄存器的各个位，发送或接收缓冲器的内容。

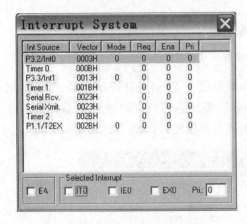
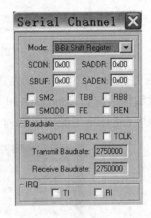

图 1-2-17　中断控制窗口　　　　　图 1-2-18　串行口控制窗口

⑦ 监视窗口：进入调试模式后，在菜单命令 View→Watch Window 中，共有 Locals、Watch ♯1、Watch ♯2 等选项，每个选项对应一个窗口。单击相应选项，可以显示与隐藏对应的监视输出窗口（Watch Window），如图 1-2-19 所示。使用该窗口，可以观察程序运行中特定变量或寄存器的状态，以及函数调用时的堆栈信息。

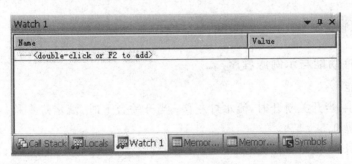

图 1-2-19　监视窗口

- Locals：该选项用于显示当前运行状态下的变量信息。
- Watch ♯1：监视窗口 1。按 F2 键，添加要监视的名称，Keil μVision4 会在程序运行中全程监视该变量的值。如果该变量为局部变量，运行变量有效范围外的程序时，该变量的值以"????"形式表示。
- Watch ♯2：监视窗口 2，操作与使用方法同监视窗口 1。

⑧ 堆栈信息窗口：进入调试模式后，选择菜单命令 View→Call Stack Window，可以显示与隐藏堆栈信息输出窗口，如图 1-2-20 所示。使用该窗口，可以观察程序运行中函数调用时的堆栈信息。

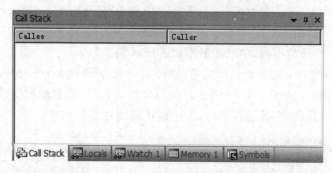

图 1-2-20　堆栈信息输出窗口

⑨ 反汇编窗口：进入调试模式后，选择菜单命令 View→Disassembly Window，可以显示与隐藏编译后窗口（Disassembly Window）。编译后窗口同时显示机器代码程序与汇编语言源程序（或 C51 的源程序和相应的汇编语言源程序），如图 1-2-21 所示。

图 1-2-21　反汇编窗口

 任务实施

1. 示例程序功能与示例源程序

1）程序功能

流水灯控制：当开关断开时，流水灯左移；当开关合上时，流水灯右移。左移时间间隔 1s，右移时间间隔 0.5s。

2）源程序清单（项目—任务 2.c）

```c
#include<stc15.h>
#include<intrins.h>
#define uchar unsigned char
#define uint unsigned int
uchar x = 0x01;
sbit k1 = P3^2;
void delay(uint ms)          //1 次循环的延时时间约为 1ms
{
    uint i,j;
    for(j = 0;j<ms;j++)
        for(i = 0;i<1210;i++);
}
```

```
void main(void)
{
    while(1)
    {
        if(k1 == 0)
        {
            P1 = x;
            x = _crol_(x,1);
            delay(1000);
        }
        else
        {
            P1 = x;
            x = _cror_(x,1);
            delay(500);
        }
    }
}
```

2. 应用 Keil μVision4 集成开发环境前的准备工作

因为 Keil μVision4 软件自身不带 STC 系列单片机的数据库和头文件，为了能在 Keil μVision4 软件设备库中直接选择 STC 系列单片机，以及编写程序时直接使用 STC 系列单片机新增的特殊功能寄存器，需要用 STC-ISP 在线编程软件中的工具将 STC 系列单片机的数据库（包括 STC 单片机型号、STC 单片机头文件与 STC 单片机仿真驱动）添加到 Keil μVision4 软件设备库中，操作方法如下所述。

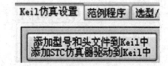

图 1-2-22　STC-ISP 在线编程软件 "Keil 仿真设置"选项

（1）运行 STC-ISP 在线编程软件，然后选择"Keil 仿真设置"选项，如图 1-2-22 所示。

（2）单击"添加型号和头文件到 Keil 中，添加 STC 仿真器驱动到 Keil 中"按钮，弹出"浏览文件夹"对话框，如图 1-2-23 所示。在浏览文件夹中选择 Keil 的安装目录（如 C:\Keil），如图 1-2-24 所示。单击"确定"按钮，完成添加工作。

图 1-2-23　"浏览文件夹"对话框

图 1-2-24　选择 Keil 的安装目录

（3）查看 STC 的头文件。

添加的头文件在 Keil 安装目录的子目录下，如 C:\Keil\C51\INC。打开 STC 文件夹，即可查看添加的 STC 单片机的头文件，如图 1-2-25 所示。其中，STC15. H 头文件适用于所有 STC15、IAP15 系列的单片机。

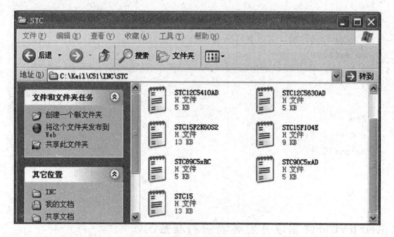

图 1-2-25　生成的 STC 单片机头文件

3. 应用 Keil μVision4 集成开发环境输入、编辑、编译与调试用户程序

应用 Keil μVision4 集成开发环境的开发流程如下所示：创建项目→输入、编辑应用程序→把程序文件添加到项目中→编译与连接（包含生成机器代码文件）→调试程序。

1）创建项目

Keil μVision4 中的项目是特殊结构的文件，包含与应用系统相关的所有文件的相互关系。在 Keil μVision4 中，主要使用项目来开发应用系统。

（1）创建项目文件夹：根据存储规划，创建一个存储该项目的文件夹，如 E:\项目—任务 2。

（2）启动 Kiel μVision4，选择菜单命令 Project→New μVision Project，弹出 Create New Project（创建新项目）对话框。在对话框中选择新项目要保存的路径并输入文件名，如图 1-2-26 所示。Keil μVision4 项目文件的扩展名为. uvproj。

图 1-2-26　Create New Project 对话框

（3）单击"保存"按钮，屏幕弹出 Select a CPU Data Base File（选择 CPU 数据库）对话框，有 Generic CPU Data Base 和 STC MCU Database 2 个选项，如图 1-2-27 所示。选择 STC MCU Database 选项并单击 OK 按钮，弹出 Select Device for Target（STC 数据库）单片机型号对话框。移动垂直条查找并找到目标芯片（如 STC15W4K32S4 系列），如图 1-2-28 所示。

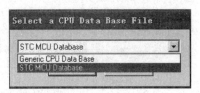

图 1-2-27　CPU 数据库选择对话框

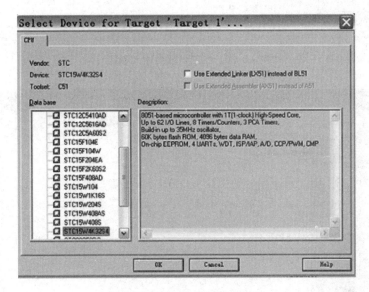

图 1-2-28　选择 STC 目标芯片

（4）单击 Select Device for Target 对话框中的 OK 按钮，程序会询问是否将标准 51 初始化程序（STARTUP.A51）加入项目中，如图 1-2-29 所示。选择"是"按钮，程序自动复制标准 51 初始化程序到项目所在目录，并将其加入项目。一般情况下，选择"否"按钮。

图 1-2-29　添加标准 51 初始化程序确认框

2）编辑程序

选择菜单命令 File→New，弹出程序编辑工作区，如图 1-2-30 所示。在编辑区中，按示例程序（项目一任务 2.c）所示源程序清单输入与编辑程序，并以"项目一任务 2.c"文件名保存，如图 1-2-31 所示。

注：保存时应注意选择文件类型。若编辑的是汇编语言源程序，以.ASM 为扩展名存盘；若编辑的是 C51 程序，以.c 为扩展名存盘。

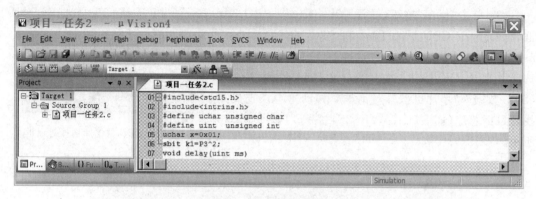

图 1-2-30　在编辑框中输入程序

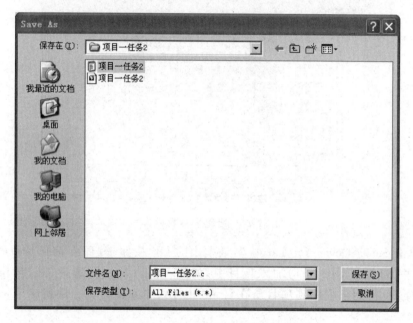

图 1-2-31　以.c为扩展名保存文件

3）将应用程序添加到项目中

选中项目窗口中的文件组后单击鼠标右键，弹出快捷下拉菜单，如图 1-2-32 所示，然后在弹出的快捷菜单中选择 Add File to Group（添加文件）项，弹出为项目添加文件（源程序文件）的对话框，如图 1-2-33 所示。选择"测试.c"文件，单击 Add 按钮添加文件。单击 Close 按钮，关闭添加文件对话框。

展开项目窗口中的文件组，可查看添加的文件，如图 1-2-34 所示。

可连续添加多个文件。添加所有必要的文件后，可以在程序组目录下查看并管理。双击选中的文件，可以在编辑窗口中将其打开。

4）编译与连接、生成机器代码文件

项目文件创建完成后，就可以编译项目文件、创建目标文件（机器代码文件：.HEX）。在编译、连接前，需要根据样机的硬件环境，在 Keil μVision4 中进行目标配置。

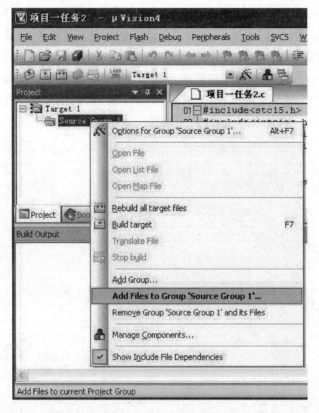

图 1-2-32 选择为项目添加文件的快捷菜单

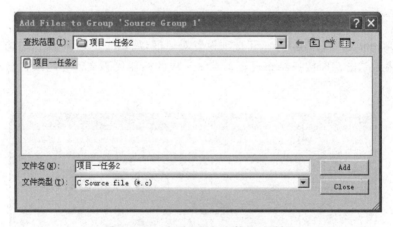

图 1-2-33 为项目添加文件的对话框

图 1-2-34 查看添加文件

（1）环境设置

选择菜单命令 Project→Options for Target，或单击工具栏中的 ◪ 按钮，弹出 Options for Target(目标环境设置)对话框，如图 1-2-35 所示。使用该对话框设定目标样机的硬件环境。Options for Target 对话框中有多个选项页，用于设置设备选择、目标属性、输出属性、C51 编译器属性、A51 编译器属性、BL51 连接器属性、调试属性等信息。一般情况下按默认设置应用，但有一项是必须设置的，即设置在编译、连接程序时自动生成机器代码文件。

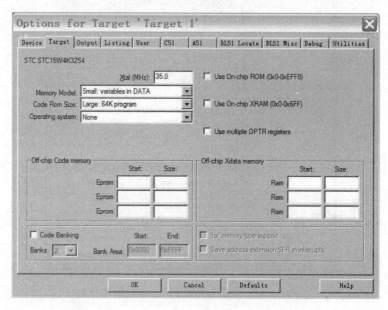

图 1-2-35　目标环境设置对话框(Target 选项)

单击 Output 选项，弹出 Output 选项设置对话框，如图 1-2-36 所示。勾选 Create HEX File 选项，然后单击 OK 按钮结束设置。默认生成的机器代码文件名与项目名相同，即项目一任务 2. hex。

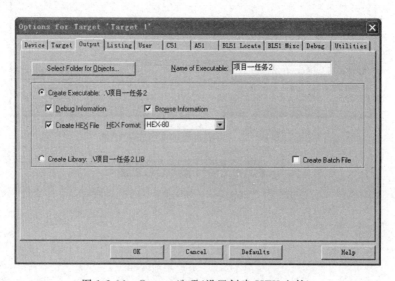

图 1-2-36　Output 选项(设置创建 HEX 文件)

（2）编译与连接

选择菜单命令 Project→Build target(Rebuild target files)或单击编译工具栏中的编译按钮 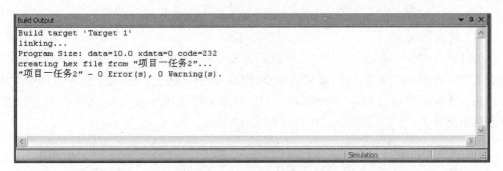，启动编译、连接程序，在输出窗口中将输出编译、连接信息，如图 1-2-37 所示。如提示"0 error"，表示编译成功；否则，提示错误类型和错误语句位置。双击错误信息光标，将出现程序错误行，可进行程序修改。程序修改后，必须重新编译，直至提示"0 error"为止。

图 1-2-37　编译与连接信息

（3）查看 HEX 机器代码文件

HEX(或 hex)类型文件是机器代码文件，是单片机运行文件。打开项目文件夹，查看是否存在机器代码文件，如图 1-2-38 所示。项目一任务 2.hex 就是编译时生成的机器代码文件。

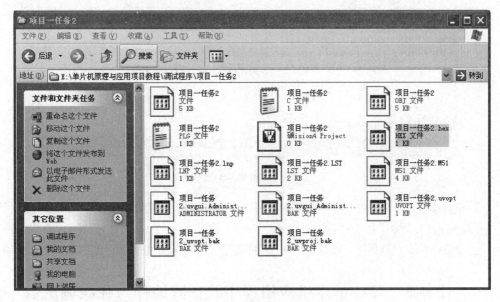

图 1-2-38　查看 hex 文件

5）Keil μVision4 的软件模拟仿真

（1）设置软件模拟仿真方式

打开编译环境设置对话框，然后打开 Debug 选项页，并选中 Use Simulator，如图 1-2-39 所示。单击"确定"按钮，Keil μVision4 集成开发环境被设置为软件模拟仿真。

注：默认状态下是软件模拟仿真。

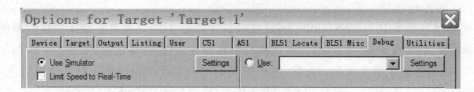

图 1-2-39　目标环境设置对话框(Debug 选项,选中 Use Simulator)

（2）仿真调试

选择菜单命令 Debug→Start/Stop Debug Session 或单击工具栏中的调试按钮 ，系统进入调试界面。在调试界面,可采用单步、跟踪、断点、运行到光标处、全速运行等方式进行调试。本程序中用到 P1 和 P3 端口,于是选择菜单命令 Peripherals→I/O-Port,再在下级子菜单中选择 P1 与 P3 的控制窗口,如图 1-2-40 所示。

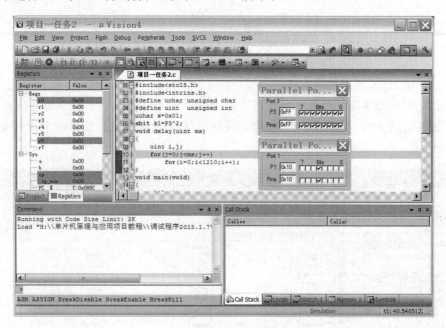

图 1-2-40　应用程序的调试界面

① 设置 P3.2 为高电平,再单击工具栏中的"全速运行"按钮,观察 P1 口,应能看到代表高电平输出的"√"循环往左移动。

② 设置 P3.2 为低电平,观察 P1 口,应能看到代表高电平输出的"√"循环往右移动。

任务 3　STC 单片机应用程序的在线编程与在线调试

任务说明

STC 单片机采用基于 Flash ROM 的 ISP/IAP 技术,可对 STC 单片机在线编程。本任务主要学习 PC 与 STC 单片机串行口之间的通信线路,以及 STC-ISP 在线编程软件的操作使用方法,以程序实例系统地讲解 STC 单片机的在线编程与在线调试。

 相关知识

1. STC 系列单片机在线可编程(ISP)电路

STC 系列单片机用户程序的下载是通过 PC 的 RS-232 串口与单片机的串口通信完成的。目前大多数 PC 已没有 RS-232 接口,应采用 PC 的 USB 转换为串口使用,本任务介绍采用 USB 接口进行转换的在线编程电路。

1) STC 系列单片机 USB 接口的在线编程电路

图 1-3-1 所示为采用 CH340G 转换芯片完成 USB 与 STC 单片机串口转换的通信电路。其中,P3.0 是 STC 系列单片机的串行接收端,P3.1 是 STC 单片机的串行发送端,D+、D- 是 PC 的 USB 接口的数据端。

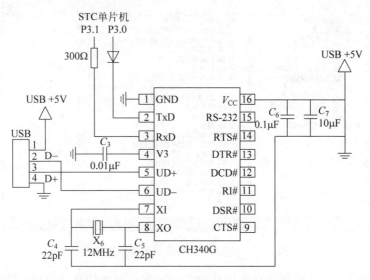

图 1-3-1　STC 单片机在线可编程(ISP)电路

通信线路建立后,还需安装 USB 转串口驱动程序,才可以建立 PC 与单片机之间的通信。USB 转串口驱动程序可在 STC 单片机的官方网站(www.stcmcu.com 或 www.gxwmcu.com)下载,文件名为"USB 转 RS-232 板驱动程序(CH341SER)"。下载后,文件图标如图 1-3-2 所示。

图 1-3-2　USB 转串口驱动
程序图标

启动 USB 转 RS-232 板驱动程序,弹出安装界面,如图 1-3-3 所示。单击"安装"按钮,系统进入安装流程。安装完成后,提示安装成功信息,如图 1-3-4 所示。此时,打开计算机设备管理器的端口选项,能查看到 USB 转串口的模拟串口号,如图 1-3-5 所示。USB 的模拟串口号是 COM3。程序下载时,必须按 USB 的模拟串口号设置在线编程(下载程序)的串口号。STC-15 系列单片机的在线编程软件具备自动侦测 USB 模拟串口的功能,可直接在串口号选择项中选择。

图1-3-3　USB转串口驱动安装界面　　　　图1-3-4　USB转串口驱动安装成功

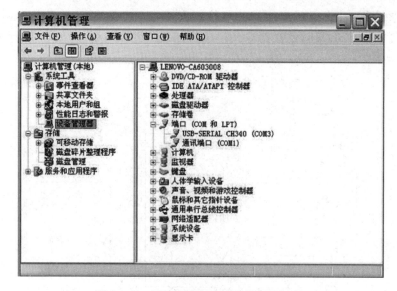

图1-3-5　查看USB转串口的模拟串口号

2) IAP15W4K58S4单片机直接与PC的USB端口相连的在线编程电路

IAP15W4K58S4以及型号以STC15W4K开头的单片机采用最新的在线编程技术。IAP15W4K58S4以及型号以STC15W4K开头的单片机除可以通过PC的USB转串口芯片(CH340G)进行数据转换外,还可直接与PC的USB端口相连进行在线编程。PC与单片机的在线编程线路图如图1-3-6所示。当IAP15W4K58S4单片机直接与PC的USB端口相连进行在线编程时,就不具备在线仿真功能了。

若用户单片机直接使用USB供电,则在用户单片机插入PC的USB接口时,PC自动检测到STC15W4K系列或IAP15W4K58S4单片机插到USB接口。如果用户第一次使用该PC对STC15W4K系列或IAP15W4K58S4单片机进行ISP下载,该PC会自动安装USB驱动程序;而STC15W4K系列或IAP15W4K58S4单片机自动处于等待状态,直到PC安装驱动程序完毕并发送"下载/编程"命令给它。

若用户单片机使用系统电源供电,则用户单片机系统必须在停电后插入PC的USB接口。在用户单片机插入USB接口并供电后,PC自动检测到STC15W4K系列或IAP15W4K58S4单片机插到USB接口。如果用户第一次使用该PC对STC15W4K系列或

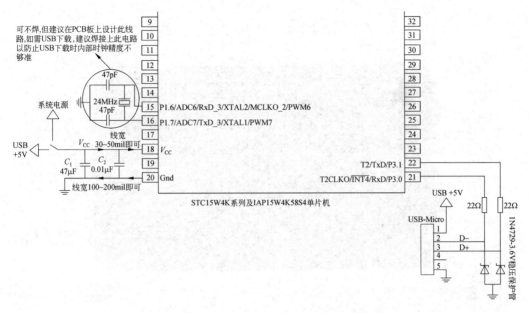

图 1-3-6　IAP15W4K58S4 单片机在线编程电路

IAP15W4K58S4 单片机进行 ISP 下载,该 PC 会自动安装 USB 驱动程序;而 STC15W4K 系列或 IAP15W4K58S4 单片机自动处于等待状态,直到 PC 安装驱动程序完毕并发送"下载/编程"命令给它。

2. STC15-Ⅳ版实验箱简介

图 1-3-7 所示为 STC15-Ⅳ版实验箱功能模块布局图,包括 IAP15W4K61S4 单片机、独立键盘电路、数码 LED 显示模块、LCD12864 接口插座、基准电压测量模块、NTC 测温模块、双串口 RS-232 电平转换模块、单机串口 TTL 电平通信模块、红外遥控发射模块、红外遥控接收模块、PCF8563 电子时钟模块、SPI 接口实验模块、矩阵键盘模块、ADC 键盘模块、PWM 输出滤波电路(D/A 转换)、并行扩展 32KB RAM 模块、下载设置开关模块、DIY 扩展模块等,详细电路见附录 5。

3. 单片机应用程序的下载与运行

用 USB 线将 PC 的 USB 接口与 STC15-Ⅳ版实验箱的 CON5 接口相连。

利用 STC-ISP 在线编程软件,可将单片机应用系统的用户程序(HEX 文件)下载到单片机。STC-ISP 在线编程软件可在 STC 单片机的官方网站(www.stcmcu.com)下载。运行下载程序(如 STC-ISP_V6.82E),弹出如图 1-3-8 所示的程序界面。按左边标注顺序操作,即可完成单片机应用程序的下载任务。

注:STC-ISP 在线编程软件界面的右侧为单片机开发过程中常用的实用工具。

步骤 1:选择单片机型号,必须与所使用单片机的型号一致。单击"单片机型号"的下拉菜单,找到 STC15W4K32S4 系列并展开,然后选择 IAP15W4K58S4 单片机。

步骤 2:选择串行口。根据本机 USB 模拟的串口号选择,即 USB-SERIAL CH340 (COM3)。

步骤 3:打开文件。打开要烧录到单片机中的程序,是经过编译而生成的机器代码文

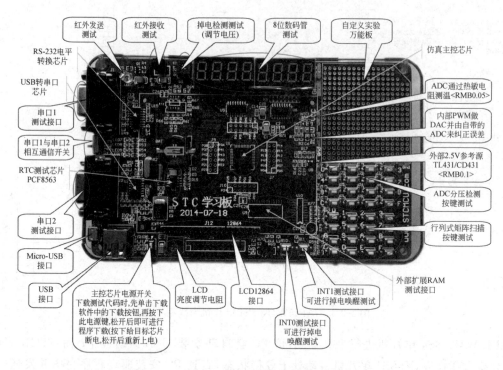

图 1-3-7　STC15-Ⅳ版实验箱功能模块的布局图

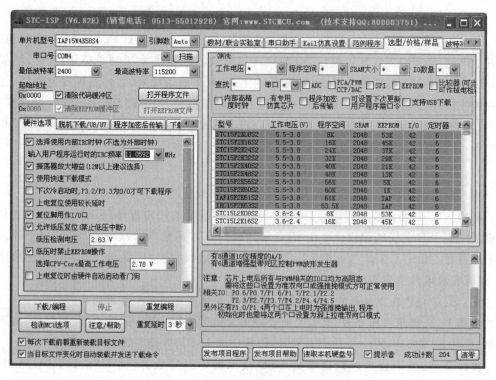

图 1-3-8　STC-ISP 在线编程软件工作界面

件,扩展名为.HEX,如本任务中的"项目一任务 3.hex"。

步骤 4：设置硬件选项。一般情况下,按默认设置。

(1) 勾选"选择使用内部 IRC 时钟"；输入用户程序运行的 IRC 频率,从下拉菜单中选择时钟频率。

(2) 勾选"振荡器放大增益(12M 以上建议选择)"。

(3) 勾选"使用快速下载模式"。

(4) 不勾选"下次冷启动时,P3.2/P3.3 为 0/0 才可下载程序"。

(5) 勾选"上电复位使用较长延时"。

(6) 勾选"允许低压复位",并选择低压检测电压。

(7) 勾选"低压时禁止 EEPROM 操作",并选择 CPU-Core 最高工作电压。

(8) 不勾选"上电复位时由硬件自动启动'看门狗'",并选择"看门狗"定时器分频系数。

(9) 勾选"空闲状态时停止'看门狗'计数"。

(10) 根据实际应用情况,选择"下次下载用户程序时擦除 EEPROM 区"。

(11) 根据实际应用情况,选择"P2.0 上电复位后为低电平"。

(12) 根据实际应用情况,选择"串口 1 数据线[RxD,TxD]从[P3.0,P3.1]切换到[P3.6,P3.7],P3.7 输出 P3.6 的输入电平"。

(13) 根据应用实际情况,选择"是否为强推挽输出"。

(14) 根据应用实际情况,选择"程序区结束处添加重要参数(包括 BandGap 电压,32kHz 唤醒定时器频率,24MHz 和 11.0592MHz 内部 IRC 设定参数)"。

(15) 在 Flash 空白处输入填充值。

步骤 5：下载。单击 Download(下载)按钮,按 SW19 键,重新给单片机上电,启动用户程序下载流程。当用户程序下载完毕后,单片机自动运行用户程序。

(1) 若勾选"每次下载都重新装载目标文件",当用户程序发生修改时,不需要执行步骤 2,直接执行步骤 5 即可。

(2) 若勾选"当目标文件变化时自动装载并发送下载命令",当用户程序发生修改后,系统会自动侦测到,于是启动用户程序装载并发送下载命令流程。用户只需按 SW19 键,即可完成用户程序的下载。

任务实施

(1) 示例程序功能与示例源程序。

① 程序功能：STC15-Ⅳ版实验箱的 LED7～LED10 灯实现跑马灯控制。

② 源程序清单(项目一任务 3.c)如下所示。

```
#include <stc15.h>
#include <intrins.h>
#include <gpio.h>              //STC15W4K58S4 系列单片机 I/O 初始化文件,见项目三任务 1
#define uchar unsigned char
#define uint unsigned int
/* --------- 1ms 延时函数,从 STC-ISP 工具中获得 --------- */
void Delay1ms()                //@11.0592MHz
```

```
{
    unsigned char i, j;

    _nop_();
    _nop_();
    _nop_();
    i = 11;
    j = 190;
    do
    {
        while ( -- j);
    } while ( -- i);
}
/* ------------ xms 延时函数 -------------- */
void delay(uint x)                  //@11.0592MHz
{
    uint i;
    for(i = 0;i < x;i++)
    {
        Delay1ms();
    }
}
/* ------------ 主函数 -------------- */
void main(void)
{
    gpio();                         //I/O端口初始化
    while(1)
    {
        P17 = 0;
        delay(1000);
        P17 = 1;
        P16 = 0;
        delay(1000);
        P16 = 1;
        P47 = 0;
        delay(1000);
        P47 = 1;
        P46 = 0;
        delay(1000);
        P46 = 1;
    }
}
```

(2) 利用 Keil μVision4 输入、编辑与编译"项目一任务 3. c"程序,生成机器代码程序:项目一任务 3. hex。

(3) 利用 STC-ISP 在线编程软件,将"项目一任务 3. hex"代码下载到 STC15-Ⅳ版实验箱 IAP15W4K58S4 单片机的程序存储器中。

(4) IAP15W4K58S4 单片机在 STC-ISP 在线编程软件下载程序结束后,自动运行用户程序,观察 LED7~LED10 灯的运行情况并记录。

STC-ISP 在线编程软件的工具箱

（1）串口助手：可作为 PC RS-232 串口的控制终端，用于 PC RS-232 串口发送与接收数据。

（2）Keil 设置：一是向 Keil C 集成开发环境添加 STC 系列单片机机型、STC 单片机头文件以及 STC 仿真驱动器；二是生成仿真芯片。

（3）范例程序：提供 STC 各系列、各型号单片机应用例程。

（4）波特率计算器：用于自动生成 STC 各系列、各型号单片机串口应用时所需波特率的设置程序。

（5）软件延时计算器：用于自动生成所需延时的软件延时程序。

（6）定时器计算器：用于自动生成所需延时的定时器初始化设置程序。

（7）头文件：提供用于定义 STC 各系列、各型号单片机特殊功能寄存器以及可寻址特殊功能寄存器位的头文件。

（8）指令表：提供 STC 系列单片机的指令系统，包括汇编符号、机器代码、运行时间等。

（9）自定义加密下载：自定义加密下载是用户先将程序代码通过自己的一套专用密钥进行加密，然后将加密后的代码通过串口下载。此时，下载传输的是加密文件，通过串口分析出来的是加密后的乱码，如未取得加密密钥，将无任何价值，防止烧录程序时被烧录人员通过监测串口分析出代码。

（10）脱机下载：在脱机下载电路的支持下，提供脱机下载功能，便于批量生产时使用。

（11）发布项目程序：发布项目程序功能主要是将用户的程序代码与相关的选项设置打包成为一个可以直接对目标芯片进行下载编程的超级简单的用户界面可执行文件。用户可以定制（自行修改发布项目程序的标题、按钮名称以及帮助信息）或指定目标 PC 的硬盘号和目标芯片的 ID 号。指定目标 PC 的硬盘号后，可以控制应用程序只能在指定 PC 上运行；若复制到其他 PC，应用程序不能运行。同样地，指定目标芯片的 ID 号后，用户代码只能下载到具有相应 ID 号的目标芯片中，对于 ID 号不一致的其他芯片，不能进行下载编程。

任务4　STC 单片机应用程序的在线仿真

宏晶科技公司采用自己研发的专利技术，使得 IAP15F2K61S2、IAP15L2K61S2、IAP15W4K58S4 和 IAP15W4K61S4 单片机既可用作仿真芯片，又可用作目标芯片。本任务主要学习如何用 STC-ISP 在线编程软件将 IAP15W4K58S4 单片机设置为仿真芯片，以及设置 Keil μVision4 的在线仿真硬件环境，实施 STC 单片机在线仿真。

相关知识

Keil μVision4 的硬件仿真需要与外围 8051 单片机仿真器配合实现。在此，选用 IAP15W4K58S4 单片机，它兼有在线仿真功能。

1. Keil μVision 硬件仿真电路连接

Keil μVision 硬件仿真电路实际上就是相应的程序下载电路，如图 1-3-1 所示，在 STC15-Ⅳ版实验箱中已有连接，直接使用即可。

2. 设置 STC 仿真器

由于 STC 单片机具有基于 Flash 存储器的在线编程(ISP)技术，可以无仿真器、编程器实现单片机应用系统开发。但为了满足习惯于采用硬件仿真的单片机应用工程师的要求，STC 开发了 STC 硬件仿真器，而且是一大创新：单片机芯片既是仿真芯片，又是应用芯片。下面简单介绍 STC 仿真器的设置与使用。

1) 创建仿真芯片

运行 STC-ISP 在线编程软件，然后选择"Keil 仿真设置"选项，如图 1-4-1 所示。

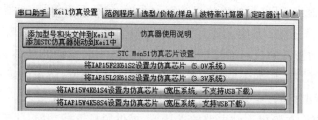

图 1-4-1　设置仿真芯片

根据选用的芯片，单击"将 IAP15W4K58S4 设置为仿真芯片(宽压系统，支持 USB 下载)"，即启动"下载/编程"功能。按 SW19 键，重新给单片机上电，启动用户程序下载流程。完成后，该芯片即为仿真芯片，可在 Keil μVision4 集成开发环境进行在线仿真。

2) 设置 Keil μVision4 硬件仿真调试模式

(1) 打开编译环境设置对话框，并打开 Debug 选项页，然后选中硬件仿真选项并选择 STC Monitor-51 Driver 仿真器，勾选 Load Application at Startup 和 Run to main()选项，如图 1-4-2 所示。

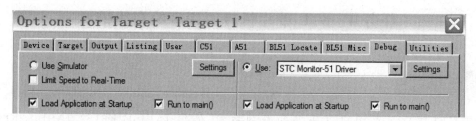

图 1-4-2　目标设置对话框(Debug 选项，选中 Use：STC Monitor-51 Driver)

(2) 设置 Keil μVision4 硬件仿真参数。单击图 1-4-2 右上角的 Settings 按钮，弹出硬件仿真参数设置对话框，如图 1-4-3 所示。根据仿真电路使用的串口号(或 USB 驱动的模

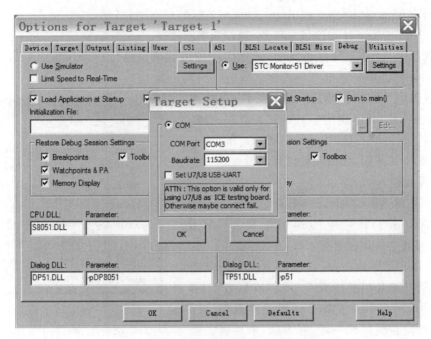

图 1-4-3　Keil μVision4 硬件仿真参数

拟串口号)选择串口端口。

　　① 选择串口:根据硬件仿真时实际使用的情况选择串口号(或 USB 驱动时的模拟串口号),如本例的"COM3"。

　　② 设置串口的波特率:单击下三角按钮,选择合适的波特率,如本例的"115200"。

　　设置完毕,单击 OK 按钮,再单击 Options for Target 'Target 1'对话框中的 OK 按钮,完成硬件仿真的设置。

3. 在线仿真调试

　　同软件模拟调试一样,选择菜单命令 Debug→Start/Stop Debug Session 或单击工具栏中的调试按钮 🔍,系统进入调试界面;若复选调试按钮 🔍,则退出调试界面。在线调试除可以在 Keil μVision4 集成开发环境调试界面观察程序运行信息外,还可以直接从目标电路观察程序的运行结果。

　　Keil μVision4 集成开发环境在在线仿真状态下,能查看 STC 单片机新增内部接口的特殊功能寄存器状态。打开 Debug 下拉菜单,就可查看 ADC、CCP、SPI 等接口状态。

　任务实施

　　(1)示例程序功能与示例源程序清单。

　　本示例程序同项目一任务 3。

　　(2)将 IAP15W4K58S4 单片机设置为仿真芯片。

　　(3)设置 Keil μVision4 为在线仿真模式。

　　打开编译环境设置对话框,打开 Debug 选项页,选中 STC Monitor-51 Driver,并勾选

Load Application at Startup 和 Run to main()选项,如图 1-4-2 所示。

设置 Keil μVision4 硬件仿真参数,操作如下所述。

① 选择串口:根据硬件仿真时,选择实际使用的串口号(或 USB 驱动时的模拟串口号),如本例的"COM3"。

② 设置串口的波特率:单击下三角按钮,选择合适的波特率,如本例的"115200"。设置完毕,单击 OK 按钮,再单击 Options for Target 'Target 1' 对话框中的 OK 按钮,完成硬件仿真的设置。

（4）在线仿真调试。

选择菜单命令 Debug → Start/Stop Debug Session 或单击工具栏中的调试按钮 🔍,Keil μVision4 系统进入调试界面。

打开 Debug 下拉菜单,再单击 ALL Ports 选项,弹出 STC 单片机的所有 I/O 端口,如图 1-4-4 所示。此时,可在 Keil μVision4 系统中观察运行结果;也可同在线调试一样,在 STC 单片机实验箱查看运行结果。

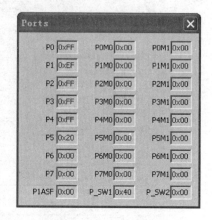

图 1-4-4 Keil μVision4 在线仿真状态下的 STC 单片机 I/O 端口

习 题

1. 微型计算机的基本组成部分是什么? 从微型计算机地址总线、数据总线看,能确认微型计算机哪几方面的性能?

2. 简述微型计算机工作过程。

3. 何谓单片机? 其主要特点是什么?

4. 简述单片机的发展历史与发展趋势。

5. 简述单片机的应用。

6. 何为单片机应用系统?

7. 在 Keil μVision4 集成开发环境下,在默认状态编译时,是否会自动生成机器代码文件?

8. 在 Keil μVision4 集成开发环境下,对于编译产生的机器代码文件,在默认状态下,其名称与谁的名称相同? 若要存储成其他名称,应如何操作?

9. 新编程序文件存盘时,如何根据编程语言的种类选择存盘文件的扩展名?

10. 在 Keil μVision4 集成开发环境中,如何切换编辑与调试程序界面?

11. 在 Keil μVision4 集成开发环境中,有哪几种程序调试方法? 各有什么特点?

12. 在 Keil μVision4 集成开发环境中调试程序时,如何观察片内 RAM 的信息?

13. 在 Keil μVision4 集成开发环境中调试程序时,如何观察片内通用寄存器的信息?

14. 在 Keil μVision4 集成开发环境中调试程序时,如何观察或设置定时器、中断与串行口的工作状态?

15. 简述 Keil μVision4 集成开发环境硬件仿真的设置。

16. 简述利用 STC-ISP 在线编程软件下载用户程序的工作流程。

17. 通过怎样的设置,可以实现下载程序时自动更新用户程序代码?

18. 通过怎样的设置,可以实现当用户程序代码发生变化时,自动更新用户程序代码,并启动下载命令?

19. IAP15W4K58S4 单片机既可用作目标芯片,又可用作仿真芯片。当其用作仿真芯片时,应如何操作?

项目二

STC15W4K32S4系列单片机增强型8051内核

本项目要达到的目标：一是理解 STC15W4K32S4 系列单片机的基本结构与资源配置情况；二是掌握 STC15W4K32S4 系列单片机的时钟、复位与外部引脚的接口特性。

知识点：

◇ STC15W4K32S4 系列单片机的 CPU；

◇ STC15W4K32S4 系列单片机的资源配置；

◇ STC15W4K32S4 系列单片机复位的概念、复位原理与复位的种类；

◇ STC15W4K32S4 系列单片机时钟的来源；

◇ STC15W4K32S4 系列单片机的引脚特性。

技能点：

◇ 选择复位电平；

◇ 设置时钟的来源与时钟的频率；

◇ 设置系统时钟的分频系数；

◇ 设置主时钟输出。

任务 1 STC15W4K32S4 系列单片机概述

STC 增强型 8051 单片机是在经典 8051 单片机框架上发展起来的。增强型 8051 单片机指令系统与经典 8051 单片机指令系统完全兼容。因此，有必要了解经典 8051 单片机的基本配置情况，从而系统地理解 STC 增强型 8051 单片机的资源配置情况。

相关知识

1. MCS-51 系列单片机的产品系列

MCS-51 系列单片机是美国 Intel 公司研发的,详见表 2-1-1。

表 2-1-1　MCS-51 系列单片机的内部资源

型号	程序存储器	数据存储器	定时器/计数器	并行 I/O 口	串行口	中断源
8031	无	128B	2	32	1	5
8032	无	256B	3	32	1	6
8051	4KB ROM	128B	2	32	1	5
8052	8KB ROM	256B	3	32	1	6
8751	4KB EPROM	128B	2	32	1	5
8752	8KB EPROM	256B	3	32	1	6

1) 根据片内程序存储器配置情况分类

(1) 无 ROM 型:片内没有配置任何类型的程序存储器,如 8031/8032 单片机。

(2) ROM 型:片内配置的程序存储器的类型是掩膜 ROM,如 8051/8052 单片机。

(3) EEPROM 型:片内配置的程序存储器的类型是 EEPROM,如 8751/8752 单片机。

特别提示:目前,51 兼容单片机的程序存储器类型大多是 Flash ROM,可多次编程,且可在线编程。

2) 根据片内资源配置数量分类

(1) 基本型(或称 51 型):片内程序存储器为 4KB,片内数据存储器为 128B,定时器/计数器 2 个,对应的机型为 8031/8051/8751。

(2) 扩展型(或称 52 型):片内程序存储器为 8KB,片内数据存储器为 256B,定时器/计数器 3 个,对应的机型为 8032/8052/8752。

2. MCS-51 系列单片机的主要特点

MCS-51 以其典型的结构和完善的总线专用寄存器的集中管理,众多的逻辑位操作功能及面向控制的丰富的指令系统,堪称一代"名机",为以后的其他单片机的发展奠定了基础。正因为其优越的性能和完善的结构,导致后来的许多厂商多沿用或参考其体系结构,许多世界大型电气生产商丰富和发展了 MCS-51 单片机,如 Philips、Dallas、ATMEL 等著名的半导体公司推出了兼容 MCS-51 的单片机产品,我国台湾的 WINBOND 公司也发展了兼容 C51 的单片机品种。STC 系列单片机为深圳宏晶科技有限公司推出的增强型 8051 单片机。

近年来,8051 单片机发展迅速,出现了高速 I/O 口、A/D 转换器、PWM(脉宽调制)、WDT 等增强功能,并且低电压、微功耗、扩展串行总线(I^2C)和控制网络总线(CAN)等功能更加完善。

任务实施

STC 系列单片机概述

STC 系列单片机是深圳宏晶科技公司研发的增强型 8051 内核单片机。相对于传统的 8051 内核单片机,其在片内资源、性能以及工作速度上都有很大的改进,尤其采用了基于 Flash 的在线系统编程(ISP)技术,使得单片机应用系统的开发更加简单。无需仿真器或专用编程器,就可进行单片机应用系统开发,同样方便了单片机的学习。

STC 单片机产品系列化、种类多,现有超过百种单片机产品,满足不同应用系统的控制需求。按照工作速度与片内资源配置的不同,STC 系列单片机有若干系列产品。按照工作速度,分为 12T/6T 和 1T 系列。12T/6T 产品是指 1 个机器周期可设置为 12 个时钟或 6 个时钟,包括 STC89 和 STC90 两个系列;1T 产品是指 1 个机器周期仅为 1 个时钟,包括 STC11/10 和 STC12/15 等系列。STC89、STC90 和 STC11/10 系列属基本配置,STC12/15 系列产品增加了 PWM、A/D 和 SPI 等接口模块。每个系列中包含若干个产品,其差异主要体现在片内资源数量上。在应用选型时,应根据控制系统的实际需求,选择合适的单片机,即单片机内部资源要尽可能地满足控制系统要求,减少外部接口电路;同时,选择片内资源时遵循"够用"原则,极大地保证单片机应用系统的高性能价格比和高可靠性。

STC15 系列单片机采用 STC-Y5 超高速 CPU 内核,在相同频率下,其速度比早期 1T 系列单片机(如 STC12、STC11、STC10 系列)快 20%。

1) STC15W4K32S4 系列单片机资源配置

STC15W4K32S4 系列单片机的资源配置综述如下:

(1) 增强型 8051 CPU,1T 型,即每个机器周期只有 1 个系统时钟,速度比传统 8051 单片机快 8~12 倍。

(2) 工作电压:2.4~5.5V。

(3) ISP/IAP 功能,即在系统可编程/在应用可编程。其中,型号以 STC15W4K 开头的以及 IAP15W4K58S4 单片机可直接采用 PC 的 USB 接口进行在线编程。

(4) 内部高可靠复位,ISP 编程时 16 级复位门槛电压可选,可彻底省掉外围复位电路。

(5) 内部高精度 R/C 时钟,±1%温漂(−40~85℃),常温下±0.6%温漂。ISP 编程时,内部时钟 5~35MHz 可选(5.5296MHz、11.0592MHz、22.1184MHz、33.1776MHz 等,也可直接输入频率值)。

(6) Flash 程序存储器(16KB、32KB、40KB、48KB、58KB、60KB、61KB、63.5KB 可选)。

(7) 4096 字节 SRAM,包括常规的 256 字节 RAM 和内部扩展的 3840 字节 XRAM。

(8) 大容量的数据 Flash(EEPROM),擦写次数 10 万次以上。

(9) 7 个定时器,包括 5 个 16 位可重装载初始值的定时器/计数器(T0、T1、T2、T3、T4)和 2 路 CCP,可再实现 2 个定时器。

(10) 4 个全双工异步串行口(串口 1、串口 2、串口 3、串口 4)。

(11) 8 通道高速 10 位 ADC,速度可达 30 万次/秒,8 路 PWM 可用作 8 路 D/A。

(12) 6 通道 15 位专门的高精度 PWM(带死区控制)。

(13) 2 通道 CCP。

(14) 高速 SPI 串行通信接口。

(15) 6 路可编程时钟输出(T0、T1、T2、T3、T4 以及主时钟输出)。

(16) 比较器,可当 1 路 ADC 使用,可用作掉电检测。

(17) 最多 62 个 I/O 口,可设置为 4 种工作模式。

(18) 硬件"看门狗"(WDT)。

(19) 低功耗设计:低速模式、空闲模式、掉电模式(停机模式)。

具有多种掉电唤醒的资源。

① 低功耗掉电唤醒专用定时器。

② 唤醒引脚:INT0、INT1、/INT2、/INT3、/INT4、CCP0、CCP1、RxD、RxD2、RxD3、RxD4、T0、T1、T2、T3、T4 等。

(20) 支持程序加密后传输,仿拦截。

(21) 支持 RS-485 下载。

(22) 先进的指令集结构,兼容传统 8051 单片机指令集,有硬件乘法、除法指令。

2) STC15W4K32S4 系列单片机机型一览表与命名规则

(1) STC15W4K32S4 系列单片机机型一览表。

STC15W4K32S4 系列单片机各机型的不同点主要体现在程序存储器与 EEPROM 容量的不同,具体情况如表 2-1-2 所示。

表 2-1-2　STC15W4K32S4 系列单片机机型一览表

型　　号	程序存储器	数据存储器 SRAM	EEPROM	复位门槛电压	内部精准时钟	程序加密后传输(防拦截)	可设程序更新口令	支持 RS-485 下载	封装类型
STC15W4K16S4	16KB	4KB	43KB	16 级	可选	有	是	是	
STC15W4K32S4	32KB	4KB	27KB	16 级	可选	有	是	是	
STC15W4K40S4	40KB	4KB	19KB	16 级	可选	有	是	是	LQFP64L、LQFP64S、
STC15W4K48S4	48KB	4KB	11KB	16 级	可选	有	是	是	QFN64、QFN48、
STC15W4K56S4	56KB	4KB	3KB	16 级	可选	有	是	是	LQFP48、LQFP44、
IAP15W4K61S4	61KB	4KB	IAP	16 级	可选	有	是	是	LQFP32、SOP28、
IAP15W4K58S4	58KB	4KB	IAP	16 级	可选	有	是	是	SKDIP28、PDIP40
IRC15W4K63S4	63.5KB	4KB	IAP	固定	24MHz	无	否	否	

(2) STC15W4K32S4 系列单片机的命名规则。

STC15W4K32S4 系列单片机的命名规则如图 2-1-1 所示。

本书选用 STC15W4K32S4 系列中的 IAP15W4K58S4 单片机作为教学机型,使学生全面学习 STC 单片机技术,培养其 STC 单片机应用设计能力。

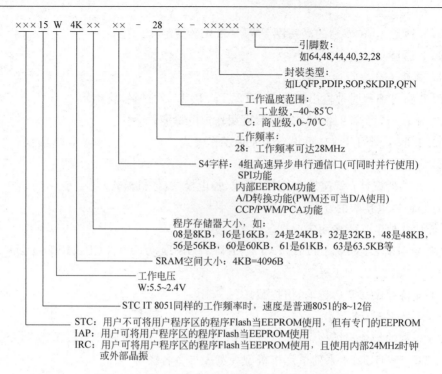

图 2-1-1　STC15W4K32S4 系列单片机的命名规则

任务 2　IAP15W4K58S4 单片机结构与工作原理

 任务说明

IAP15W4KS4 单片机是增强型 8051 单片机，既可用作在线仿真芯片，又可用作目标芯片。本任务从宏观上讲解 IAP15W4KS4 单片机的内部资源与工作原理。

 任务实施

1. IAP15W4K58S4 单片机的内部结构

IAP15W4K58S4 单片机的内部结构框图如图 2-2-1 所示。

IAP15W4K58S4 单片机包含 CPU、程序存储器（程序 Flash，可用作 EEPROM）、数据存储器（基本 RAM、扩展 RAM、特殊功能寄存器）、EEPROM（数据 Flash，与程序 Flash 共用 1 个地址空间）、定时器/计数器、串行口、中断系统、比较器、ADC 模块、CCP 模块（可当 DAC 使用）、SPI 接口、专用高精度 PWM 模块以及硬件"看门狗"、电源监控、专用复位电路、内部高精度 R/C 时钟等模块。

2. CPU 结构

单片机的中央处理器 CPU 由运算器和控制器组成。它的作用是读入并分析每条指令，然后根据各指令功能控制单片机的各功能部件执行指定的运算或操作。

1）运算器

运算器由算术/逻辑运算部件 ALU、累加器 ACC、寄存器 B、暂存器（TMP1、TMP2）和

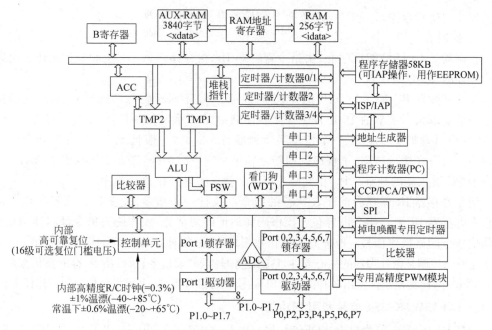

图 2-2-1　IAP15W4K58S4 单片机的内部结构框图

程序状态标志寄存器 PSW 组成,用于实现算术与逻辑运算、位变量处理与传送等操作。

　　ALU 功能极强,既可实现 8 位二进制数据的加、减、乘、除算术运算和与、或、非、异或、循环等逻辑运算,还具有一般微处理器不具备的位处理功能。

　　累加器 ACC,又记作 A,用于向 ALU 提供操作数和存放运算结果,是 CPU 中工作最繁忙的寄存器。大多数指令的执行都通过累加器 ACC 完成。

　　寄存器 B 是专门为乘法和除法运算设置的寄存器,用于存放乘法和除法运算的操作数和运算结果。对于其他指令,可用作普通寄存器。

　　程序状态标志寄存器 PSW 简称程序状态字,用来保存 ALU 运算结果的特征和处理状态。这些特征和状态可以作为控制程序转移的条件,供程序判别和查询。PSW 的各位定义如下所示。

	地址	B7	B6	B5	B4	B3	B2	B1	B0	复位值
PSW	D0H	CY	AC	F0	RS1	RS0	OV	F1	P	0000 0000

　　① CY:进位标志位。执行加/减法指令时,如果操作结果的最高位 B7 出现进/借位,CY 置"1",否则清零。执行乘法运算后,CY 清零。

　　② AC:辅助进位标志位。当执行加/减法指令时,如果低 4 位数向高 4 位数(或者说 B3 位向 B4 位)产生进/借位,AC 置"1",否则清零。

　　③ F0:用户标志 0。该位是由用户定义的一个状态标志。

　　④ RS1、RS0:工作寄存器组选择控制位,详见表 4-1-1。

　　⑤ OV:溢出标志位。指示运算过程中是否发生了溢出。有溢出时,OV＝1;无溢出时,OV＝0。

　　⑥ F1:用户标志 1。该位也由用户定义的一个状态标志。

　　⑦ P:奇偶标志位。如果累加器 ACC 中 1 的个数为偶数,则 P＝0,否则 P＝1。在具有

奇偶校验的串行数据通信中,可以根据 P 值设置奇偶校验位。

2)控制器

控制器是 CPU 的指挥中心,由指令寄存器 IR、指令译码器 ID、定时及控制逻辑电路以及程序计数器 PC 等组成。

程序计数器 PC 是一个 16 位的计数器(注意:PC 不属于特殊功能寄存器)。它总是存放下一个要取指令字节的 16 位程序存储器存储单元的地址。并且,每取完一个指令字节,PC 的内容自动加 1,为取下一个指令字节做准备。因此,一般情况下,CPU 按指令顺序执行程序。只有在执行转移、子程序调用指令和中断响应时例外,转而由指令或中断响应过程自动给 PC 置入新的地址。PC 指到哪里,CPU 就从哪里开始执行程序。

指令寄存器 IR 保存当前正在执行的指令。执行一条指令,先要把它从程序存储器取到指令寄存器 IR 中。指令内容包含操作码和地址码两部分,操作码送指令译码器 ID,并形成相应指令的微操作信号;地址码送操作数形成电路,以便形成实际的操作数地址。

定时与控制是微处理器的核心部件,它的任务是控制"取指令、执行指令、存取操作数或运算结果"等操作,向其他部件发出各种微操作信号,协调各部件工作,完成指令指定的工作任务。

3. IAP15W4K58S4 单片机引脚功能

IAP15W4K58S4 单片机有 LQFP64、LQFP48、LQFP44、LQFP32、PDIP40、SOP28、SOP32、SKDIP28 等封装形式。图 2-2-2 和图 2-2-3 所示为 LQFP44 和 PDIP40 封装引脚图。

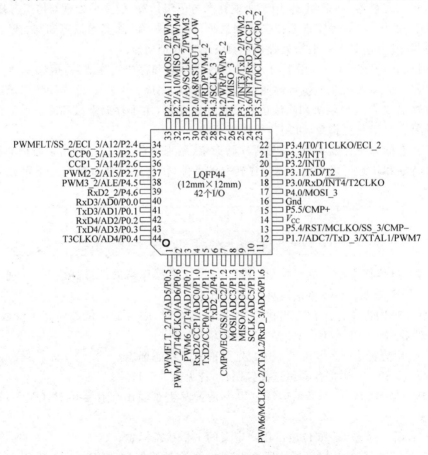

图 2-2-2   IAP15W4K58S4 单片机 LQFP44 封装的引脚

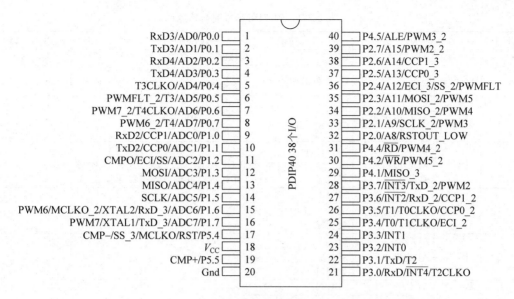

图 2-2-3　IAP15W4K58S4 单片机 PDIP40 封装的引脚

　　下面以 IAP15W4K58S4 单片机的 LQFP44 封装为例,介绍 IAP15W4K58S4 单片机的引脚功能。从引脚图中看出,除 14 脚、16 脚为电源、地以外,其他引脚都可用作 I/O 口。也就是说,IAP15W4K58S4 单片机不需要外围电路,只需接上电源就构成一个单片机最小系统。因此,这里以 IAP15W4K58S4 单片机的 I/O 口引脚为主线,描述 IAP15W4K58S4 单片机的各引脚功能。

　　建议:在教学中,先重点讲述 IAP15W4K58S4 单片机引脚的 I/O 功能;有关它们的第二、第三等多重功能,在用到相应接口时再着重介绍。

　　(1) P0 口

　　P0 口引脚排列与功能说明如表 2-2-1 所示。

表 2-2-1　P0 口引脚排列与功能

引脚号	40	41	42	43	44	1	2	3
I/O 名称	P0.0	P0.1	P0.2	P0.3	P0.4	P0.5	P0.6	P0.7
第二功能	(AD0~AD7)访问外部存储器时,分时复用用作低 8 位地址总线和 8 位数据总线							
第三功能	RxD3	TxD3	RxD4	TxD4	T3CLKO	T3	T4CLKO	T4
	串行口 3 数据接收端	串行口 3 数据发送端	串行口 4 数据接收端	串行口 4 数据发送端	T3 的时钟输出端	T3 的外部计数输入端	T4 的时钟输出端	T4 的外部计数输入端
第四功能	—	—	—	—	—	PWMFLT_2	PWM7_2	PWM6_2
						PWM 异常停机控制引脚(切换 1)	脉宽调制输出通道 7(切换 1)	脉宽调制输出通道 6(切换 1)

　　(2) P1 口

　　P1 口引脚排列与功能说明如表 2-2-2 所示。

表 2-2-2　P1 口引脚排列与功能

引脚号	I/O 名称	第二功能	第三功能	第四功能	第五功能	第六功能
4	P1.0	ADC0 ADC 模拟输入通道 0	CCP1 CCP 输出通道 1	RxD2 串行口 2 串行数据接收端	—	—
5	P1.1	ADC1 ADC 模拟输入通道 1	CCP0 CCP 输出通道 0	TxD2 串行口 2 串行数据发送端	—	—
7	P1.2	ADC2 ADC 模拟输入通道 2	SS SPI 接口的从机选择信号	ECI CCP 模块计数器外部计数脉冲输入端	CMPO 比较器比较结果输出端	—
8	P1.3	ADC3 ADC 模拟输入通道 3	MOSI SPI 接口主出从入数据端	—	—	—
9	P1.4	ADC4 ADC 模拟输入通道 4	MISO SPI 接口主入从出数据端	—	—	—
10	P1.5	ADC5 ADC 模拟输入通道 5	SCLK SPI 接口同步时钟端	—	—	—
11	P1.6	ADC6 ADC 模拟输入通道 6	RxD_2 串行口 1 串行数据接收端(切换 1)	XTAL2 内部时钟反相放大器的输出端	MCLKO_2 主时钟输出(切换 1)	PWM6 脉宽调制输出通道 6
12	P1.7	ADC7 ADC 模拟输入通道 7	TxD_3 串行口 1 串行数据发送端(切换 2)	XTAL1 内部时钟反相放大器的输入端	PWM7 脉宽调制输出通道 7	—

（3）P2 口

P2 口引脚排列与功能说明如表 2-2-3 所示。

表 2-2-3　P2 口引脚排列与功能

引脚号	I/O 名称	第二功能	第三功能	第四功能	第五功能
30	P2.0	A8	RSTOUT_LOW 上电后输出电平,可设置为低电平	—	—
31	P2.1	A9	SCLK_2 SPI 接口同步时钟端(切换 1)	PWM3 脉宽调制输出通道 3	—
32	P2.2	A10	MISO_2 SPI 接口主入从出数据端(切换 1)	PWM4 脉宽调制输出通道 4	—
33	P2.3	A11 (访问外部存储器时,用作高 8 位地址总线)	MOSI_2 SPI 接口主出从入数据端(切换 1)	PWM5 脉宽调制输出通道 5	—
34	P2.4	A12	ECI_3 CCP 模块计数器外部计数脉冲输入端(切换 2)	SS_2 SPI 接口的从机选择信号(切换 1)	PWMFLT PWM 异常停机控制引脚
35	P2.5	A13	CCP0_3 CCP 输出通道 0(切换 2)	—	—
36	P2.6	A14	CCP1_3 CCP 输出通道 1(切换 2)	—	—
37	P2.7	A15	PWM2_2 脉宽调制输出通道 2(切换 1)	—	—

（4）P3口

P3口引脚排列与功能说明如表2-2-4所示。

表 2-2-4　P3口引脚排列与功能

引脚号	I/O名称	第二功能	第三功能	第四功能
18	P3.0	RxD 串行口1串行数据接收端	INT4 外部中断4中断请求输入端	T2CLKO T2定时器的时钟输出端
19	P3.1	TxD 串行口1串行数据发送端	T2 T2定时器的外部计数脉冲输入端	—
20	P3.2	INT0 外部中断0中断请求输入端	—	
21	P3.3	INT1 外部中断1中断请求输入端	—	
22	P3.4	T0 T0定时器的外部计数脉冲输入端	T1CLKO T1定时器的时钟输出端	ECI_2 CCP模块计数器外部计数脉冲输入端(切换1)
23	P3.5	T1 T1定时器的外部计数脉冲输入端	T0CLKO T0定时器的时钟输出端	CCP0_2 CCP输出通道0(切换1)
24	P3.6	INT2 外部中断2中断请求输入端	RxD_2 串行口1串行接收数据端(切换1)	CCP1_2 CCP输出通道1(切换1)
25	P3.7	INT3 外部中断3中断请求输入端	TxD_2 串行口1串行发送数据端(切换1)	PWM2 脉宽调制输出通道2

（5）P4口

P4口引脚排列与功能说明如表2-2-5所示。

表 2-2-5　P4口引脚排列与功能

引脚号	I/O名称	第二功能	第三功能
17	P4.0	MISO_3 SPI接口主入从出数据端(切换2)	—
26	P4.1	MOSI_3 SPI接口主出从入数据端(切换2)	—
27	P4.2	WR 外部数据存储器写控制端	PWM5_2 脉宽调制输出通道5(切换1)
28	P4.3	SCLK_3 SPI接口同步信号输入端(切换2)	—
29	P4.4	RD 外部数据存储器读控制端	PWM4_2 脉宽调制输出通道4(切换1)
38	P4.5	ALE 外部扩展存储器的地址锁存信号输出端	PWM3_2 脉宽调制输出通道3(切换1)

续表

引脚号	I/O 名称	第二功能	第三功能
39	P4.6	RxD2_2	—
		串行口 2 串行接收数据端（切换 1）	
6	P4.7	TxD2_2	—
		串行口 2 串行发送数据端（切换 1）	

（6）P5 口

P5 口引脚排列与功能说明如表 2-2-6 所示。

表 2-2-6　P5 口引脚排列与功能

引脚号	I/O 名称	第二功能	第三功能	第四功能	第五功能
13	P5.4	RST	MCLKO	SS_3	CMP−
		复位脉冲输入端	主时钟输出端	SPI 接口的从机选择信号（切换 2）	比较器负极输入端
15	P5.5	CMP+	—	—	—
		比较器正极输入端			

注：IAP15W4K58S4 单片机内部接口的外部输入、输出功能引脚可通过编程进行切换。上电或复位后，默认功能引脚的名称以原功能状态名称表示；切换后，引脚状态的名称在原功能名称基础上加一下划线和序号组成。如 RxD 和 RxD_2，RxD 为串行口 1 默认的数据接收端，RxD_2 为串行口 1 切换后（第 1 组切换）的数据接收端名称，其功能同串行口 1 的串行数据接收端。

任务 3　IAP15W4K58S4 单片机的时钟与复位

任务说明

经典 8051 单片机的时钟和复位信号都是由片外提供，而 STC15 系列单片机的时钟与复位发生了较大的改变，可完全由片内提供。本任务在介绍经典 8051 单片机时钟产生与复位实现的基础上，系统地讲述 STC15 系列单片机的系统时钟与复位情况。

相关知识

1. 8051 单片机的复位与复位电路

8051 单片机复位的作用是使单片机复位到指定的初始状态。

8051 单片机复位是通过在外部引脚复位端（RST）外加大于 2 个机器周期（1 个机器周期等于 12 个时钟周期）的高电平脉冲实现的。

实际应用中,需配备两种复位操作:上电复位与按键复位。上电复位是指当单片机加电时,强迫单片机复位,让单片机从指定的初始状态开始运行程序;按键复位是指在单片机的运行过程中,可通过按键人为地实现复位。

如图 2-3-1(a)所示为上电复位电路,由电容 C_1 和电阻 R_1 组成。一般 C_1 取 $10\mu F$,R_1 取 $8.2k\Omega$。上电复位电路是利用电容两端的电压不能突变的原理实现的。当断电时,电容 C_1 经放电后,电荷为 0,即电容两端电压为 0;当上电时,由于电容两端的电压不能突变,RST 端的电平为高电平,随着电容充电,RST 端的电位逐渐降低,最终变为 0。从上电到电容充电结束,RST 端的电平由高电平到低电平,只要选择合适的电容、电阻参数,就能保证足够的复位高电平时间,从而保证复位的实现。

在电容两端并联由一个按钮 K1 和一个电阻(一般取 200Ω)组成的串联电路,即在上电复位的基础上附加按键复位功能,如图 2-3-1(b)所示,实现利用按键强制地给 RST 引入复位高电平。

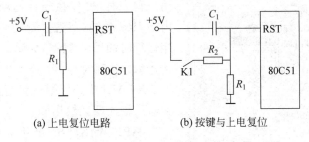

(a) 上电复位电路   (b) 按键与上电复位

图 2-3-1 单片机复位电路

2. 8051 单片机时钟电路

8051 单片机时钟信号由 XTAL1、XTAL2 引脚外接晶振产生,或直接从 XTAL1(或 XTAL2 端)输入外部时钟信号源。采用外部时钟信号源,适用于多机应用系统,以实现各单片机间的信号同步。当从 XTAL1 端输入时,XTAL2 端应悬空;当从 XTAL2 端输入时,XTAL1 端应接地。

在实际中,小应用系统中,一般以单机系统为主。在单机系统中,宜采用外接晶振芯片来产生时钟信号,如图 2-3-2(a)所示。时钟信号的频率取决于晶振的频率,电容器 C_1 和 C_2 的作用是稳定频率和快速起振,一般取值 $5\sim30pF$,典型值为 $30pF$。传统 8051 单片机时钟信号频率为 $1.2\sim12MHz$。目前,许多增强型 8051 单片机的时钟频率远大于 $12MHz$。

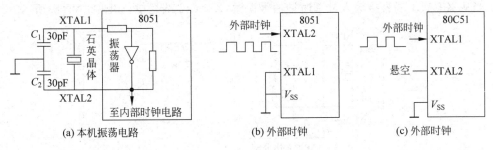

(a) 本机振荡电路   (b) 外部时钟   (c) 外部时钟

图 2-3-2 单片机时钟电路

1. IAP15W4K58S4 单片机的时钟

1）时钟源的选择

IAP15W4K58S4 单片机的主时钟有两种时钟源：内部高精度 RC 时钟和外部时钟（由 XTAL1 和 XTAL2 外接晶振产生时钟，或直接输入时钟）。

（1）内部高精度 RC 时钟

如果使用 IAP15W4K58S4 单片机的内部高精度 RC 时钟，可让 XTAL1 和 XTAL2 引脚用作 I/O 端口。IAP15W4K58S4 单片机常温下的时钟频率为 5～35MHz，在 －40～ ＋85℃温度环境下，温漂为±1%，常温下的温漂为±0.5%。

图 2-3-3　内部 RC 时钟频率选择

在对 IAP15W4K58S4 单片机进行 ISP 下载用户程序时，可以在硬件选项中勾选"选择使用内部 IRC 时钟（不选外部时钟）"，并输入用户程序运行时的 IRC 频率，如图 2-3-3 所示。

（2）外部时钟

XTAL1 和 XTAL2 是芯片内部一个反相放大器的输入端和输出端。

IAP15W4K58S4 单片机的出厂标准配置是使用内部 RC 时钟。如选用外部时钟，在对 IAP15W4K58S4 单片机进行 ISP 下载用户程序时，可以在硬件选项中选择，即去掉"选择使用内部 IRC 时钟（不选为外部时钟）"前面方框中的"√"号。

使用外部振荡器产生时钟时，单片机时钟信号由 XTAL1、XTAL2 引脚外接晶振产生时钟信号，或直接从 XTAL1 输入外部时钟信号源。

采用外接晶振来产生时钟信号，如图 2-3-4（a）所示，时钟信号的频率取决于晶振的频率。电容器 C_1 和 C_2 的作用是稳定频率和快速起振，一般取值 5～47pF，典型值为 47pF 或 30pF。IAP15W4K58S4 单片机的时钟频率最大可达 35MHz。

当从 XTAL1 端直接输入外部时钟信号源时，XTAL2 端悬空，如图 2-3-4（b）所示。

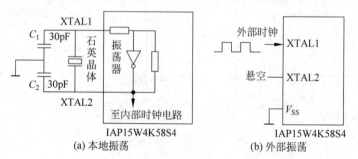

(a) 本地振荡　　　　　　　　　　　(b) 外部振荡

图 2-3-4　IAP15W4K58S4 单片机的外部时钟电路

主时钟时钟源(内部 RC 时钟或外部时钟)信号的频率记为 f_{OSC}。

2）系统时钟与时钟分频寄存器

主时钟源输出信号不直接与单片机 CPU、内部接口的时钟信号相连,而是经过一个可编程时钟分频器提供给单片机 CPU 和内部接口。为了区分主时钟源时钟信号与 CPU、内部接口的时钟,主时钟源(振荡器时钟)信号的频率记为 f_{OSC}。CPU、内部接口的时钟称为系统时钟,记为 f_{SYS}。$f_{SYS} = f_{OSC}/N$,N 为时钟分频器的分频系数。利用时钟分频器(CLK_DIV),可进行时钟分频,从而使 IAP15W4K58S4 单片机在较低频率方式下工作。

时钟分频寄存器 CLK_DIV 各位的定义如下所示。

	地址	B7	B6	B5	B4	B3	B2	B1	B0	复位值
CLK_DIV	97H	MCKO_S1	MCKO_S0	ADRJ	Tx_Rx	—	CLKS2	CLKS1	CLKS0	0000 x000

系统时钟的分频情况如表 2-3-1 所示。

表 2-3-1 CPU 系统时钟与分频系数

CLKS2	CLKS1	CLKS0	分频系数(N)	CPU 的系统时钟
0	0	0	1	f_{OSC}
0	0	1	2	$f_{OSC}/2$
0	1	0	4	$f_{OSC}/4$
0	1	1	8	$f_{OSC}/8$
1	0	0	16	$f_{OSC}/16$
1	0	1	32	$f_{OSC}/32$
1	1	0	64	$f_{OSC}/64$
1	1	1	128	$f_{OSC}/128$

3）主时钟输出与主时钟控制

主时钟从 P5.4 引脚输出,但是否输出,输出分频为多少,由 CLK_DIV 中的 MCKO_S1、MCKO_S0 控制,详见表 2-3-2。

表 2-3-2 主时钟输出功能

MCKO_S1	MCKO_S0	主时钟输出功能
0	0	禁止输出
0	1	输出时钟频率＝主时钟频率
1	0	输出时钟频率＝主时钟频率/2
1	1	输出时钟频率＝主时钟频率/4

2. IAP15W4K58S4 单片机的复位

复位是单片机的初始化工作。复位后,中央处理器 CPU 及单片机内的其他功能部件都处在一个确定的初始状态,并从这个状态开始工作。复位分为热启动复位和冷启动复位两大类,其区别如表 2-3-3 所示。

表 2-3-3　热启动复位和冷启动复位对照

复位种类	复 位 源	上电复位标志(POF)	复位后程序启动区域
冷启动复位	系统停电后再上电引起的硬复位	1	从系统 ISP 监控程序区开始执行程序。如果检测不到合法的 ISP 下载命令流,将软复位到用户程序区执行用户程序
热启动复位	通过控制 RST 引脚产生的硬复位	不变	从系统 ISP 监控程序区开始执行程序。如果检测不到合法的 ISP 下载命令流,将软复位到用户程序区执行用户程序
	内部"看门狗"复位	不变	若 SWBS=1,复位到系统 ISP 监控程序区 若 SWBS=0,复位到用户程序区 0000H 处
	通过对 IAP_CONTR 寄存器操作的软复位	不变	若 SWBS=1,软复位到系统 ISP 监控程序区 若 SWBS=0,软复位到用户程序区 0000H 处

　　PCON 寄存器的 B4 位是单片机的上电复位标志位 POF。冷启动后,复位标志 POF 为"1";热启动复位后,POF 不变。在实际应用中,该位用来判断单片机复位是上电复位(冷启动复位),还是 RST 外部复位,或"看门狗"复位,或软复位,但应在判断出上电复位后及时将 POF 清零。用户可以在初始化程序中判断 POF 是否为"1",并对不同情况做出不同的处理,如图 2-3-5 所示。

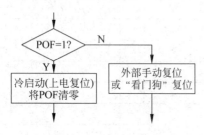

图 2-3-5　用户软件判断复位种类流程图

　　1) 复位的实现

　　IAP15W4K58S4 单片机有多种复位模式:内部上电复位(掉电复位与上电复位)、外部 RST 引脚复位、MAX810 专用电路复位、内部低压检测复位、"看门狗"复位与软件复位。

　　(1) 内部上电复位与 MAX810 专用复位

　　当电源电压低于掉电/上电复位检测门槛电压时,所有的逻辑电路都会复位。当内部 V_{CC} 上升到复位门槛电压以上时,延迟 8192 个时钟,掉电复位/上电复位结束。

　　若 MAX810 专用复位电路在 ISP 编程时被允许,则以后掉电复位/上电复位结束时,产生约 180ms 复位延迟,复位才能被解除。

　　(2) 外部 RST 引脚复位

　　外部 RST 引脚复位就是从外部向 RST 引脚施加一定宽度的高电平复位脉冲,实现单片机复位。P5.4(RST)引脚出厂时被设置为 I/O 口。要将其配置为复位引脚,必须在 ISP 编程时设置。将 RST 引脚拉高并维持至少 24 个时钟加 $20\mu s$ 后,单片机进入复位状态;将 RST 引脚拉回低电平,单片机结束复位状态,并从系统 ISP 监控程序区开始执行程序,如果检测不到合法的 ISP 下载命令流,将软复位到用户程序区执行用户程序。

　　复位原理以及复位电路,与传统 8051 单片机的复位是一样的,如图 2-3-6 所示。

　　(3) 内部低压检测复位

　　除了上电复位检测门槛电压外,IAP15W4K58S4 单片机还有一组更可靠的内部低压检测门槛电压。当电源电压 V_{CC} 低于内部低压检测(LVD)门槛电压时,若在 ISP 编程时允许低压检测复位,可产生复位。相当于将低压检测门槛电压设置为复位门槛电压。

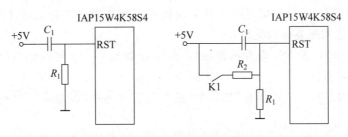

图 2-3-6 IAP15W4K58S4 单片机复位电路

IAP15W4K58S4 单片机内置了 16 级低压检测门槛电压。

（4）"看门狗"复位

"看门狗"的基本作用就是监视 CPU 的工作。如果 CPU 在规定的时间内没有按要求访问"看门狗"，就认为 CPU 处于异常状态，"看门狗"会强迫 CPU 复位。若 SWBS=0，使系统重新从用户程序区 0000H 处开始执行用户程序，是一种提高系统可靠性的措施，详见项目八任务 2。

（5）软件复位

在系统运行过程中，有时会根据特殊需求，需要实现单片机系统软复位（热启动之一）。传统的 8051 单片机由于在硬件上未支持此功能，用户必须用软件模拟实现，实现起来较麻烦。IAP15W4K58S4 单片机利用 ISP/IAP 控制寄存器 IAP_CONTR 实现了此功能。用户只需简单地控制 ISP_CONTR 的其中两位（SWBS、SWRST），就可以实现系统复位。IAP_CONTR 的格式如下所示。

	地址	B7	B6	B5	B4	B3	B2	B1	B0	复位值
IAP_CONTR	C7H	IAPEN	SWBS	SWRST	CMD_FAIL	—	WT2	WT1	WT0	0000 x000

① SWBS：软件复位程序启动区的选择控制位。SWBS=0，从用户程序区启动；SWBS=1，从 ISP 监控程序区启动。

② SWRST：软件复位控制位。SWRST=0，不操作；SWRST=1，产生软件复位。

若要切换到用户程序区起始处开始执行程序，执行"IAP_CONTR=0x20;"语句。

若要切换到 ISP 监控程序区起始处开始执行程序，执行"IAP_CONTR=0x60;"语句。

2）复位状态

冷启动复位和热启动复位时，除程序的启动区域以及上电标志的变化不同之外，复位后 PC 值与各特殊功能寄存器的初始状态是一样的，具体见表 4-1-2。其中，（PC）=0000H，（SP）=07H，（P0）=（P1）=（P2）=（P3）=（P4）=（P5）=FFH（其中，P2.0 输出状态取决于在 ISP 下载程序时的选择，默认为输出高电平）。复位不影响片内 RAM 的状态。

习 题

1. IAP15W4K58S4 单片机 CPU 的数据总线、地址总线各是多少位？

2. IAP15W4K58S4 中的"IAP"、"W"、"4K"、"58"、"S4"各代表什么含义？

3. IAP15W4K58S4 单片机 CPU 中，PC 的作用和特性是什么？

4. IAP15W4K58S4 单片机有哪几种复位模式？复位模式与复位标志的关系是什么？如何根据复位标志判断复位的类型？

5. 简述 IAP15W4K58S4 单片机复位后，程序计数器 PC、主要特殊功能寄存器以及片内 RAM 的工作状态。

6. 简述 IAP15W4K58S4 单片机时钟的选择与实现方法，以及系统时钟与主时钟之间的关系。

7. 简述 IAP15W4K58S4 单片机从系统 ISP 监控区开始执行程序和从用户程序区开始处执行程序有哪些不同。

8. IAP15W4K58S4 单片机的主时钟从哪个引脚输出？是如何控制的？

9. STC-ISP 的在线编程要求单片机重新上电。请问采用外部按键复位是否可行？为什么？

项目三

IAP15W4K58S4
单片机的并行I/O口与应用编程

　　无论什么单片机,外部的命令以及处理结果都要通过单片机的并行 I/O 口进行通信。本项目要达到的目标包括:一是掌握 IAP15W4K58S4 单片机并行 I/O 口的工作模式与设置;二是掌握 C 语言程序的结构、数据类型以及特殊功能寄存器的定义;三是学会 IAP15W4K58S4 单片机并行 I/O 口应用的 C 语言编程。

知识点:

◇ IAP15W4K58S4 单片机并行 I/O 口的工作模式以及负载能力;

◇ IAP15W4K58S4 单片机并行 I/O 口的准双向工作模式中"准"字的含义;

◇ C 语言的程序结构、数据类型以及变量的定义;

◇ C 语言的算术运算、关系运算、逻辑运算语句;

◇ C 语言的控制语句(if、switch/case、while、for 等语句);

◇ C 语言(C51)中特殊功能寄存器地址以及位地址的定义与赋值。

技能点:

◇ IAP15W4K58S4 单片机并行 I/O 口工作模式的设置;

◇ C 语言(C51)中特殊功能寄存器地址以及位地址的定义与赋值;

◇ IAP15W4K58S4 单片机并行 I/O 口应用的 C 语言编程。

任务 1　IAP15W4K58S4 单片机并行 I/O 口的输入/输出

任务说明

　　IAP15W4K58S4 单片机的并行 I/O 口需要通过地址来访问。作为一种特殊功能寄存器,首先要将 IAP15W4K58S4 单片机的并行 I/O 口名称进行地址定义;再利用简单赋值语句,实现 IAP15W4K58S4 单片机并行 I/O 口输入/输出的应用编程。

 相关知识

1. IAP15W4K58S4 单片机的并行 I/O 口与工作模式

1) I/O 口功能

IAP15W4K58S4 单片机最多有 62 个 I/O 口(P0.0～P0.7、P1.0～P1.7、P2.0～P2.7、P3.0～P3.7、P4.0～P4.7、P5.0～P5.5、P6.0～P6.7、P7.0～P7.7)。LQFP44 封装的 IAP15W4K58S4 单片机共有 42 个 I/O 端口线,分别为 P0.0～P0.7、P1.0～P1.7、P2.0～P2.7、P3.0～P3.7、P4.0～P4.7、P5.4、P5.5,可用作准双向 I/O。其中,大多数 I/O 口线具有 2 个以上功能。各 I/O 口线的引脚功能名称前已介绍,详见表 2-2-1～表 2-2-6。

2) I/O 口的工作模式

IAP15W4K58S4 单片机的所有 I/O 口均有 4 种工作模式:准双向口(传统 8051 单片机 I/O 模式)、推挽输出、仅为输入(高阻状态)与开漏模式。每个 I/O 口的驱动能力均可达到 20mA。但 40 引脚及以上单片机整个芯片最大工作电流不要超过 120mA;20 引脚以上、32 引脚以下单片机整个芯片最大工作电流不要超过 90mA。每个口的工作模式由 PnM1 和 PnM0(n＝0,1,2,3,4,5)两个寄存器的相应位来控制。例如,P0M1 和 P0M0 用于设定 P0 口的工作模式,其中 P0M1.0 和 P0M0.0 用于设置 P0.0 的工作模式,P0M1.7 和 P0M0.7 用于设置 P0.7 的工作模式,以此类推,设置关系如表 3-1-1 所示。IAP15W4K58S4 单片机上电复位后所有的 I/O 口(除与增强型 PWM 有关的引脚之外)均为准双向口模式。

表 3-1-1　I/O 口工作模式的设置

控 制 信 号		I/O 口工作模式
PnM1[7:0]	PnM0[7:0]	
0	0	准双向口(传统 8051 单片机 I/O 模式):灌电流可达 20mA,拉电流为 150～230μA
0	1	推挽输出:强上拉输出,可达 20mA,要外接限流电阻
1	0	仅为输入(高阻)
1	1	开漏:内部上拉电阻断开,要外接上拉电阻才可以拉高。此模式可用于 5V 器件与 3V 器件电平切换

2. IAP15W4K58S4 单片机的并行 I/O 口的结构

如前所述,IAP15W4K58S4 单片机的所有 I/O 口均有 4 种工作模式:准双向口(传统 8051 单片机 I/O 模式)、推挽输出、仅为输入(高阻状态)与开漏模式,由 PnM1 和 PnM0(n＝0,1,2,3,4,5)两个寄存器的相应位来控制 P0 ～ P5 端口的工作模式。下面介绍 IAP15W4K58S4 单片机的并行 I/O 口不同模式的结构与工作原理。

1) 准双向口工作模式

准双向口工作模式下,I/O 口的电路结构如图 3-1-1 所示。

准双向口工作模式下,I/O 口可用于直接输出,不需重新配置口线输出状态。这是因为当口线输出为"1"时,驱动能力很弱,允许外部装置将其拉低电平。当引脚输出为低电平时,它的驱动能力很强,可吸收相当大的电流。

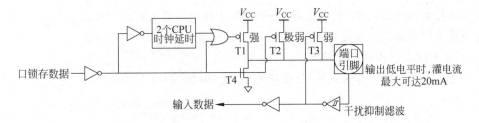

图 3-1-1　准双向口工作模式下 I/O 口的电路结构

每个端口都包含一个 8 位锁存器,即特殊功能寄存器 P0～P5。这种结构在数据输出时,具有锁存功能,即在重新输出现新数据之前,口线上的数据一直保持不变,但对输入信号是不锁存的,所以外设输入的数据必须保持到取数指令执行为止。

准双向口有三个上拉场效应管 T1、T2 和 T3,以适应不同的需要。其中,T1 称为"强上拉",上拉电流可达 20mA;T2 称为"极弱上拉",上拉电流一般为 30μA;T3 称为"弱上拉",一般上拉电流为 150～270μA,典型值为 200μA。输出低电平时,灌电流最大可达 20mA。

当口线寄存器为"1"且引脚本身也为"1"时,T3 导通。T3 提供基本驱动电流,使准双向口输出为"1"。如果一个引脚输出为"1",而由外部装置下拉到低电平时,T3 断开,而 T2 维持导通状态,为了把这个引脚强拉为低电平,外部装置必须有足够的灌电流,使引脚上的电压降到门槛电压以下。

当口线锁存为"1"时,T2 导通。当引脚悬空时,这个极弱的上拉源产生很弱的上拉电流,将引脚上拉为高电平。

当口线锁存器由"0"到"1"跳变时,T1 用来加快准双向口由逻辑"0"到逻辑"1"的转换。当发生这种情况时,T1 导通约两个时钟,使引脚能够迅速地上拉到高电平。

准双向口带有一个施密特触发输入以及一个干扰抑制电路。

当从端口引脚输入数据时,T4 应一直处于截止状态。假定在输入之前曾输出锁存过数据"0",则 T4 是导通的。这样,引脚上的电位始终被钳位在低电平,使输入高电平无法读入。因此,若要从端口引脚读入数据,必须先将端口锁存器置"1",使 T4 截止。

2) 推挽输出工作模式

推挽输出工作模式下,I/O 口的电路结构如图 3-1-2 所示。

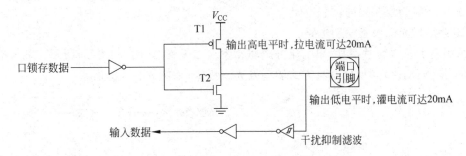

图 3-1-2　推挽输出工作模式下 I/O 口的电路结构

推挽输出工作模式下,I/O 口输出的下拉结构、输入电路结构与准双向口模式是一致的;不同的是,推挽输出工作模式下,I/O 口的上拉是持续的"强上拉"。若输出高电平,输出拉电流最大可达 20mA；若输出低电平时，输出灌电流最大可达 20mA。

当从端口引脚输入数据时，必须先将端口锁存器置"1"，使 T2 截止。

3）仅为输入（高阻）工作模式

仅为输入（高阻）工作模式下，I/O 口的电路结构如图 3-1-3 所示。

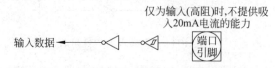

图 3-1-3　仅为输入（高阻）工作模式下 I/O 口的电路结构

仅为输入（高阻）工作模式下，可直接从端口引脚读入数据，不需要先对端口锁存器置"1"。

4）开漏输出工作模式

开漏输出工作模式下，I/O 口的电路结构如图 3-1-4 所示。

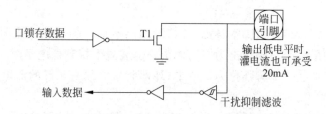

图 3-1-4　开漏输出工作模式下 I/O 口的电路结构

开漏输出工作模式下，I/O 口输出的下拉结构与推挽输出/准双向口一致，输入电路与准双向口一致，但输出驱动无任何负载，即开漏状态。输出应用时，必须外接上拉电阻。

3. IAP15W4K58S4 单片机并行 I/O 口的使用注意事项

1）典型三极管控制电路

单片机 I/O 引脚本身的驱动能力有限，如果需要驱动较大功率的器件，可以采用单片机 I/O 引脚控制晶体管进行输出的方法。如图 3-1-5 所示，如果用弱上拉控制，建议加上拉电阻 R_1，阻值为 3.3～10kΩ；如果不加上拉电阻 R_1，建议 R_2 的取值在 15kΩ 以上，或用强推挽输出。R_3 为要驱动的负载电阻。

2）典型发光二极管驱动电路

采用弱上拉驱动时，利用灌电流方式驱动发光二极管，如图 3-1-6(a)所示；采用推挽输出（强上拉）驱动时，利用拉电流方式驱动发光二极管，如图 3-1-6(b)所示。

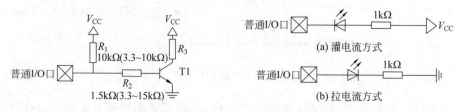

图 3-1-5　典型三极管控制电路　　　图 3-1-6　典型发光二极管驱动电路

在实际使用时,应尽量采用灌电流驱动方式,而不要采用拉电流驱动,以便提高系统的负载能力和可靠性。有特别需要时,可以采取拉电流方式,如供电线路要求比较简单时。

做行列矩阵按键扫描电路时,也需要加限流电阻。因为实际工作时可能出现两个I/O口均输出低电平的情况,并且在按键按下时短接在一起,而CMOS电路的两个输出脚不能直接短接在一起。在按键扫描电路中,一个口为了读另外一个口的状态,必须先置高,而单片机的弱上拉口在由0变为1时,会有两个时钟的强推挽输出电流,输出到另外一个输出低电平的I/O口,有可能造成I/O口损坏。因此,建议在按键扫描电路的两侧各加300Ω限流电阻,或者在软件处理上,不要出现按键两端的I/O口同时为低电平的情况。

3) 如何让I/O口上电复位时控制输出为低电平

IAP15W4K58S4单片机上电复位时,普通I/O口为弱上拉高电平输出,而很多实际应用要求上电时某些I/O口控制输出为低电平,否则所控制的系统(如电动机)就会误动作。为了解决这个问题,可采用以下两种方法。

(1) 通过硬件实现高、低电平的逻辑取反功能。例如,在图3-1-5中,单片机上电复位后,晶体管T1的集电极输出低电平。

(2) 由于IAP15W4K58S4单片机既有弱上拉输出模式又有强推挽输出模式,可在单片机I/O口上加一个下拉电阻(1kΩ、2kΩ或3kΩ),这样上电复位时,虽然单片机内部I/O口是弱上拉/高电平输出,但由于内部上拉能力有限,外部下拉电阻又较小,无法将其拉为高电平,所以该I/O口上电复位时外部输出低电平。如果要将此I/O口驱动为高电平,可将此I/O口设置为强推挽输出。此时,I/O口驱动电流达20mA,将该口驱动为高电平输出。实际应用时,先串联一个大于470Ω的限流电阻,再接下拉电阻到地,如图3-1-7所示。

特别提示:IAP15W4K58S4单片机的P2.0 (RSTOUT_LOW)引脚上电复位后输出电平,通过STC-ISP在线编程软件设置为低电平输出。

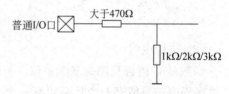

图3-1-7　让I/O口上电复位时控制输出为低电平的驱动电路

4) 增强型PWM模块输出端口的复位初始状态

所有与增强型PWM有关的输出端口(P3.7、P2.1、P2.2、P2.3、P1.6、P1.7)在上电复位后均为高阻状态,在正常应用时,需将其设置为准双向口。通常做法是用C语句将IAP15W4K58S4单片机所有I/O口设置为双向口模式,构成一个I/O的初始化函数(如本教材中的gpio()),并存为一个独立的头文件(如本教材中的gpio.h)。在编写C语言函数时,先用♯include<gpio.h>将gpio.h头文件包含到应用程序中,再在主函数中直接调用gpio.h头文件中的I/O初始化文件gpio()。

4. C51基础(1)

C51程序是在ANSI C的基础上拓展的,增加了针对8051单片机内部资源进行操作的语句,包括特殊功能寄存器与特殊功能寄存器可寻址位的地址定义、8051单片机存储器存储类型的定义、中断函数等功能操作。

1) C 语言程序结构

(1) 结构形式

```
# include<reg51.h>          //8051单片机特殊功能寄存器与特殊功能寄存器位地址定义的文件
# include<intrins.h>        //8051单片机常用函数的头文件(循环移位与空操作函数等)
#define uint unsigned int   //宏定义,uint定义为无符号整型数据类型
#define uchar unsigned char //宏定义,uchar定义为无符号字符型数据类型
/*------------ 功能子函数 1 -------------------- */
fun1()
{
    函数体 1
}
/*------------- 功能子函数 2 -------------------- */
fun2()
{
    函数体 2
}
   ⋮
/*------------- 功能子函数 n -------------------- */
funn()
{
    函数体 n
}
/*------------- 主函数 n -------------------- */
main()
{
    主函数体
}
```

(2) 结构说明

函数是 C 语言程序的基本单位。一个 C 语言程序可包含多个不同功能的函数,但一个 C 语言程序中只能有一个且必须有一个名为 main() 的主函数。主函数的位置可在其他功能函数的前面、之间或最后。当功能函数位于主函数的后面位置时,在调用主函数时,必须"先声明"。

C 语言程序总是从 main() 主函数开始执行。主函数可通过直接书写语句或调用功能子函数来完成任务。功能子函数可以是 C 语言本身提供的库函数,也可以是用户自己编写的函数。

(3) 库函数与自定义函数

库函数是针对一些经常使用的算法,经前人开发、归纳、整理形成的通用功能子函数。Keil C51 内部有数百个库函数供用户调用,调用 Keil C51 的库函数时,只需要包含具有该函数说明的相应的头文件即可,如 #include<reg51.h>。当使用不同类型的单片机时,可包含其相应的头文件。若无专门的头文件,首先应包含典型的头文件,即 reg51.h,其他新增的功能符号直接用 sfr 语句定义其地址。

自定义函数是用户自己根据需要编写的子函数。

2）C51 变量定义

（1）标识符与关键字

标识符是用来标识源程序中某个对象的名字。这些对象可以是语句、数据类型、函数、变量、常量、数组等。

一个标识符由字符串、数字和下划线组成。第一个字符必须是字母和下划线。通常以下划线开头的标识符是编译系统专用的，因此在编写 C 语言源程序时一般不使用以下划线开头的标识符，而将下划线用作分段符。C51 编译器在编译时，只对标识符的前 32 个字符编译，因此在编写源程序时标识符的长度不要超过 32 个字符。在 C 语言程序中，字母是区分大小写的。

关键字是编程语言保留的特殊标识符，也称为保留字，它们具有固定名称和含义。在 C 语言的程序编写中，不允许标识符与关键字相同。ANSI C 标准一共规定了 32 个关键字，如表 3-1-2 所示。

Keil C51 编译器的关键字除了有 ANSI C 标准规定的 32 个之外，还根据 8051 单片机的特点扩展了相关关键字。对于在 Keil C51 开发环境的文本编辑器中编写的 C 程序，系统把保留字以不同颜色表示，默认颜色为蓝色。Keil C51 编译器扩展的关键字如表 3-1-3 所示。

表 3-1-2　ANSI C 规定的关键字

关　键　字	类　　型	作　　用
auto	存储种类说明	说明局部变量，默认值为此
break	程序语句	退出最内层循环体
case	程序语句	switch 语句中的选择项
char	数据类型说明	单字节整型数据或字符型数据
const	存储类型说明	在程序执行过程中不可更改的常量值
continue	程序语句	转向下一次循环
default	程序语句	switch 语句中的失败选择项
do	程序语句	构成 do...while 循环结构
double	数据类型说明	双精度浮点数
else	程序语句	构成 if...else 选择结构
enum	数据类型说明	枚举
extern	存储种类说明	在其他程序模块中说明了的全局变量
float	数据类型说明	单精度浮点数
for	程序语句	构成 for 循环结构
goto	程序语句	构成 goto 循环结构
if	程序语句	构成 if...else 选择结构
int	数据类型说明	基本整型数据
long	数据类型说明	长整型数据
register	存储种类说明	使用 CPU 内部寄存器变量
return	程序语句	函数返回
short	数据类型说明	短整型数据
signed	数据类型说明	有符号数据
sizeof	运算符	计算表达式或数据类型的字节数
static	存储种类说明	静态变量

续表

关　键　字	类　　型	作　　用
struct	数据类型说明	结构类型数据
switch	程序语句	构成 switch 选择结构
typedef	数据类型说明	重新进行数据类型定义
union	数据类型说明	联合类型数据
unsigned	数据类型说明	无符号数据
void	数据类型说明	无类型数据
volatile	数据类型说明	该变量在程序执行中可被隐含地改变
while	程序语句	构成 while 和 do…while 循环结构

表 3-1-3　Keil C51 编译器扩展的关键字

关　键　字	类　　型	作　　用
bit	位标量声明	声明一个位标量或位类型的函数
sbit	可寻址位声明	定义一个可位寻址变量地址
sfr	特殊功能寄存器声明	定义一个特殊功能寄存器(8 位)地址
sfr16	特殊功能寄存器声明	定义一个 16 位的特殊功能寄存器地址
data	存储器类型说明	直接寻址的 8051 单片机内部数据存储器
bdata	存储器类型说明	可位寻址的 8051 单片机内部数据存储器
idata	存储器类型说明	间接寻址的 8051 单片机内部数据存储器
pdata	存储器类型说明	"分页"寻址的 8051 单片机外部数据存储器
xdata	存储器类型说明	8051 单片机的外部数据存储器
code	存储器类型说明	8051 单片机程序存储器
interrupt	中断函数声明	定义一个中断函数
reentrant	再入函数声明	定义一个再入函数
using	寄存器组定义	定义 8051 单片机使用的工作寄存器组
small	变量的存储模式	所有未指明存储区域的变量都存储在 data 区域
large	变量的存储模式	所有未指明存储区域的变量都存储在 xdata 区域
compact	变量的存储模式	所有未指明存储区域的变量都存储在 pdata 区域
_at_	地址定义	定义变量的绝对地址
far	存储器类型说明	用于某些单片机扩展 RAM 的访问
alicn	函数外部声明	C 函数调用 PL/M-51,必须先用 alicn 声明
task	支持 RTX51	指定一个函数是一个实时任务
priority	支持 RTX51	指定任务的优先级

(2) 数据类型

C 语言的数据结构是以数据类型决定的。数据类型分为基本数据类型和复杂数据类型,复杂数据类型由基本数据类型构造而成。

C 语言的基本数据类型为 char、int、short、long、float、double。

① Keil C51 编译器支持的数据类型:对于 Keil C51 编译器来说,short 型与 int 型相同,double 型与 float 型相同。表 3-1-4 所示为 Keil C51 编译器支持的数据类型。

表 3-1-4 Keil C51 编译器支持的数据类型

数据类型定义符号	数据类型名称	长 度	值 域
unsigned char	无符号字符型数据	单字节	0～255
signed char	有符号字符型数据	单字节	−128～+127
unsigned int	无符号整型数据	双字节	0～65535
signed int	有符号整型数据	双字节	−32768～+32767
unsigned long	无符号长整型数据	4 字节	0～4294967295
signed long	有符号长整型数据	4 字节	−2147483648～+2147483647
float	浮点数据	4 字节	±1.175494E−38～±3.402823E+38
*	指针类型	1～3 字节	对象的地址
bit	位变量	位	0 或 1
sfr	8 位的特殊功能寄存器	单字节	0～255
sfr16	16 位特殊功能寄存器	双字节	0～65535
sbit	特殊功能寄存器位	位	0 或 1

② 数据类型分析如下所述。

- char：字符类型，有 unsigned char 和 signed char 之分，默认值为 signed char，长度为 1 字节，用于存放 1 个单字节数据。对于 signed char 型数据，其字节的最高位表示该数据的符号，"0"表示正数，"1"表示负数，数据格式为补码形式，表示的数值范围为 −128～+127；而 unsigned char 型数据是无符号字符型数据，表示的数值范围为 0～255。

- int：整型，有 unsigned int 和 signed int 之分，默认值为 signed int，长度为 2 字节，用于存放双字节数据。signed int 是有符号整型数，unsigned int 是无符号整型数。

- long：长整型，有 unsigned long 和 signed long 之分，默认值为 signed long，长度为 4 字节。signed long 是有符号长整型数，unsigned long 是无符号长整型数。

- float：浮点型，是符合 IEEE 754 标准的单精度浮点型数据。float 浮点型数据占用 4 字节（32 位二进制数），其存放格式如下所示。

字节（偏移）地址	+3	+2	+1	+0
浮点数内容	SEEEEEEE	EMMMMMMM	MMMMMMMM	MMMMMMMM

其中：
- S 为符号位，存放在最高字节的最高位。"1"表示负，"0"表示正。
- E 为阶码，占用 8 位二进制数。E 值是以 2 为底的指数再加上偏移量 127，其目的是避免出现负的阶码值，而指数可正可负。阶码 E 的正常取值范围是 1～254，实际指数的取值范围为 −126～+127。
- M 为尾数的小数部分，用 23 位二进制数表示。尾数的整数部分永远为 1，因此不予保存，但它是隐含存在的。小数点位于隐含的整数位"1"的后面。一个浮点数的数值表示是 $(-1)^S \times 2^{E-127} \times (1.M)$。
- 指针型：指针型数据不同于以上 4 种基本数据类型，它本身是一个变量，但在此变量中存放的不是普通的数据,而是指向另一个数据的地址。指针变量也要占据一定的内存单元。在 Keil C51 中,指针变量的长度一般为 1~3 字节。指针变量也具有类型,其表示方法是在指针符号"﹡"的前面冠以数据类型符号,如"char ﹡ point"是一个字符型指针变量。指针变量的类型表示该指针所指向地址中数据的类型。

- bit:位标量。这是 C51 编译器的一种扩充数据类型,利用它可以定义一个位标量。

(3) 变量的数据类型选择

选择变量数据类型的基本原则如下所述。

① 若能预算变量的变化范围,可根据变量长度选择变量类型。应尽量缩短变量的长度。

② 如果程序中不需要使用负数,选择无符号数类型的变量。

③ 如果程序中不需要使用浮点数,要避免使用浮点数变量。

④ 数据类型之间的转换:在 C 语言程序的表达式或变量的赋值运算中,有时会出现运算对象的数据类型不一样的情况,C 语言程序允许在标准数据类型之间隐式转换。隐式转换按以下优先级别(由低到高)自动进行:

bit→char→int→long→float→signed→unsigned

一般来说,如果有几个不同类型的数据同时运算,先将低级别类型的数据转换成高级别类型,再做运算处理,并且运算结果为高级别类型数据。

3) 简单赋值运算

在 C 语言中,最常见的赋值运算符为"="。利用赋值运算符将一个变量与一个表达式连接起来的式子称为赋值表达式。在赋值表达式后面加一个";",便构成语句。例如:

```
y = 6;                      //将 6 赋值给变量 y
y = x;                      //变量 x 的值赋给变量 y
```

4) 8051 单片机并行 I/O 口的 C51 编程

8051 单片机的并行 I/O 口(P0、P1、P2、P3)属于特殊功能寄存器,每个并行 I/O 口都有一个固定的地址,当使用 C51 的关键字(sfr)对并行 I/O 口进行地址定义后,并行 I/O 口的符号名称(P0、P1、P2、P3)在 C51 的编程中就可以直接使用了。

定义格式为:

```
sfr 特殊功能寄存器名 = 特殊功能寄存器的地址常数;
```

例如:

```
sfr P0 = 0x80;             //定义特殊功能寄存器 P0 口的地址为 80H
```

经过上述定义后,P0 这个特殊功能寄存器名称可直接使用。例如:

```
P0 = 0x80;                 //将数值 80H 赋值给 P0 口
```

特别提示:Keil C 编译器包含对 8051 系列单片机各特殊功能寄存器及可寻址位定义的头文件 reg51.h。在程序设计时,只要利用包含指令将头文件 reg51.h 包含进来即可。对于增强型 8051 单片机,新增特殊功能寄存器需要重新定义。对于 STC 系列单片机,利用 STC-ISP 在线编程软件工具,可生成 STC 各系列单片机有关特殊功能寄存器以及可位寻址特殊功能寄存器位地址定义的头文件。比如,STC15.h 就是适用 STC15 系列单片机特殊功能寄存器定义的头文件。

任务实施

1. IAP15W4K58S4 单片机的扩展模式

1) 总线扩展模式

图 3-1-8 所示为总线扩展应用模式的连接图。因 P0 用作总线时利用了分时复用(先送出地址信号,后用作数据总线)功能,故需采用 74LS373 锁存器锁存地址信号。单片机的 ALE 为地址锁存控制信号,与 74LS373 的锁存输入控制端相连,74LS373 的锁存输出即为低 8 位地址线(A0~A7)。P0.0~P0.7 为数据线(D0~D7),P2.0~P2.7 为高 8 位地址总线。$\overline{PSEN}$ 为片外程序存储器扩展时的读允许控制端,$\overline{RD}$、$\overline{WR}$ 为片外数据存储器或 I/O 端口扩展时的读、写控制端。该应用模式的理念是将外围接口或执行器件作为单片机 CPU 的某个地址单元来扩展,按地址访问,适用于外围接口电路较多的应用系统,最多可扩展 64KB 程序存储器和 64KB 数据存储器或 I/O 口。STC 系列单片机采用基于 Flash ROM 的存储技术,单片机内部能够提供足够的程序存储器,因此在现代单片机应用系统中,不需要片外扩展程序存储器,也不建议片外扩展数据存储器和 I/O 端口。

2) 非总线扩展模式

图 3-1-9 所示为非总线扩展应用模式单片机的连接图,直接用单片机内部 I/O 口与外围接口电路的控制端、数据端相连,单片机直接通过内部接口地址发出控制信号或数据信号。非总线扩展模式中,I/O 处于直接控制方式,有些 I/O 口线只能一一控制,势必造成 I/O 口线紧缺的压力。为解决此问题,许多外围接口器件将并行接口改为串行接口。主要的串行接口总线有 SPI 串行总线、I^2C 串行总线与单总线等。

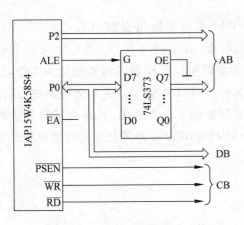

图 3-1-8　总线扩展应用模式连接

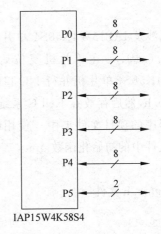

图 3-1-9　非总线扩展应用模式连接

2. 并行 I/O 口的基本输入/输出

1) 程序功能

P1 口的输出跟随 P2 输入端数据。

2）硬件设计

顾名思义，用 P2 口作为输入口，P1 口作为输出口，同时以 8 只 LED 灯显示 P1 口的输出状态，电路如图 3-1-10 所示。

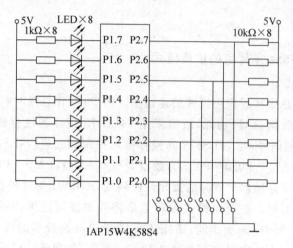

图 3-1-10　并行 I/O 口基本输入/输出控制

3）程序设计

（1）程序说明

IAP15W4K58S4 单片机是 STC 增强型 8051 单片机，相比传统的 8051 单片机新增了很多特殊功能寄存器。为了直接使用 IAP15W4K58S4 单片机的特殊功能寄存器，利用STC-ISP 在线编程软件中的"keil 设置"或"头文件"工具生成 STC15 系列单片机的头文件，并命名为"stc15.h"。在 IAP15W4K58S4 单片机的应用程序中应用"♯include＜stc15.h＞"语句后，IAP15W4K58S4 单片机中的所有特殊功能寄存器和可寻址的特殊功能寄存器位可直接使用。

因凡涉及 IAP15W4K58S4 单片机专用 PWM 模块的输出引脚（P3.7、P2.1、P2.2、P2.3、P1.6、P1.7）在单片机复位后处于高阻状态，为了便于使用，预先定义一个有关IAP15W4K58S4 单片机并行 I/O 口统一设置为准双向口工作模式的初始化头文件，并命名为 gpio.h，然后存放在 Keil C 系统（如 C:\Keil\C51\INC\STC）的头文件夹中，或存放在应用程序的项目文件夹中。使用时，直接用包含指令包含进去，并在主函数直接调用gpio.h 文件中的初始化函数 gpio()。后续的 IAP15W4K58S4 单片机应用程序都按此方法处理。

（2）gpio.h 文件

```
void gpio()                    //初始化 I/O 口
{
    P0M1 = 0;    P0M0 = 0;    P1M1 = 0;    P1M0 = 0;
    P2M1 = 0;    P2M0 = 0;    P3M1 = 0;    P3M0 = 0;
    P4M1 = 0;    P4M0 = 0;    P5M1 = 0;    P5M0 = 0;
}
```

（3）源程序清单（项目三任务 1. c）

```
# include < stc15.h >              //包含支持 IAP15W4K58S4 单片机特殊功能寄存器定义的头文件
# include < intrins.h >            //8051 单片机常用函数的头文件(循环移位与空操作函数等)
# include < gpio.h >               //包含 IAP15W4K58S4 单片机并行 I/O 初始化设置函数的头文件
# define uint unsigned int         //宏定义,uint 定义为无符号整形型类型
# define uchar unsigned char       //宏定义,uchar 定义为无符号字符型类型
# define y P1                      //宏定义,y 等效于 P1 口
# define x P2                      //宏定义,x 等效于 P2 口
void main(void)
{
    gpio();                        //调用 I/O 初始化函数
    x = 0xff;                      //置 P2 口为输入模式
    while(1)
    {
        y = x;                     //P2 口的输入状态送 P1 口输出
    }
}
```

4）系统调试

（1）利用 Keil C 编辑、编译程序，生成机器代码文件。

（2）进入调试状态，调出 P1 口与 P2 口，然后单击全速运行按钮。

（3）从 P2 口输入数据 55H，观察 P1 口的输出，如图 3-1-11 所示。

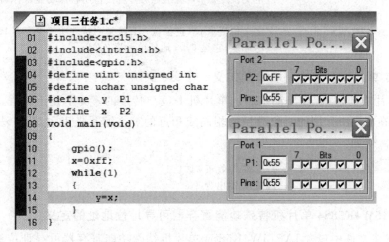

图 3-1-11　Keil C 基本输入/输出调试结果

（4）按表 3-1-5 所示，调试与记录程序运行结果。

表 3-1-5　并行 I/O 口基本输入调试

输入(P2 口)	输出(P1 口)	输入(P2 口)	输出(P1 口)
F5H		77H	
E6H		19H	
33H		86H	

1. 8051 单片机特殊功能寄存器可寻址位的地址定义

在 C51 中,利用关键字 sbit 对 8051 单片机特殊功能寄存器可寻址位的地址进行定义,格式有以下 3 种。

(1) sbit 位变量名＝位地址。

这种方法将位的绝对地址赋给位变量。位地址必须位于 80H～FFH。例如:

```
sbit OV = 0xD2;          //定义位变量 OV(溢出标志),其位地址为 D2H
sbit CY = 0xD7;          //定义位变量 CY(进位位),其位地址为 D7H
```

(2) sbit 位变量名＝特殊功能寄存器名^位位置。

适用已定义的特殊功能寄存器位变量的定义,位位置值为 0～7。例如:

```
sbit OV = PSW^2;         //定义位变量 OV(溢出标志),它是 PSW 的第 2 位
sbit CY = PSW^7;         //定义位变量 CY(进位位),它是 PSW 的第 7 位
```

(3) sbit 位变量名＝字节地址^位位置。

这种方法是以特殊功能寄存器的地址作为基址,其值位于 80H～FFH,位位置值为 0～7。例如:

```
sbit OV = 0xD0^2;        //定义位变量 OV(溢出标志),直接指明特殊功能寄存器 PSW
                         //的地址,它是 0xD0 地址单元的第 2 位
sbit CY = 0xD0^7;        //定义位变量 CY(进位位),直接指明特殊功能寄存器 PSW
                         //的地址,它是 0xD0 地址单元第 7 位
```

2. 8051 单片机引脚字符名称的定义

8051 单片机的输入/输出都是通过单片机 I/O 口传递的。为了便于编程,将 I/O 口引脚与该引脚在应用中作用的对象或目的相同或相近的英文缩写来表示,其方法也是用 sbit 关键字定义。例如:

```
sbit KEY1 = P1^1;        //KEY1 等效于 P1.1
KEY1 = 1;                //P1.1 输出为 1
```

3. IAP15W4K58S4 单片机特殊功能寄存器可寻址位地址的定义

stc15.h 头文件中包含 IAP15W4K58S4 单片机特殊功能寄存器可寻址位地址的定义。只要在应用程序中将 stc15.h 头文件包含进来,IAP15W4K58S4 单片机特殊功能寄存器可寻址位的名称就可直接使用,其中包括并行 I/O 口位地址的定义,PXY 等效于 PX.Y,比如,P10 就是 P1.0。

P1 口的高 4 位跟随 P2 口的低 4 位输入,P1 口的高 4 位引脚从高到低依次定义为 OUT7、OUT6、OUT5、OUT4,P2 口的低 4 位直接使用 stc15.h 头文件定义的字符名称。试修改程序并调试。

任务2　IAP15W4K58S4单片机的逻辑运算

任务说明

结合 IAP15W4K58S4 单片机的逻辑运算功能,进一步学习 IAP15W4K58S4 单片机的输入/输出功能。IAP15W4K58S4 单片机指令系统中有字节逻辑运算指令,共 24 条,详见附录 2。本任务主要学习应用 C 语言编程,实现 IAP15W4K58S4 单片机的输入/输出间逻辑运算。

相关知识

C51 基础(2)

1. 逻辑运算符与表达式

C 语言有以下 3 种逻辑运算符。

(1) ‖:逻辑或。

(2) &&:逻辑与。

(3) !:逻辑非。

逻辑表达式的一般形式如下所述。

(1) 逻辑与:条件式 1 && 条件式 2

(2) 逻辑或:条件式 1 ‖ 条件式 2

(3) 逻辑非:! 条件式

逻辑运算的结果只有两个:“真”为 1,“假”为 0。

2. 位运算符与表达式

能对运算对象按位操作是 C 语言的一大特点,使之能对计算机硬件直接操作。位运算符的作用是对变量按位运算,但不改变参与运算的变量的值。若希望按位改变运算变量的值,应利用相应的赋值运算。此外,位运算符不能用来对浮点型数据进行操作。

共有 6 种位运算符,其优先级从高到低依次是:按位取反($\sim$)→左移($\ll$)和右移($\gg$)→按位相与($\&$)→按位相异或($\wedge$)→按位相或($|$)。

例如:

```
x = ~x;                   //将 x 的值按位取反
x = x >> 1;               //将 x 的值右移 1 位,移出值移到 CY,最高位移入“0”
x = x << 1;               //将 x 的值左移 1 位,移出值移到 CY,最低位移入“0”
z = x&y;                  //将 x 的值与 y 的值按位相与,赋值给 z
z = x^y;                  //将 x 的值与 y 的值按位相异或,赋值给 z
z = x|y;                  //将 x 的值与 y 的值按位相或,赋值给 z
```

任务实施

1. 任务要求

完成 x 与 y 的逻辑异或运算,运算结果采用两种方法显示:一是直接用 8 位 LED 灯显

示；二是采用 LED 数码管显示。本任务采用 8 位 LED 灯显示。

2. 硬件设计

设 x 数据从 P1 口输入，y 数据从 P3 口输入，逻辑运算结果从 P2 口输出并驱动 8 位 LED 灯（低电平驱动）。电路原理图如图 3-2-1 所示。

3. 软件设计

1）程序说明

循环读取 x 和 y 值，然后将 x 和 y 异或，再取反后赋值给 z。取反操作是为了满足 LED 灯低电平驱动的要求。

2）源程序清单（项目三任务 2.c）

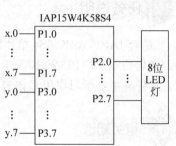

图 3-2-1　逻辑运算电路

```c
#include<stc15.h>
#include<intrins.h>
#include<gpio.h>
#define uint unsigned int
#define uchar unsigned char
#define x P1              //x 等效于 P1 口
#define y P3              //y 等效于 P3 口
#define z P2              //z 等效于 P2 口
void main(void)
{
    gpio();
    x = 0xff;             //P1 口设置为输入状态
    y = 0xff;             //P3 口设置为输入状态
    while(1)
    {
        z = ~(x^y);       //P1 口与 P3 口输入数据相异或并取反后,送 P2 口输出
    }
}
```

4. 系统调试

（1）用 Keil C 编辑、编译程序，生成机器代码文件。

（2）进入 Keil C 调试界面，调出 P1、P2、P3 端口，然后单击全速运行按钮。

（3）P1 口输入 55H 数据，P3 口输入 33H 数据，观察 P2 口的输出，如图 3-2-2 所示。

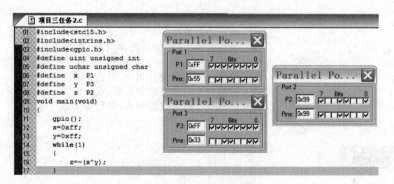

图 3-2-2　Keil C 逻辑运算调试结果

（4）按表 3-2-1 所示输入 x 和 y 数据，观察与记录输出结果。

表 3-2-1　逻辑异或运算测试

输　　入		异或运算结果(z)	
x(P1)	y(P3)	计算结果(～(P1＾P3))	观察结果(P2)
33H	AAH		
B6H	38H		
F8H	8FH		

任务拓展

修改程序，完成逻辑运算 z＝(x|y)&(x^y)，并按表 3-2-1 中 x 与 y 的值上机调试。

任务3　IAP15W4K58S4 单片机的逻辑控制

任务说明

逻辑控制能力是单片机的核心能力之一。单片机突出控制的具体体现，对于 IAP15W4K58S4 单片机也是如此。本任务主要学习利用 C 语言的分支语句、开关语句、循环语句等对单片机逻辑控制进行编程。这里要强调的是，C 语言的分支语句、开关语句、循环语句是单片机 C 语言编程中最重要、最常见的语句。

相关知识

C51 基础（3）

1. 关系运算符与表达式

C 语言有以下关系运算符：

（1）＞：大于。

（2）＜：小于。

（3）＞＝：大于或等于。

（4）＜＝：小于或等于。

（5）＝＝：测试等于。

（6）!＝：测试不等于。

＞、＜、＞＝和＜＝ 4 种关系运算符具有相同的优先级，＝＝和!＝两种运算符具有相同的优先等级，但前 4 种的优先级高于后两种。

关系运算符用来判断某个条件是否满足。关系运算符的结果只有"真"和"假"两种值。当所指定的条件满足时，结果为 1；条件不满足时，结果为 0。1 表示"真"，0 表示"假"。

2. 逗号运算符与表达式

逗号运算符可以将两个或多个表达式连接起来,称为逗号表达式。逗号表达式的一般形式为:

表达式 1,表达式 2,表达式 3,…,表达式 n

逗号表达式的运算过程:先算表达式 1,再算表达式 2,依次算到表达式 n 为止。

3. 条件运算符与表达式

条件运算符要求有 3 个运算对象,用它将 3 个表达式连接起来,构成一个条件表达式。条件表达式的一般形式为:

表达式 1?表达式 2: 表达式 3

条件表达式的运算过程:首先计算表达式 1,然后根据表达式 1 的结果判断。当表达式 1 的结果为真(非 0 值)时,将表达式 2 的值作为整个表达式的值;当表达式 1 的结果为假(0 值)时,将表达式 3 的值作为整个表达式的值。

4. 分支语句与分支选择结构

1) 表达式语句与复合语句

(1) 表达式语句

C 语言提供了十分丰富的程序控制语句,表达式语句是最基本的一种语句。在表达式的后边加分号";",就构成表达式语句。例如:

```
x = 10;
y = 100;
pjz = (x + y)/2;
```

(2) 空语句

仅有一个分号";"构成的语句,称为空语句。空语句是表达式语句的特例。空语句通常有两种用法。

① 在程序中为有关语句提供标号。例如:

```
loop:;
…
if (y == 6) goto loop;
```

② 在用 while 语句构成的循环语句后面加分号";",形成一个空语句循环。例如:

```
{
    while (! RI);          //循环检测 RI 标志,直至为"1"为止
    RI = 0;
}
```

(3) 复合语句

复合语句是由若干条语句组合而成的一种语句。它是用花括号"{}"将若干条语句组合而成的一种功能块。复合语句不需要以分号";"结束,但其内部的各条单语句必须以分号";"结束。

```
{
    局部变量定义;
    语句 1;
    语句 2;
     ⋮
    语句 n;
}
```

在执行复合语句时,其中的各条单语句依次顺序执行。整个复合语句在语法上等价于一条语句。复合语句允许嵌套,即在复合语句中可以包含别的复合语句。实际上,函数体就是一条复合语句。在复合语句中定义的变量为局部变量,仅在当前复合语句中有效。

2) 条件分支语句

条件语句又称为分支语句,它由关键字 if 构成,有下述 3 种格式。

(1) 格式 1

```
if(条件表达式)语句
```

若条件表达式的结果为真(非 0 值),执行后面的语句;若条件表达式的结果为假(0 值),不执行后面的语句。这里的语句也可以是复合语句。

(2) 格式 2

```
if(条件表达式)语句 1
else 语句 2
```

若条件表达式的结果为真(非 0 值),执行后面的语句 1;若条件表达式的结果为假(0值),执行语句 2。这里的语句 1 和语句 2 均可以是复合语句。

(3) 格式 3

```
if(条件表达式 1)语句 1
else if(条件表达式 2)语句 2
    else if(条件表达式 3)语句 3
     ⋮
        else if(条件表达式 n)语句 n
            else 语句 n+1
```

这种条件语句常用来实现多方向条件分支,它由 if…else 语句嵌套而成。在这种结构中,else 总是与临近的 if 配对。

3) 开关语句

switch/case 开关语句是一种多分支选择语句,是用来实现多方向条件分支的语句。

(1) switch/case 开关语句的格式

```
switch(表达式)
{
    case 常量表达式 1: {语句 1}break;
    case 常量表达式 2: {语句 2}break;
     ⋮
    case 常量表达式 n: {语句 n}break;
    default:          {语句 n+1}break;
}
```

（2）开关语句说明

① 当 switch 后面表达式的值与某一 case 后面的常量表达式的值相等时，执行该 case 后面的语句；遇到 break 语句，则退出 switch 语句。

② switch 后面括号内的表达式可以是整型或字符型表达式，也可以是枚举型数据。

③ 每一个 case 常量表达式的值必须不同。

④ 每个 case 和 default 的出现次序不影响执行结果，可先出现 default，再出现其他 case。

5. 循环语句与循环结构

1）while 语句与 do...while 语句

（1）while 语句的格式

```
while(条件表达式){语句}
```

当条件表达式的结果为真（非 0 值）时，程序重复执行后面的语句，一直执行到条件表达式的结果变为假（0 值）为止。

（2）do...while 语句的格式

```
do
{语句}
while(条件表达式);
```

先执行给定的循环体语句，然后检查条件表达式的结果。当条件表达式的值为真（非 0 值）时，重复执行循环体语句，直到条件表达式的结果变为假（0 值）为止。

2）for 语句

for 语句的格式如下：

```
for ([初值设定表达式 1];[循环条件表达式 2];[修改表达式 3])
{
    函数体语句
}
```

先计算出初值表达式 1 的值作为循环控制变量的初值，再检查循环条件表达式 2 的结果。当满足循环条件时，执行循环体语句并计算修改表达式 3。然后，根据修改表达式 3 的计算结果来判断循环条件 2 是否满足，满足就执行循环体语句。以此类推，一直执行到循环条件表达式 2 的结果为假（0 值）时，退出循环体。

3）goto 语句、break 语句和 continue 语句

（1）goto 语句的格式

goto 语句是一种无条件语句，其格式如下：

```
goto 语句标号;
```

其中，语句标号是用于标识语句所在地址的标识符，语句标号与语句之间用冒号":"分隔。当执行跳转语句时，使程序跳转到标号指向的地址，从该语句继续执行程序。将 goto 语句和 if 语句一起使用，可以构成一个循环结构。更常见的是采用 goto 语句跳出多重循环。需要注意的是，只能用 goto 语句从内层循环跳到外层循环，不允许从外层循环跳到内

层循环。

（2）break 语句的格式

break 语句除了可以用在 switch 语句中，还可以用在循环体中。在循环体中遇见 break 语句，将立即结束循环，跳到循环体外，执行循环结构后面的语句。break 语句的格式为：

```
break;
```

break 语句只能跳出它所处的那一层循环，而 goto 语句可以从最内层循环体中跳出来。而且，break 语句只能用在开关语句和循环语句之中。

（3）continue 语句的格式

continue 语句也是一种中断语句，一般用在循环结构中，其功能是结束本次循环，即跳过循环体中下面尚未执行的语句，把程序流程转移到当前循环语句的下一个循环周期，并根据控制条件决定是否重复执行该循环体。continue 语句的格式为：

```
continue;
```

continue 语句和 break 语句的区别在于：continue 语句只结束本次循环，而不是终止整个循环的执行；break 语句将终止整个循环，不再进行条件判断。

 任务实施

1. 程序功能

用 4 个开关控制 8 只 LED 灯的显示，按下 K1 键，P1 端口位 3、位 4 控制的 LED 灯亮；按下 K2 键，P1 端口位 2、位 5 控制的 LED 灯亮；按下 K2 键，P1 端口位 1、位 6 控制的 LED 灯亮；按下 K4 键，P1 端口位 0、位 7 控制的 LED 灯亮；不按键，P1 端口位 2、位 3、位 4、位 5 控制的 LED 灯亮。

2. 硬件设计

4 个开关分别接 P3.0～P3.3，电原理图如图 3-3-1 所示。

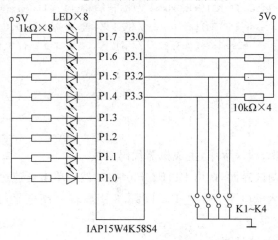

图 3-3-1　逻辑控制电路

3. 程序设计

1）程序说明

本任务可采取 3 种方法实现：一是采用 if 语句直接判断输入引脚的高、低电平来确定输出的状态；二是将输入端口的数据一次性读入，再根据 4 位输入数据的状态确定输出的状态；三是根据输出与输入之间的逻辑关系，列出输出与输入间的逻辑真值表，求出各逻辑输出与逻辑输入之间的逻辑关系，再采用逻辑运算语句计算各输出端口的逻辑值。本任务中采用 if 语句实现。

2）源程序清单（项目三任务 3.c）

```c
# include < stc15.h >
# include < intrins.h >
# include < gpio.h >
# define uint unsigned int
# define uchar unsigned char
# define  x  P1
# define  y  P3
sbit K1 = P3 ^ 0;                        //定义输入引脚
sbit K2 = P3 ^ 1;
sbit K3 = P3 ^ 2;
sbit K4 = P3 ^ 3;
void main(void)
{
    gpio();
    y = y | 0x0f;
    while(1)
    {
        if(!K1){x = 0xe7;}               //按下 K1 键,P1 端口位 3、位 4 控制的 LED 灯亮
            else if(!K2){x = 0xdb;}      //按下 K2 键,P1 端口位 2、位 5 控制的 LED 灯亮
                else if(!K3){x = 0xbd;}  //按下 K3 键,P1 端口位 1、位 6 控制的 LED 灯亮
                    else if(!K4){x = 0x7e;}//按下 K4 键,P1 端口位 0、位 7 控制的 LED 灯亮
                        else {x = 0xc3;}   //不按键,P1 端口位 2、位 3、位 4、位 5 控制的 LED 灯亮

    }
}
```

4. 系统调试

（1）用 Keil C 编辑、编译程序,生成机器代码文件。

（2）进入 Keil C 调试界面,调出 P1、P2、P3 端口,然后单击全速运行按钮。

（3）P3.3 引脚输入低电平,P3.0、P3.1、P3.2 引脚输入高电平,观察 P1 口的输出,如图 3-3-2 所示。

（4）按表 3-3-1 所示进行调试。

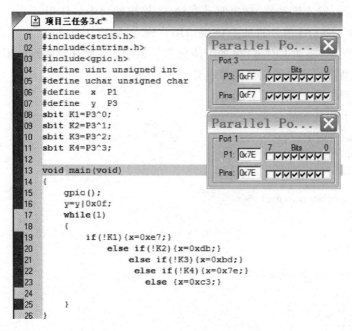

图 3-3-2 Keil C 逻辑控制调试结果

表 3-3-1 逻辑控制程序调试

K1(P3.0)	K2(P3.1)	K3(P3.2)	K4(P3.3)	P1 口输出
0	1	1	1	
1	0	1	1	
1	1	0	1	
1	1	1	0	
1	1	1	1	
任何 2 个或以上开关合上时				

 任务拓展

采用 switch/case 语句,修改程序,并上机编辑、编译程序,然后按表 3-3-1 进行调试。

习　　题

1. IAP15W4K58S4 单片机的 I/O 口有哪几种工作模式?各有什么特点?是如何设置的?

2. IAP15W4K58S4 单片机 I/O 口的最大灌电流驱动能力与拉电流驱动能力各是多少?

3. IAP15W4K58S4 单片机 I/O 口的总线驱动与非总线扩展是什么含义?在现代单片机应用系统设计中,一般推荐哪种扩展模式?

4. IAP15W4K58S4 单片机 I/O 口电路结构中包含锁存器、输入缓冲器、输出驱动三部分，请说明锁存器、输入缓冲器、输出驱动在输入/输出端口中的作用。

5. IAP15W4K58S4 单片机的 I/O 端口用作输入时，应注意什么？

6. 一般情况下，驱动 LED 灯应加限流电阻。请问：如何计算限流电阻？

7. 数据类型隐式转换的优先顺序是什么？

8. 位运算符的优先顺序是什么？

9. 试说明下列语句的含义。

(1) unsigned char x;
   unsigned char y;
   k = (bit)(x + y);

(2) #define uchar unsigned char
   uchar a;
   uchar b;
   uchar min;

(3) #define uchar unsigned char
   uchar tmp;
   P1 = 0xff;
   temp = P1;
   temp &= 0x0f;

10. 简述逻辑运算与、或、非，其对应的 C 语言运算语句是什么？

11. 如何实现异或运算？

12. 如何实现对 I/O 口输出位置"1"、清零与取反操作？

项目四

IAP15W4K58S4
单片机的存储器与应用编程

本项目要达到的目标包括：一是理解 IAP15W4K58S4 单片机的存储结构与工作特性；二是掌握利用 C 语言对 IAP15W4K58S4 单片机存储器的访问方法；三是掌握 IAP15W4K58S4 单片机存储器的应用编程。

知识点：
◇ IAP15W4K58S4 单片机的程序存储器；
◇ IAP15W4K58S4 单片机的基本 RAM；
◇ IAP15W4K58S4 单片机的扩展 RAM；
◇ IAP15W4K58S4 单片机的 EEPROM；
◇ C 语言变量存储类型的定义；
◇ C 语言的算术运算。

技能点：
◇ IAP15W4K58S4 单片机程序存储器的访问；
◇ IAP15W4K58S4 单片机基本 RAM 的访问；
◇ IAP15W4K58S4 单片机扩展 RAM 的访问；
◇ IAP15W4K58S4 单片机 EEPROM 的操作。

任务 1　IAP15W4K58S4 单片机的基本 RAM

任务说明

本任务结合 IAP15W4K58S4 单片机的算术运算，学习 IAP15W4K58S4 单片机基本 RAM 的应用编程，分为 3 个方面：一是 IAP15W4K58S4 单片机存储器的存储结构；二是 C 语言中变量的定义、函数的定义以及数组的定义；三是 C 语言的算术运算语句。

1. IAP15W4K58S4 单片机的存储结构

IAP15W4K58S4 单片机存储器结构的主要特点是程序存储器与数据存储器分开编址。IAP15W4K58S4 单片机内部在物理上有 3 个相互独立的存储器空间：Flash ROM、片内基本 RAM 和片内扩展 RAM；在使用上分为 4 个空间：程序存储器（程序 Flash）、片内基本 RAM、片内扩展 RAM 与 EEPROM（数据 Flash），如图 4-1-1 所示。

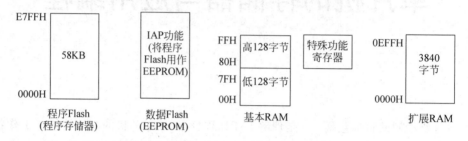

图 4-1-1　IAP15W4K58S4 单片机的存储器结构

1）程序存储器（程序 Flash）

程序存储器用于存放用户程序、数据和表格等信息。IAP15W4K58S4 单片机片内集成了 58KB 的程序 Flash 存储器，其地址为 0000H～E7FFH。

在程序存储器中有些特殊的单元，在应用中应注意。

（1）0000H 单元。系统复位后，PC 值为 0000H，单片机从 0000H 单元开始执行程序。一般在 0000H 开始的 3 个单元中存放一条无条件转移指令，让 CPU 去执行用户指定位置的主程序。

（2）0003H～00BBH，这些单元用作 24 个中断的中断响应的入口地址（或称为中断向量地址）。

- 0003H：外部中断 0 中断响应的入口地址。
- 000BH：定时器/计数器 0（T0）中断响应的入口地址。
- 0013H：外部中断 1 中断响应的入口地址。
- 001BH：定时器/计数器 1（T1）中断响应的入口地址。
- 0023H：串行口 1 中断响应的入口地址。

以上为 5 个基本中断的中断向量地址，其他中断对应的中断向量地址详见项目六。

每个中断向量间相隔 8 个存储单元。编程时，通常在这些入口地址开始处放入一条无条件转移指令，指向真正存放中断服务程序的入口地址。只有在中断服务程序较短时，才可以将中断服务程序直接存放在相应入口地址开始的几个单元。

提示：在 C 语言编程中，不需要记住各中断源的中断响应的中断入口地址，但要记住各中断源的中断号。有关中断函数的定义，详见项目六。

2）基本 RAM

片内基本 RAM 分为低 128 字节、高 128 字节和特殊功能寄存器（SFR）。

（1）低 128 字节

低 128 字节根据 RAM 作用的差异性，又分为工作寄存器区、位寻址区和通用 RAM 区，如图 4-1-2 所示。

图 4-1-2　低 128 字节的功能分布

① 工作寄存器区（00H～1FH）：IAP15W4K58S4 单片机片内基本 RAM 低端的 32 字节分成 4 个工作寄存器组，每组占用 8 个单元。但程序运行时，只能有一个工作寄存器组为当前工作寄存器组。当前工作寄存器组的存储单元可用作寄存器，即可用寄存器符号（R0，R1，…，R7）来表示。当前工作寄存器组的选择是通过程序状态字 PSW 中的 RS1、RS0 实现的。RS1、RS0 的状态与当前工作寄存器组的关系如表 4-1-1 所示。

表 4-1-1　IAP15W4K58S4 单片机工作寄存器地址

组号	RS1	RS0	R0	R1	R2	R3	R4	R5	R6	R7
0	0	0	00H	01H	02H	03H	04H	05H	06H	07H
1	0	1	08H	09H	0AH	0BH	0CH	0DH	0EH	0FH
2	1	0	10H	11H	12H	13H	14H	15H	16H	17H
3	1	1	18H	19H	1AH	1BH	1CH	1DH	1EH	1FH

当前工作寄存器组从某一个工作寄存器组切换到另一个工作寄存器组，原来工作寄存器组中的各寄存器的内容相当于被屏蔽保护起来。利用这一特性，可以方便地完成快速现场保护任务。

② 位寻址区（20H～2FH）：片内基本 RAM 的 20H～2FH 共 16 字节是位寻址区，每个

字节 8 位,共 128 位。该区域不仅可按字节寻址,也可按位寻址。从 20H 的 B0 位到 2FH 的 B7 位,其对应的位地址依次为 00H～7FH。位地址还可用字节地址加位号表示,如 20H 单元的 B5 位,其位地址可用 05H 表示,也可用 20H.5 表示。

特别提示:编程时,一般用字节地址加位号的方法表示。

③ 通用 RAM 区(30H～7FH):30H～7FH 共 80 字节为通用 RAM 区,即为一般 RAM 区域,无特殊功能特性,一般用作数据缓冲区,如显示缓冲区。通常,将堆栈也设置在该区域。

(2) 高 128 字节

高 128 字节的地址为 80H～FFH,属普通存储区域,但高 128 字节地址与特殊功能寄存器区的地址是相同的。为了区分这两个不同的存储区域,访问时,规定了不同的寻址方式。高 128 字节只能采用寄存器间接寻址方式访问;特殊功能寄存器只能采用直接寻址方式。此外,高 128 字节也可用作堆栈区。

(3) 特殊功能寄存器 SFR(80H～FFH)

特殊功能寄存器的地址也为 80H～FFH,但 IAP15W4K58S4 单片机中只有 88 个地址有实际意义,也就是说,IAP15W4K58S4 单片机实际上只有 88 个特殊功能寄存器。所谓特殊功能寄存器,是指该 RAM 单元的状态与某一具体的硬件接口电路相关,要么反映某个硬件接口电路的工作状态,要么决定某个硬件电路的工作状态。单片机内部 I/O 接口电路的管理与控制就是通过对其相应的特殊功能寄存器进行操作与管理。特殊功能寄存器根据其存储特性的不同又分为两类:可位寻址特殊功能寄存器与不可位寻址特殊功能寄存器。凡字节地址能够被 8 整除的特殊功能寄存器是可位寻址的,对应可寻址位都有一个位地址,其位地址等于其字节地址加上位号。实际编程时大多采用其位功能符号表示,如 PSW 中的 CY、AC 等。特殊功能寄存器与其可寻址位都是按直接地址寻址的。特殊功能寄存器的映像如表 4-1-2 所示。表 4-1-2 给出了各特殊功能寄存器的符号、地址与复位状态值。

特别提示:实际利用汇编语言或 C 语言编程时,用特殊功能寄存器的符号或位地址的符号来表示特殊功能寄存器的地址或位地址。

① 与运算器相关的寄存器有下述 3 个。

- ACC:累加器。它是 IAP15W4K58S4 单片机中最繁忙的寄存器,用于向计算逻辑部件 ALU 提供操作数,同时许多运算结果存放在累加器中。实际编程时,ACC 通常用 A 表示,表示寄存器寻址;若用 ACC 表示,表示直接寻址(仅在 PUSH、POP 指令中使用)。
- B:寄存器 B,主要用于乘、除法运算,也可作为一般 RAM 单元使用。
- PSW:程序状态字。

② 指针类寄存器有下述 3 个。

- SP:堆栈指针,它始终指向栈顶。堆栈是一种遵循"先进后出,后进先出"原则存储的区域。入栈时,SP 先加 1,数据再压入(存入)SP 指向的存储单元;出栈操作时,先将 SP 指向单元的数据弹出到指定的存储单元,SP 再减 1。IAP15W4K58S4 单片机复位时,SP 为 07H,即默认栈底是 08H 单元。实际应用中,为了避免堆栈区域与工作寄存器组、位寻址区域发生冲突,堆栈区域设置在通用 RAM 区域或高 128 字节区域。堆栈区域主要用于存放中断或调用子程序时的断点地址和现场参数数据。

表 4-1-2　IAP15W4K58S4 单片机特殊功能寄存器字节地址与位地址

地址	可位寻址	不可位寻址						
	+0	+1	+2	+3	+4	+5	+6	+7
80H	P0 11111111	SP 00000111	DPL 00000000	DPH 00000000	S4CON 00000000	S4BUF xxxxxxxx		PCON 00110000
88H	TCON 00000000	TMOD 00000000	TL0 (RL_TL0) 00000000	TL1 (RL_TL1) 00000000	TH0 (RL_TH0) 00000000	TH1 (RL_TH1) 00000000	AUXR 00000001	INT_CLKO 00000000
90H	P1 11111111	P1M1 11000000	P1M0 00000000	P0M1 00000000	P0M0	P2M1 00001110	P2M0	CLK_DIV 0000x000
98H	SCON 00000000	SBUF xxxxxxxx	S2CON 00000000	S2BUF xxxxxxxx		P1ASF 00000000		
A0H	P2 11111110	BUS_SPEED xxxxxx10	P_SW1 00000000					
A8H	IE 00000000		WKTCL (WKTCL_CNT) 11111111	WKTCH (WKTCH_CNT) 01111111	S3CON 00000000	S3BUF xxxxxxxx		IE2 x0000000
B0H	P3 11111111	P3M1 10000000	P3M0 00000000	P4M1 00000000	P4M0 00000000	IP2 xxxxxx00		
B8H	IP x0x00000		P_SW2 0000x000		ADC_CONTR 00000000	ADC_RES 00000000	ADC_RESL 00000000	
C0H	P4 11111111	WDT_CONTR 0x000000	IAP_DATA 11111111	IAP_ADDRH 00000000	IAP_ADDRL 00000000	IAP_CMD xxxxxx00	IAP_TRIG xxxxxxxx	IAP_CONTR 00000000
C8H	P5 xxxx1111	P5M1 xxxx0000	P5M0 xxxx0000			SPSTAT 00xxxxxx	SPCTL 00000100	SPDAT 00000000
D0H	PSW 000000x0	T4T3M	T4H (RL_TH4) 00000000	T4L (RL_TL4) 00000000	T3H (RL_TH3) 00000000	T3L (RL_TL3) 00000000	T2H (RL_TH2) 00000000	T2L (RL_TL2) 00000000
D8H	CCON 00xx0000	CMOD 0xxx0000	CCAPM0 x0000000	CCAPM1 x0000000				
E0H	ACC 00000000						CMPCR1 00000000	CMPCR2 00001001
E8H		CL 00000000	CCAP0L 00000000	CCAP1L 00000000				
F0H	B 00000000		PCA_PWM0 00xxxx00	PCA_PWM1 00xxxx00				
F8H		CH 00000000	CCAP0H 00000000	CCAP1H 00000000				

注：各特殊功能寄存器地址等于行地址加列偏移量。

- DPTR(16 位)：数据指针,由 DPL 和 DPH 组成,用于存放 16 位地址,访问 16 位地址的程序存储器和扩展 RAM。

其余特殊功能寄存器将在相关 I/O 接口的章节中讲述。

2. C51 基础(4)

1) C51 变量定义

在使用一个变量或常量之前,必须先定义该变量或常量,指出其数据类型和存储器类型,以便编译系统为其分配相应的存储单元。

在 C51 中定义变量的格式为：

[存储种类]数据类型[存储器类型]变量名表

例如：

```
1    auto    int    data    x;
2            char   code    y = 0x22;
```

行号1中，变量x的存储种类、数据类型、存储器类型分别为auto、int、data。行号2中，变量y只定义了数据类型和存储器类型，未直接给出存储种类。在实际应用中，"存储种类"和"存储器类型"是可选项，默认的存储种类是auto（自动）；如果省略存储器类型，则按Keil C编译器编译模式SMALL、COMPACT、LARGE所规定的默认存储器类型确定存储器的存储区域。C语言允许在定义变量的同时给变量赋初值，如行号2中对变量的赋值。

（1）变量的存储种类

变量的存储种类有4种，分别为auto（自动）、extern（外部）、static（静态）和register（寄存器）。默认设置时，变量的存储种类为auto。

（2）变量的存储器类型

Keil C编译器完全支持8051系列单片机的硬件结构，可以访问其硬件系统的各个部分。对于各个变量，可以准确地赋予其存储器类型，使之能够在单片机内准确定位。Keil C编译器支持的存储器类型如表4-1-3所示。

表4-1-3　Keil C编译器支持的存储器类型

存储器类型	说　　明
data	变量分配在低128字节，采用直接寻址方式，访问速度最快
bdata	变量分配在20H~2FH，采用直接寻址方式，允许位或字节访问
idata	变量分配在低128字节或高128字节，采用间接寻址方式
pdata	变量分配在XRAM，分页访问外部数据存储器（256B），使用MOVX @Ri指令
xdata	变量分配在XRAM，访问全部外部数据存储器（64KB），使用MOVX @DPTR指令
code	变量分配在程序存储器（64KB），使用MOVC A，@A+ DPTR指令访问

（3）Keil C编译器的编译模式与默认存储器类型

① SMALL：变量被定义在8051单片机的内部数据存储器（data）区中，因此对这种变量的访问速度最快。另外，所有的对象，包括堆栈，都必须嵌入内部数据存储器。

② COMPACT：变量被定义在外部数据存储器（pdata）区中，外部数据段长度可达256字节。这时对变量的访问是通过寄存器间接寻址（MOVX @Ri）实现的。采用这种模式编译时，变量的高8位地址由P2口确定。因此，在采用这种模式的同时，必须适当改变启动程序STARTUP.A51中的参数：PDATASTART和PDATALEN。用L51连接时，还必须采用控制命令PDATA对P2口地址定位，以确保P2口为所需要的高8位地址。

③ LARGE：变量被定义在外部数据存储器（xdata）区中，使用数据指针DPTR访问。这种访问数据的方法效率不高，尤其是对于2个或多个字节的变量，采用这种数据访问方法对程序的代码长度影响非常大。另外，一个不便之处是数据指针不能对称操作。

2）算术运算符

（1）算术运算符与表达式

C语言有以下算术运算符。

① ＋：加法或取正值运算符。

② －：减法或取负值运算符。

③ ＊：乘法运算符。

④ /：除法运算符(取高值)。

⑤ ％：取余运算符。

(2) 自增和自减运算符与表达式

① ++：自增运算符。

② －－：自减运算符。

自增和自减运算符是 C 语言中特有的,其作用分别是对运算对象做加 1 和减 1 运算。自增和自减运算符只能用于变量,不能用于常数和表达式。自增和自减运算符可以位于变量前面,也可位于变量的后面,但其功能不完全相同。

① a++：先使用 a 的值,再执行 a+1 操作。

② ++a：先执行 a+1 操作,再使用 a 的值。

(3) 复合赋值运算符

在赋值运算符"＝"的前面加上其他运算符,就构成了复合赋值运算符。复合赋值运算符首先对变量进行某种运算,然后将运算结果赋值给该变量。复合运算的一般形式为：

变量　复合赋值运算符　表达式;

C 语言中有以下几种复合赋值运算符。

① +=：加法赋值运算符。例如,x+=3;等效于 x=x+3;。

② －=：减法赋值运算符。例如,x－=3;等效于 x=x－3;。

③ ＊=：乘法赋值运算符。例如,x＊=3;等效于 x=x＊3;。

④ /=：除法赋值运算符。例如,x/=3;等效于 x=x/3;。

⑤ ％=：取模(余)赋值运算符。例如,x％=3;等效于 x=x％3;。

⑥ >>=：右移位赋值运算符。例如,x>>=3;等效于 x=x>>3;。

⑦ <<=：左移位赋值运算符。例如,x<<=3;等效于 x=x<<3;。

⑧ &=：逻辑与赋值运算符。例如,a&=b;等效于 a=a&b;。

⑨ |=：逻辑或赋值运算符。例如,a|=b;等效于 a=a|b;。

⑩ ^=：逻辑异或赋值运算。例如,a^=b;等效于 a=a^b;。

⑪ ～=：逻辑非赋值运算符。例如,a～=b;等效于 a=～b;。

3) 指定工作寄存器区

当需要指定函数中使用的工作寄存器区时,使用关键字 using 后跟一个 0～3 的数,对应工作寄存器组 0～3 区。例如：

```
unsigned char GetKey(void) using 2
{
    …                                   //用户代码区
}
```

using 后面的数字是 2,说明使用工作寄存器组 2,R0～R7 对应地址为 10H～17H。

4）函数的定义与调用

函数是 C 语言程序的基本模块，所有的函数在定义时是相互独立的，它们之间是平衡关系，所以不能在一个函数中定义另外一个函数，即不能嵌套定义。函数之间可以相互调用，但不能调用主函数。

C 语言系统提供功能强大、资源丰富的标准函数库，用户在进行程序设计时，应善于利用这些资源，以提高效率，节省开发时间。

（1）函数定义的一般形式

① 格式。

```
函数类型标识符 函数名(形式参数类型说明列表)
{
    局部变量定义
    函数体语句
}
```

② 说明。

- 函数类型标识符：说明了函数返回值的类型。当"函数类型标识符"缺省时，默认为整型。当无返回值时，通常用 void 来定义函数类型
- 函数名：是程序设计人员自己设计的名字。
- 形式参数类型说明列表：是主调用函数与被调用函数之间传递数据的形式参数。如定义的是无参函数，形式参数类型说明列表用 void 来注明。
- 局部变量定义：定义在函数内部使用的局部变量。
- 函数体语句：是为完成该函数的特定功能而设置的各种语句。

（2）函数的参数和函数的返回值

① 函数的参数：C 语言采用函数之间的参数传递方式，使一个函数能对不同变量进行处理，从而提高函数的通用性与灵活性。在函数调用时，通过在主调函数的实际参数与被调函数的形式参数之间传递数据来实现函数间参数的传递。

② 函数的返回：在被调用函数最后，通过 return 语句返回函数的返回值给主调函数。其格式为：

```
return (表达式);
```

对于不需要有返回值的函数，可以将该函数的函数类型定义为 void 类型。为了使程序减少出错，保证函数正确使用，凡是不要求有返回值的函数，都应将其定义为 void 类型。

③ 函数的分类：从函数定义的形式看，分为无参数函数、有参数函数和空函数三种。

- 无参数函数：此种函数在调用时无参数，主调函数并不将数据传送给被调用函数。无参数函数可以返回或不返回函数值，一般不返回值的居多。
- 有参数函数：调用此种函数时，在主调函数与被调函数之间有参数传递。主调函数可以将数据传送给被调函数使用，被调函数中的数据也可以返回供主调函数使用。
- 空函数：如果定义函数时只给出一对花括号"{}"，不给出局部变量和函数体语句，即函数体内部是空的，则该函数称为空函数。

（3）函数的声明与调用

C 语言程序中的函数是可以互相调用的,但不能调用主函数。所谓函数调用就是在一个函数体中引用另外一个已经定义的函数,前者称为主调用函数,后者称为被调用函数。

① 调用函数的一般形式:

函数名(实际参数列表);

说明:

- 函数名:指出被调用的函数。
- 实际参数列表:实际参数的作用是将它的值传递给被调用函数中的形式参数,可以包含多个实际参数,各个参数之间用逗号分开。需要注意的是,函数调用中的实际参数与函数定义中的形式参数必须在个数、类型和顺序上严格保持一致,以便将实际参数的值正确传送给形式参数。如果调用的是无参函数,则可以没有实际参数列表,但圆括号不能省略。

② 在实际编程中,可采用三种方式完成函数的调用。

- 函数语句调用:在主调函数中,将函数调用作为一条语句,例如:

Funl();

这是无参调用,它不要被调函数返还一个确定的值。

- 函数表达式调用:在主调函数中将函数调用作为一个运算对象直接出现在表达式中,这种表达式称为函数表达式,例如:

d = power(x, n) + power(y, m);

它包括两个函数调用,每个函数调用都有一个返回值,将两个返回值相加的结果,赋值给变量 d。因此,这种函数调用方式要求被调用函数返回一个确定的值。

- 作为函数参数调用:在主调函数中将函数调用作为另一个函数调用的实际参数,例如:

m = max(a, max(b, c));

max(b, c)是一次函数调用,它的返回值作为函数 max 另一次调用的实参。这种在调用一个函数中又调用一个函数的方式,称为嵌套函数调用。

③ 调用函数必须满足"先声明、后调用"的原则。

- 调用函数与被调用函数位于同一个程序文件中:当被调用函数在调用函数前面定义时,可直接调用;当被调用函数在调用函数后面定义时,需要在调用前先声明被调用函数。例如:

```
# include < REG51.H >
# define x P1
void delay(void);                    //语句 3,声明延时子函数
/ * ------- LED 灯驱动函数 -------- * /
void light(void)
{
    x = ~x;
}

/ * ------- 主函数 --------- * /
```

```
void main(void)
{
    while(1)
    {
        light();              //light()在主函数前面定义,因此可直接调用
        delay();              //delay()在主函数后面定义,故调用前必须先声明,见语句3
    }
}
/* -------------------- */
void delay(void)
{
    unsigned int i,j;
    for(i = 0;i < 500;i++)
    {
        for(j = 0;j < 121;j++)
        {;}
    }
}
```

- 函数的连接:当程序中的子函数与主函数不在同一个程序文件时,要通过连接的方法实现有效的调用。一般有两种方法,即外部声明与文件包含。

对于外部声明,设 delay()和 light()两个子函数与调用主函数不在一个程序文件中,则当主函数要调用 delay()和 light()时,可在调用前做外部声明。例如:

```
# include < REG51. H>
extern void delay(void);          //声明该函数在其他文件中
extern void light(void);          //声明该函数在其他文件中
/* -------------------- */
void main(void)
{
    while(1)
    {
        light();
        delay();

    }
}
```

对于文件包含,当主函数需要调用分属在其他程序文件中的子函数时,也可用包含语句将含有该子函数的程序文件包含进来。包含可以理解为:将包含文件的内容放在包含语句位置处。

设 delay()和 light()两个子函数在 test. c 程序文件中定义,主函数要调用 delay()和 light()时,可用包含语句将 test. c 程序文件包含进来,类似包含头文件的意义。例如:

```
# include < reg51. h>
# include "test. c"
void main(void)
{
    while(1)
    {
        light();
```

```
            delay();
        }
}
```

5）局部变量与全局变量

（1）局部变量

局部变量是指在函数内部定义的变量，只在该函数内部有效。

（2）全局变量

全局变量是指在程序开始处或各个功能函数的外面定义的变量。在程序开始处定义的变量在整个程序中有效，可供程序中所有的函数共同使用；在各功能函数外面定义的全局变量只对定义处开始往后的各个函数有效，只有从定义处往后的各个功能函数可以使用该变量。

若有些变量是整个程序都需要使用的，比如 LED 数码管的字形码或位码，有关 LED 数码管的字形码或位码的定义应放在程序开始处。

 任务实施

1. 任务要求

完成 $z=(x+y) \times C$ 的运算。

2. 硬件设计

设 x 数据从 P1 口输入，y 数据从 P3 口输入，运算结果 z 的高 8 位从 P2 口输出，运算结果的低 8 位从 P0 口输出（设运算结果不超过 16 位）。

3. 软件设计

1）程序说明

（1）从运算式可以看出，运算可能超过 8 位数，变量 z 的数据类型必须是 16 位无符号数整型，存放在片内基本 RAM 中，即 z 变量的定义为：

```
unsigned int data z;
```

（2）C 是常量，必须存放在程序存储器中，并赋值。若常量值为 2，即常量 C 的定义为：

```
unsigned char code C = 2;
```

2）源程序清单（项目四任务 1.c）

```
#include<stc15.h>
#include<intrins.h>
#include<gpio.h>
#define uint unsigned int
#define uchar unsigned char
#define x P1
#define y P3
#define outh P2
#define outl P0
uint data z;
```

```
uchar code C = 2;
void main(void)
{
    gpio();
    x = 0xff;
    y = 0xff;
    while(1)
    {
        z = (x + y) * C;
        outl = z;
        outh = z >> 8;
    }
}
```

4. 硬件连线与调试

（1）用 Keil C 编辑、编译程序，生成机器代码文件。

（2）进入 Keil C 调试界面，调出 P0、P1、P2、P3 端口，然后单击全速运行按钮。

（3）P1 口输入 AAH，P3 口输入 88H，观察 P2、P0 口的输出状态，如图 4-1-3 所示。

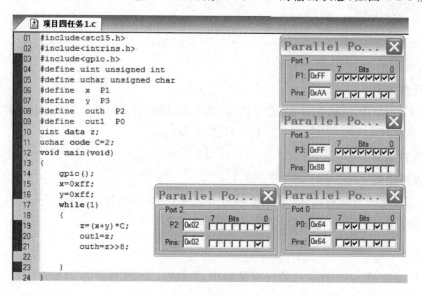

图 4-1-3　Keil C 算术运算调试

（4）按表 4-1-4 输入 x 和 y 数据，观察与记录输出结果。

表 4-1-4　算术运算测试

输　　入		运算结果（z）	
x	y	计算值	运行结果值
55H	AAH		
BBH	33H		
F0H	0FH		

任务拓展

设 x、y 输入数据为 BCD 码,编写程序,完成 x、y 的 BCD 码加法运算,输出结果也为 BCD 码,并按表 4-1-5 进行调试。

表 4-1-5　BCD 码算术运算测试

输　入		运算结果(z)	
x	y	计算值	运行结果值
55	66		
23	82		
63	28		

任务2　IAP15W4K58S4 单片机扩展 RAM 的测试

任务说明

IAP15W4K58S4 单片机扩展 RAM 的使用,实际上很简单,只需在变量定义时,把变量的存储类型定义为 pdata 或 xdata 即可。本任务主要介绍 IAP15W4K58S4 单片机扩展 RAM 的测试,使学生在进一步理解 IAP15W4K58S4 单片机扩展 RAM 的同时,提高 C 语言程序的编程能力。

本任务涉及数组的定义与引用。

相关知识

1. 扩展 RAM(XRAM)

IAP15W4K58S4 单片机的扩展 RAM 空间为 3840B,地址范围为 0000H～0EFFH。扩展 RAM 类似于传统的片外数据存储器,采用访问片外数据存储器的访问指令(助记符为 MOVX)访问扩展 RAM 区域。IAP15W4K58S4 单片机保留了传统 8051 单片机片外数据存储器的扩展功能,但片内扩展 RAM 与片外数据存储器不能同时使用,可通过 AUXR 中的 EXTRAM 控制位进行选择。默认选择片内扩展 RAM。扩展片外数据存储器时,要占用 P0 口、P2 口以及 ALE、$\overline{\text{RD}}$ 与 $\overline{\text{WR}}$ 引脚;使用片内扩展 RAM 时,与它们无关。IAP15W4K58S4 单片机片内扩展 RAM 与片外可扩展 RAM 的关系如图 4-2-1 所示。

1) 内部扩展 RAM 的允许访问与禁止访问

内部扩展 RAM 的允许访问与禁止访问是通过 AUXR 的 EXTRAM 控制位选择的。

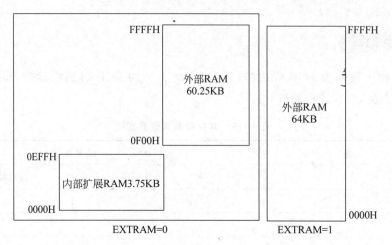

图 4-2-1 IAP15W4K58S4 单片机片内扩展 RAM 与片外可扩展 RAM 的关系

AUXR 的格式如下所示。

地址	B7	B6	B5	B4	B3	B2	B1	B0	复位值
AUXR	8EH	T0x12	T1x12	UART_M0x6	T2R	T2_C/$\overline{\text{T}}$	T2x12	EXTRAM	S1ST2	0000 0000

EXTRAM 是内部扩展 RAM 访问控制位。EXTRAM＝0，允许访问，推荐使用；EXTRAM＝1，禁止访问。当扩展了片外 RAM 或 I/O 口，使用时，应禁止访问内部扩展 RAM。

内部扩展 RAM 通过 MOVX 指令访问，即"MOVX A,@DPTR(或@Ri)"和"MOVX @DPTR(或@Ri),A"指令。在 C 语言中，可使用 xdata 声明存储类型，例如：

```
unsigned char xdata i = 0;
```

当超出片内地址时，自动指向片外 RAM。

2）双数据指针的使用

IAP15W4K58S4 单片机在物理上设置了两个 16 位的数据指针 DPTR0 和 DPTR1，但在逻辑上只有 DPTR 一个数据指针地址，使用时通过 P_SW1(AUXR1)中的 DPS 控制位选择。P_SW1(AUXR1)的格式如下所示。

地址	B7	B6	B5	B4	B3	B2	B1	B0	复位值
P_SW1	A2H	S1_S1	S1_S0	CCP_S1	CCP_S0	SPI_S1	SPI_S0	0	DPS	0000 0000

DPS 是数据指针选择控制位。DPS＝0，选择 DPTR0；DPS＝1，选择 DPTR1。P_SW1(AUXR1)不可位寻址，但 DPS 位于 P_SW1(AUXR1)的最低位，可通过对 P_SW1(AUXR1)的加 1 操作来改变 DPS 的值。当 DPS 为 0 时加 1，即变为 1；当 DPS 为 1 时加 1，就变为 0。实现语句：P_SW1＝P_SW1＋1;。

3）片外扩展 RAM 的总线管理

当需要扩展片外扩展 RAM 或 I/O 口时，单片机 CPU 需要利用 P0(低 8 位地址总线与

8 位数据总线分时复用,低 8 位地址总线通过 ALE 由外部锁存器锁存)、P2(高 8 位地址总线)和 P4.2($\overline{\text{WR}}$)、P4.4($\overline{\text{RD}}$)、P4.5(ALE)外引总线进行扩展。IAP15W4K58S4 单片机是 1T 单片机,工作速度较高。为了提高单片机与片外扩展芯片工作速度的适应能力,增加了总线管理功能,由特殊功能寄存器 BUS_SPEED 进行控制。BUS_SPEED 的格式如下所示。

	地址	B7	B6	B5	B4	B3	B2	B1	B0	复位值
BUS_SPEED	A1H	—	—	—	—	—	—	EXRTS[1:0]		xxxx xx10

EXRTS[1:0]用于 P0 输出地址建立与保持时间的设置。具体设置情况如表 4-2-1 所示。

表 4-2-1　P0 输出地址建立与保持时间的设置

EXRTS[1:0]		P0 地址从建立(建立时间和保持时间)到 ALE 信号下降沿的系统时钟数(ALE_BUS_SPEED)
0	0	1
0	1	2
1	0	4(默认设置)
1	1	8

片内扩展 RAM 和片外扩展 RAM 都是采用 MOVX 指令进行访问,在 C51 中的数据存储类型都是 xdata。当 EXTRAM=0 时,允许访问片内扩展 RAM,数据指针所指地址为片内扩展 RAM 地址,超过片内扩展 RAM 地址时,指向片外扩展 RAM 地址;当 EXTRAM=1 时,禁止访问片内扩展 RAM,数据指针所指地址为片外扩展 RAM 地址。虽然片内扩展 RAM 和片外扩展 RAM 都是采用 MOVX 指令进行访问,但片外扩展 RAM 的访问速度较慢,具体如表 4-2-2 所示。

表 4-2-2　片内扩展 RAM 和片外扩展 RAM 访问时间对照表

指令助记符	访问区域与指令周期	
	片内扩展 RAM 指令周期(系统时钟数)	片外扩展 RAM 指令周期(系统时钟数)
MOVX A, @Ri	3	5×ALE_BUS_SPEED+2
MOVX A, @DPTR	2	5×ALE_BUS_SPEED+1
MOVX @Ri, A	4	5×ALE_BUS_SPEED+3
MOVX @DPTR, A	3	5×ALE_BUS_SPEED+2

注:ALE_BUS_SPEED 如表 4-2-1 所示。BUS_SPEED 可提高或降低片外扩展 RAM 的访问速度,一般建议采用默认设置。

2. 数组

数组是一组有序数据的集合,数组中的每一个数据同属一种数据类型。一组同类型的数据共用一个变量名,数组中元素的次序由下标来确定,下标从 0 开始顺序编号。数组中的各个元素可以用数组名和下标唯一确定。数组可以是一维数组、二维数组或多维数组。在

C 语言中,数组必须先定义,然后才能使用。

1) 一维数组

一维数组的定义格式为:

数据类型[存储器类型]数组名[常量表达式];

其中,数据类型说明数组中各元素的数据类型;存储器类型是可选项,指出定义的数组所在的存储空间;数组名是整个数组的变量名;常量表达式说明该数组的长度,即数组中元素的个数。常量表达式必须用方括号"[]"括起来,而且其中不能含有变量。例如:

char math [60];

定义 math 数组的数据类型为字符型,数组元素个数为 60 个。

2) 二维数组

定义多维数组时,只要在数组名后面增加相应的维数的常量表达式即可。二维数组的定义格式为:

数据类型[存储器类型]数组名[常量表达式1] [常量表达式2];

例如,定义一个 2 行 3 列的整数矩阵 first 如下:

int first [2][3];

二维数组常用来定义 LED 或 LCD 显示器显示的点阵码。

3) 字符数组

基本类型为字符型的数组称为字符数组,字符数组是用来存放字符的。字符数组中的每一个元素都是字符,因此可以用字符数组来存放不同长度的字符串。一个一维的字符数组可以存放一个字符串,为了测定字符串的实际长度,C 语言规定以 '\0' 作为字符串的结束标志;对字符串常量,也自动加一个 '\0' 作为结束符。因此在定义字符数组时,应使数组长度大于它允许存放的最大字符串长度。

例如,假设要定义一个能存放 9 个字符的字符数组,数组的长度至少为 10,即

char second [10];

对于字符数组,可以通过数组中的元素逐个访问,也可以对整个数组进行访问。

4) 数组元素赋初值

数组的赋值可以通过直接输入,或者利用赋值语句为单个数组元素赋值来实现,也可以在定义的同时给出元素的值,即数组的初始化。

数据类型[存储器类型]数组名[常量表达式] ={元素值列表};

其中,常量表达式中按顺序给出了各个数组元素的初值。例如:

uchar code SEG7[10] = {0x3f, 0x06,0x5b, 0x4f, 0x66, 0x6d, 0x7d, 0x07, 0x7f, 0x6f};

它定义了一个共阴极数码管的显示字形码数组,并给出了 0~9 这 10 个数码的字形码数据。

数组初始化的有关说明如下所述。

(1) 元素值列表可以是数组所有元素的初值,也可以是前面部分元素的初值。例如:

```
int a[5] = {1,6,9};
```

数组 a 的前 3 个元素 a[0]、a[1]和 a[2]分别等于 1、6 和 9,后两个元素未说明。

(2) 当对全部数组元素赋值时,元素个数可以省略,但"[]"不能省。例如:

```
char x[] = {'a','b','c'};
```

数组 x 的长度为 3,即 x[0]、x[1]和 x[2]分别为字符 a、b 和 c。

5) 数组作为函数的参数

除了可以用变量作为函数的参数之外,还可以用数组名作为函数的参数。一个数组的数组名表示该数组的首地址。数组名作为函数的参数时,形式参数和实际参数都是数组名,传递的是整个数组,即形式参数数组和实际参数数组完全相同,是存放在同一空间的同一个数组。这样,调用的过程中,参数传递方式实际上是地址传递,将实际参数数组的首地址传递给被调函数中的形式参数数组。当形式参数数组修改时,实际参数数组同时被修改。

用数组作为函数的参数,应该在主调函数和被调函数中分别定义数组,不能只在一方定义数组;而且在两个函数中定义的数组类型必须一致。如果类型不一致,将导致编译出错。实参数组和形参数组的长度可以一致,也可以不一致。编译器对形参数组的长度不做检查,只是将实参数组的首地址传递给形参数组。如果希望形参数组能得到实参数组的全部元素,应使两个数组的长度一致。定义形参数组时,可以不指定长度,只在数组名后面跟一个空的方括号"[]",但为了满足被调函数中处理数组元素的需要,应另外设置一个参数来传递数组元素的个数。

 任务实施

1. 任务功能

IAP15W4K58S4 单片机内部扩展 RAM 的测试,在内部扩展 RAM 选择 256 个单元依次存入 0～255 数据,然后读出依次与 0～255 一一进行校验,若都相同,说明内部扩展 RAM 完好无损,正确指示灯亮;只要有一组数据不同,停止校验,错误指示灯亮。

2. 硬件设计

采用 P1.7 与 P1.6 作为测试指示灯,测试正确时点亮 P1.7 控制的 LED 灯,否则,点亮 P1.6 控制的 LED 灯。采用 STC15-Ⅳ版实验箱电路,P1.7、P1.6 控制的 LED 灯 LED7、LED8 是低电平驱动。

3. 软件设计

1) 程序说明

IAP15W4K58S4 单片机共有 3840 字节扩展 RAM。在此,仅对 256 字节进行校验。先在指定的起始处依次写入数据 0～255,再从指定的起始处依次读出数据与数据 0～255。若一致,说明 IAP15W4K58S4 单片机扩展 RAM 没有问题;否则,表示有错。

2) 源程序清单(项目四任务 2.c)

```
#include <stc15.h>          //包含支持 IAP15W4K58S4 单片机的头文件
```

```
#include <intrins.h>
#include <gpio.h>
#define uchar unsigned char
#define uint unsigned int
sbit ok_led = P1^7;
sbit error_led = P1^6;
uchar xdata ram256[256];          //定义片内 ram,256 字节
/* ----------------- 主函数 -------------------- */
void main(void)
{
    uint i;
    gpio();                       //I/O 初始化
    for(i = 0;i < 256;i++)        //先把 ram 数组以 0～255 填满
    {
        ram256[i] = i;
    }
    for(i = 0;i < 256;i++)        //通过串口,把数据送到计算机显示
    {
        if(ram256[i]!= i) goto Error;
    }
    ok_led = 0;
    error_led = 1;
    while(1);                     //结束
Error:
    ok_led = 1;
    error_led = 0;
    while(1);
}
```

4. 系统调试

(1) 用 USB 线将 PC 与 STC15-Ⅳ版实验箱相连接。

(2) 用 Keil C 编辑、编译项目四任务 2.c 程序,生成机器代码文件:项目四任务 2.hex。

(3) 运行 STC-ISP 在线编程软件,将项目四任务 2.hex 下载到 STC15-Ⅳ版实验箱单片机中。下载完毕,自动进入运行模式,观察 LED7 和 LED8 的运行结果。

任务拓展

修改程序,当检查到扩展 RAM 出错时,取出出错扩展 RAM 的地址。

任务 3 　IAP15W4K58S4 单片机 EEPROM 的测试

任务说明

IAP15W4K58S4 单片机的 EEPROM 实际是用 Flash ROM 模拟实现的。本任务通过介绍 IAP15W4K58S4 单片机的 EEPROM 测试流程来讲解 IAP15W4K58S4 单片机

EEPROM 的使用方法。

相关知识

STC 系列单片机的用户程序区和 EEPROM 区是共享单片机中的 Flash 存储器。对于 STC15W××××系列单片机,用户程序区与 EEPROM 区分开编址,分别称为程序 Flash 与数据 Flash,但两者的和是固定的。例如,STC15W4K32S4 系列单片机各型号的用户程序区与 EEPROM 区的容量之和是 59KB。对于 IAP15W××××系列单片机,用户程序区与 EEPROM 区统一编址,空闲的用户程序区就可用作 EEPROM。EEPROM 的操作通过 IAP 技术实现,内部 Flash 擦写次数达 100000 次以上。EEPROM 分为若干个扇区,每个扇区包含 512 字节。EEPROM 的擦除是按扇区进行的。

1. IAP15W4K58S4 单片机内部 EEPROM 的大小与地址

IAP15W4K58S4 单片机 EEPROM 的大小与地址是不确定的。IAP15W4K58S4 单片机通过 IAP 技术直接使用用户程序区,即空闲的用户程序区就可用作 EEPROM,用户程序区的地址就是 EEPROM 的地址。EEPROM 除可以采用 IAP 技术读取外,还可以用 MOVC 指令读取。

2. 与 ISP/IAP 功能有关的特殊功能寄存器

IAP15W4K58S4 单片机是通过一组特殊功能寄存器进行管理与控制的,各 ISP/IAP 特殊功能寄存器格式如表 4-3-1 所示。

表 4-3-1　与 ISP/IAP 功能有关的特殊功能寄存器

	地址	B7	B6	B5	B4	B3	B2	B1	B0	复位状态
IAP_DATA	C2H									1111 1111
IAP_ADDRH	C3H									0000 0000
IAP_ADDRL	C4H									0000 0000
IAP_CMD	C5H	—	—	—	—	—	—	MS1	MS0	xxxx x000
IAP_TRIG	C6H									xxxx xxxx
IAP_CONTR	C7H	IAPEN	SWBS	SWRST	CMD_FAIL	—	WT2	WT1	WT0	0000 x000

(1) IAP_DATA:ISP/IAP Flash 数据寄存器。

IAP_DATA 是 ISP/IAP 操作从 Flash 区中读、写数据的数据缓冲寄存器。

(2) IAP_ADDRH、IAP_ADDRL:ISP/IAP Flash 地址寄存器。

IAP_ADDRH、IAP_ADDRL 是 ISP/IAP 操作的地址寄存器。IAP_ADDRH 用于存放操作地址的高 8 位,IAP_ADDRL 用于存放操作地址的低 8 位。

(3) IAP_CMD:ISP/IAP Flash 命令寄存器。

ISP/IAP 操作命令模式寄存器用于设置 ISP/IAP 的操作命令,但必须在命令触发寄存器实施触发后,方可生效。

- MS1/MS0 =0/0 时,为待机模式,无 ISP/IAP 操作。
- MS1/MS0 =0/1 时,对数据 Flash(EEPROM)区进行字节读。
- MS1/MS0 =1/0 时,对数据 Flash(EEPROM)区进行字节编程。

- MS1/MS0 ＝1/1 时，对数据 Flash(EEPROM)区进行扇区擦除。

（4）IAP_TRIG：ISP/IAP Flash 命令触发寄存器。

ISP/IAP 操作的命令触发寄存器，在 IAPEN＝1 时，对 IAP_TRIG 先写入 5AH，再写入 A5H，ISP/IAP 命令生效。

（5）IAP_CONTR：ISP/IAP Flash 控制寄存器。

- IAPEN：ISP/IAP 功能允许位。IAPEN＝1，允许 ISP/IAP 操作改变数据 Flash；IAPEN＝0，禁止 ISP/IAP 操作改变数据 Flash。
- SWBS、SWRST：软件复位控制位，在软件复位中已说明。
- CMD_FAIL：ISP/IAP Flash 命令触发失败标志。当地址非法时，引起触发失败，CMD_FAIL 标志为 1，需由软件清零。
- WT2、WT1、WT0：ISP/IAP Flash 操作时，CPU 等待时间的设置位。具体设置情况如表 4-3-2 所示。

表 4-3-2　ISP/IAP 操作 CPU 等待时间的设置

WT2	WT1	WT0	CPU 等待时间（系统时钟）			
			编程(55μs)	读	扇区擦除(21ms)	系统时钟 f_{SYS}
1	1	1	55	2	21012	$f_{SYS}<1MHz$
1	1	0	110	2	42024	$1MHz<f_{SYS}<2MHz$
1	0	1	165	2	63036	$2MHz<f_{SYS}<3MHz$
1	0	0	330	2	126072	$3MHz<f_{SYS}<6MHz$
0	1	1	660	2	252144	$6MHz<f_{SYS}<12MHz$
0	1	0	1100	2	420240	$12MHz<f_{SYS}<20MHz$
0	0	1	1320	2	504288	$20MHz<f_{SYS}<24MHz$
0	0	0	1760	2	672384	$24MHz<f_{SYS}<30MHz$

 任务实施

1. 任务功能

EEPROM 测试。当程序开始运行时，点亮 P1.7 控制的 LED 灯，接着进行扇区擦除并检验。若擦除成功，点亮 P1.6 控制的 LED 灯，接着从 EEPROM 0000H 开始写入数据。写完后，点亮 P4.7 控制的 LED 灯，接着进行数据校验。若校验成功，点亮 P4.6 控制的 LED 灯，测试成功；否则，P4.6 控制的 LED 灯闪烁，表示测试失败。

2. 硬件设计

采用 STC15-Ⅳ版实验箱电路进行测试，P1.7、P1.6、P4.7、P4.6 控制的 LED 灯 LED7、LED8、LED9、LED10 分别用作工作指示灯、擦除成功指示灯、编程成功指示灯、校验成功指示灯（含测试失败指示）。

3. 软件设计

1）程序说明

（1）IAP15W4K58S4 单片机 EEPROM 的测试，按照擦除、编程、读取与校验的流程

进行。

（2）对 EEPROM 的操作包括擦除、编程与读取，涉及的特殊功能寄存器较多。为了便于阅读与管理程序，把对 EEPROM 擦除、编程与读取的操作函数放在一起，生成一个 C 文件，并命名为 EEPROM.c。使用时，利用包含指令，将 EEPROM.c 包含到主文件中，在主文件中就可以直接调用 EEPROM 的相关操作函数。

2）EEPROM 操作函数源程序清单（EEPROM.c）

```c
/* --------------------- 定义 IAP 操作模式字与测试地址 --------------------- */
#define   CMD_IDLE      0            //无效模式
#define   CMD_READ      1            //读命令
#define   CMD_PROGRAM   2            //编程命令
#define   CMD_ERASE     3            //擦除命令
#define   ENABLE_IAP    0x82         //允许 IAP,并设置等待时间
#define   IAP_ADDRESS   0xe000       //EEPROM 操作起始地址


/* --------------------- 写 EEPROM 字节子函数 --------------------- */
void IapProgramByte(uint addr,   uchar dat)    //对字节地址所在扇区擦除
{
    IAP_CONTR = ENABLE_IAP;              //设置等待时间,并允许 IAP 操作
    IAP_CMD = CMD_PROGRAM;               //送编程命令 0x02
    IAP_ADDRL = addr;                    //设置 IAP 编程操作地址
    IAP_ADDRH = addr >> 8;
    IAP_DATA = dat;                      //设置编程数据
    IAP_TRIG = 0x5a;                     //对 IAP_TRIG 先送 0x5a,再送 0xa5,触发 IAP 启动
    IAP_TRIG = 0xa5;
    _nop_();                             //稍等待操作完成
    IAP_CONTR = 0x00;                    //关闭 IAP 功能
}
/* --------------------- 扇区擦除 --------------------- */
void IapEraseSector(uint addr)
{
    IAP_CONTR = ENABLE_IAP;              //设置等待时间 3,并允许 IAP 操作
    IAP_CMD = CMD_ERASE;                 //送扇区删除命令 0x03
    IAP_ADDRL = addr;                    //设置 IAP 扇区删除操作地址
    IAP_ADDRL = addr >> 8;
    IAP_TRIG = 0x5a;                     //对 IAP_TRIG 先送 0x5a,再送 0xa5,触发 IAP 启动
    IAP_TRIG = 0xa5;
    _nop_();                             //稍等待操作完成
    IAP_CONTR = 0x00;                    //关闭 IAP 功能
}
/* --------------------- 读 EEPROM 字节子函数 --------------------- */
uchar   IapReadByte(uint   addr)             //形参为高位地址和低位地址
{
    uchar   dat;
    IAP_CONTR = ENABLE_IAP;              //设置等待时间,并允许 IAP 操作
    IAP_CMD = CMD_READ;                  //送读字节数据命令 0x01
    IAP_ADDRL = addr;                    //设置 IAP 读操作地址
    IAP_ADDRH = addr >> 8;
    IAP_TRIG = 0x5a;                     //对 IAP_TRIG 先送 0x5a,再送 0xa5,触发 IAP 启动
```

```
    IAP_TRIG = 0xa5;
    _nop_();                        //稍等待操作完成
    dat = IAP_DATA;                 //返回读出数据
    IAP_CONTR = 0x00;               //关闭 IAP 功能
    return dat;
}
```

3) 主函数源程序清单(项目四任务 3. c)

```
# include <STC15. h>              //包含支持 IAP15W4K58S4 单片机的头文件
# include < intrins. h>
# include < gpio. h>              //I/O 初始化文件
# define uchar unsigned char
# define uint unsigned int
# include"EEPROM. c"              //EEPROM 操作函数文件
/* -------------- 延时子函数,从 STC-ISP 在线编程软件工具中获取 -------------- */
void Delay500ms()                 //@11.0592MHz
{
    unsigned char i, j, k;

    _nop_();
    _nop_();
    i = 22;
    j = 3;
    k = 227;
    do
    {
        do
        {
            while ( -- k);
        } while ( -- j);
    } while ( -- i);
}
/* --------------------- 主函数 --------------------- */
void main()
{
    uint i;
    gpio();                       //I/O 初始化
    P17 = 0;                      //程序运行时,点亮 P1.7 控制的 LED 灯
    Delay500ms();
    IapEraseSector(IAP_ADDRESS);     //扇区擦除
    for(i = 0;i < 512; i++)
    {
        if(IapReadByte (IAP_ADDRESS + i)!= 0xff)
        goto Error;               //转错误处理
    }
    P16 = 0;                      //扇区擦除成功,再点亮 P1.6 控制的 LED 灯
    Delay500ms();
    for( i = 0;i < 512;i++)
    {
        IapProgramByte (IAP_ADDRESS + i, (uchar)i);
```

```
    }
    P47 = 0;                        //编程完成,再点亮 P4.7 控制的 LED 灯
    Delay500ms();
    for(i = 0;i < 512;i++)
    {
        if(IapReadByte(IAP_ADDRESS + i)!= (uchar)i)
        goto Error;                 //转错误处理
    }
    P46 = 0;                        //编程校验成功,再点亮 P4.6 控制的 LED 灯
    while(1);
Error:                              //若扇区擦除不成功或编程校验不成功,P4.6 控制的 LED 灯闪烁
    while(1)
    {
        P46 = ~P46;
        Delay500ms();
    }
}
```

4. 硬件连线与调试

(1) 用 USB 线将 PC 与 STC15-Ⅳ版实验箱相连接。

(2) 用 Keil C 编辑、编译项目四任务 3.c 程序,生成机器代码文件:项目四任务 3.hex。

(3) 运行 STC-ISP 在线编程软件,将项目四任务 3.hex 下载到 STC15-Ⅳ版实验箱单片机中。下载完毕,自动进入运行模式,观察 LED7、LED8、LED9、LED10 的运行结果。

(4) 修改程序,将 EEPROM 操作起始地址改为 E700H,然后编辑、编译与调试程序。

 任务拓展

将密码"1234"存入 EEPROM 的 E000H、E001H 中,然后从 P1、P2 读取数据,并与 EEPROM 的 E000H、E001H 中的数据进行比较。若相等,LED7 灯亮;否则,LED10 灯闪烁。试编写程序,并上机调试。

习　题

1. 简述 IAP15W4K58S4 单片机的存储结构。说明程序存储器与 EEPROM 的存储介质类型。

2. 简述特殊功能寄存器与一般数据存储器之间的区别。

3. 简述低 128 字节中的工作寄存器组的工作特性。当前工作寄存器组的组别是如何选择的?

4. 在低 128 字节中,哪个区域的寄存器具有位寻址功能? 在编程应用中,如何表示位地址?

5. 在特殊功能寄存器中,只有部分特殊寄存器具有位寻址功能。如何判断具有位寻址功能的特殊功能寄存器? 可位寻址位的位地址与其对应的字节地址之间有什么规律?

6. 在 C 语言编程应用中,如何表示特殊功能寄存器的位地址?

7. 特殊功能寄存器的地址与高 128 字节的地址是重叠(冲突)的,在寻址时应如何区分?

8. 如果 CPU 的当前工作寄存器组为 2 组,此时 R2 对应的 RAM 地址是多少?

9. 函数是 C 语言程序的基本模块,那么,函数与函数之间的关系是怎样的?

10. 在 C 语言程序中,哪个函数是必需的? C 语言程序的执行顺序是如何决定的?

11. 若主函数与子函数在同一个程序文件中,调用时应注意什么? 若主函数与子函数分属在不同的程序文件中,调用时有什么要求?

12. 函数的调用方式主要有 3 种,请举例说明。

13. 全局变量与局部变量的区别是什么? 如何定义全局变量与局部变量?

14. Keil C 编译器相比 ANSI C,多了哪些数据类型? 举例说明如何定义单字节数据。

15. sfr、sbit 是 Keil C 编译器部分新增的关键词,请说明其含义。

16. Keil C 编译器支持哪些存储器类型? Keil C 编译器的编译模式与默认存储器类型的关系是怎样的? 在实际应用中,最常用的编译模式是什么?

17. 在程序存储器中,定义存储共阴极数码管的字形数据:3FH、06H、5BH、4FH、66H、6DH、7DH、07H、7FH、6FH,并编程将这些字形数据存储到 EEPROM E000H ~ E009H 单元中。

18. 编程将数据 100 存入 EEPROM E200H 单元和片内扩展 RAM 0200H 单元中;然后读取 EEPROM E200H 单元内容,并与片内扩展 RAM 0200H 单元内容相比较。若相等,点亮 P1.7 控制的 LED 灯;否则,P1.7 控制的 LED 灯闪烁。

19. 编程读取 EEPROM E001H 单元中的数据。若数据中"1"的个数为偶数,点亮 P1.7 控制的 LED 灯;否则,点亮 P1.6 控制的 LED 灯。

20. 简述数据运算与逻辑运算的区别。

21. 若输入的是 BCD 码数据,如何实现 BCD 码数据的加法运算?

22. 若乘法的乘数与被乘数都是 8 位二进制数,那么结果的最大值是多少位二进制数?

23. 解释 x/y、x%y 的含义。将算术运算结果送到 LED 数码管显示时,如何分解个位、十位、百位等数字位?

IAP15W4K58S4
单片机的定时器/计数器

　　在控制系统中,常常要求有一些定时或延时控制,如定时输出、定时检测和定时扫描等;也往往要求有计数功能,能对外部事件进行计数。

　　要实现上述功能,一般采用下面三种方法。

　　(1) 软件定时:让 CPU 循环执行一段程序,实现软件定时。但软件定时占用了 CPU 时间,降低了 CPU 的利用率,因此软件定时的时间不宜太长。

　　(2) 硬件定时:采用时基电路(例如 555 定时芯片),外接必要的元器件(电阻和电容),可构成硬件定时电路。这种定时电路在硬件连接好以后,定时值和定时范围不能由软件控制和修改,即不可编程。

　　(3) 可编程的定时器:这种定时器的定时值及定时范围可以很容易地用软件来确定和修改,因此功能强,使用灵活,例如 8253 可编程芯片。

　　IAP15W4K58S4 单片机的硬件上集成有 5 个 16 位的可编程定时器/计数器,即定时器/计数器 0、1、2、3 和 4,简称 T0、T1、T2、T3 和 T4。

　　知识点:

　　◇ 定时器/计数器的结构和功能;

　　◇ 定时器/计数器的初值计算;

　　◇ 工作方式与控制寄存器的初始化;

　　◇ 可编程时钟输出的原理。

　　技能点:

　　◇ 定时器/计数器的初值计算;

　　◇ 工作方式与控制寄存器的初始化;

　　◇ 定时应用程序的设计和实现;

　　◇ 计数应用程序的设计和实现;

　　◇ 可编程时钟输出的应用编程。

任务 1　IAP15W4K58S4 单片机的定时控制

任务说明

　　单片机中的定时（延时）可以采用软件的方法实现，但软件延时完全占用 CPU，大大地降低了 CPU 的工作效率。采用单片机内部接口——定时器/计数器能很好地解决定时问题。本任务主要介绍单片机定时器/计数器的定时功能。

相关知识

1. IAP15W4K58S4 单片机定时器/计数器（T0/T1）的结构和工作原理

　　IAP15W4K58S4 单片机内部有 5 个 16 位定时器/计数器，即 T0、T1、T2、T3 和 T4。下面首先介绍 T0 和 T1，其结构框图如图 5-1-1 所示。TL0、TH0 是定时器/计数器 T0 的低 8 位、高 8 位状态值，TL1、TH1 是定时器/计数器 T1 的低 8 位、高 8 位状态值。TMOD 是 T0、T1 定时器/计数器的工作方式寄存器，由它确定定时器/计数器的工作方式和功能；TCON 是 T0、T1 定时器/计数器的控制寄存器，用于控制 T0、T1 的启动与停止，以及记录 T0、T1 的计满溢出标志；AUXR 称为辅助寄存器，其中 T0x12、T1x12 用于设定 T0、T1 内部计数脉冲的分频系数。P3.4，P3.5 分别为定时器/计数器 T0、T1 的外部计数脉冲输入端。

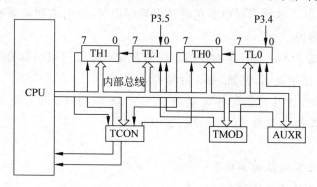

图 5-1-1　T0、T1 定时器/计数器结构框图

　　T0、T1 定时器/计数器的核心电路是一个加 1 计数器，如图 5-1-2 所示。加 1 计数器的脉冲有两个来源：一个是外部脉冲源 T0（P3.4）和 T1（P3.5），另一个是系统的时钟信号。计数器对两个脉冲源之一进行输入计数，每输入一个脉冲，计数值加 1。当计数到计数器为

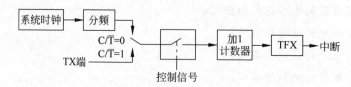

图 5-1-2　IAP15W4K58S4 单片机计数器电路框图

全"1"时,再输入一个脉冲,就使计数值回零,同时使计数器计满溢出标志位 TF0 或 TF1 置"1",并向 CPU 发出中断请求。

(1) 定时功能:当脉冲源为系统时钟(等间隔脉冲序列)时,由于计数脉冲为一个时间基准,脉冲数乘以计数脉冲周期(系统周期或 12 倍系统周期)就是定时时间。即当系统时钟确定时,计数器的计数值就确定了时间。

(2) 计数功能:当脉冲源为单片机外部引脚的输入脉冲时,就是外部事件的计数器。如对于定时器/计数器 T0,在其对应的计数输入端 T0(P3.4)有一个负跳变时,T0 计数器的状态值加 1。外部输入信号的速率是不受限制的,但必须保证给出的电平在变化前至少被采样一次。

2. IAP15W4K58S4 单片机定时器/计数器(T0/T1)的控制

IAP15W4K58S4 单片机内部定时器/计数器(T0/T1)的工作方式和控制由 TMOD、TCON 和 AUXR 这三个特殊功能寄存器管理。

(1) TMOD:设置定时器/计数器(T0/T1)的工作方式与功能。

(2) TCON:控制定时器/计数器(T0/T1)的启动与停止,并包含定时器/计数器(T0/T1)的溢出标志位。

(3) AUXR:设置定时计数脉冲的分频系数。

1) 工作方式寄存器 TMOD

TMOD 为 T0、T1 的工作方式寄存器,其格式如下:

地址	B7	B6	B5	B4	B3	B2	B1	B0	复位值
TMOD 89H	GATE	C/$\overline{\text{T}}$	M1	M0	GATE	C/$\overline{\text{T}}$	M1	M0	0000 0000
	← 定时器/计数器1 →				← 定时器/计数器0 →				

TMOD 的低 4 位为 T0 的方式字段,高 4 位为 T1 的方式字段,它们的含义完全相同。

(1) M1 和 M0:T0、T1 工作方式选择位,其定义如表 5-1-1 所示。

表 5-1-1 T0、T1 的工作方式

M1	M0	工作方式	功 能 说 明
0	0	方式 0	自动重装初始值的 16 位定时器/计数器(推荐)
0	1	方式 1	16 位定时器/计数器
1	0	方式 2	自动重装初始值的 8 位定时器/计数器
1	1	方式 3	定时器 0:分成两个 8 位定时器/计数器 定时器 1:停止计数

(2) C/$\overline{\text{T}}$:功能选择位。C/$\overline{\text{T}}=0$ 时,设置为定时工作模式;C/$\overline{\text{T}}=1$ 时,设置为计数工作模式。

(3) GATE:门控位。当 GATE=0 时,软件控制位 TR0 或 TR1 置 1,即可启动定时器/计数器 T0 或 T1;当 GATE=1 时,软件控制位 TR0 或 TR1 须置 1,同时须 INT0(P3.2) 或 INT1(P3.3)引脚输入为高电平,方可启动定时器/计数器 T0 或 T1,即允许外部中断 INT0(P3.2)、INT1(P3.3)输入引脚信号参与控制定时器/计数器 T0 或 T1 的启动与停止。

TMOD 不能位寻址,只能用字节指令设置定时器工作方式,高 4 位定义 T1,低 4 位定义 T0。复位时,TMOD 所有位均置“0”。

例如,需要设置定时器 1 工作于方式 1 定时模式,定时器 1 的启停与外部中断 INT1 (P3.3)输入引脚信号无关,则 M1＝0,M0＝1,C/$\overline{\text{T}}$＝0,GATE＝0。因此,高 4 位应为 0001;定时器 0 未用,低 4 位可随意置数,一般将其设为 0000。因此,指令形式为:

```
TMOD = 0x10;
```

2) 定时器/计数器控制寄存器 TCON

TCON 的作用是控制定时器/计数器的启动与停止,记录定时器/计数器的溢出标志, 以及控制外部中断。定时器/计数器控制字 TCON 的格式如下:

	地址	B7	B6	B5	B4	B3	B2	B1	B0	复位值
TCON	88H	TF1	TR1	TF0	TR0	IE1	IT1	IE0	IT0	0000 0000

(1) TF1:定时器/计数器 1 溢出标志位。当定时器/计数器 1 计满产生溢出时,由硬件 自动置位 TF1。在中断允许时,向 CPU 发出中断请求;中断响应后,由硬件自动清除 TF1 标志。也可通过查询 TF1 标志,判断计满溢出时刻。查询结束后,用软件清除 TF1 标志。

(2) TR1:定时器/计数器 1 运行控制位。由软件置“1”或清零来启动或关闭定时器/计 数器 1。当 GATE＝0 时,TR1 置“1”,即可启动定时器/计数器 1;当 GATE＝1 时,TR1 置 “1”且 INT1(P3.3)输入引脚信号为高电平时,方可启动定时器/计数器 1。

(3) TF0:定时器/计数器 0 溢出标志位。当定时器/计数器 0 计满产生溢出时,由硬件 自动置位 TF0。在中断允许时,向 CPU 发出中断请求;中断响应后,由硬件自动清除 TF0 标志。也可通过查询 TF0 标志,判断计满溢出时刻。查询结束后,用软件清除 TF0 标志。

(4) TR0:定时器/计数器 0 运行控制位。由软件置“1”或清零来启动或关闭定时器/计 数器 0。当 GATE＝0 时,TR0 置“1”,即可启动定时器/计数器 0;当 GATE＝1 时,TR0 置 “1”且 INT0(P3.2)输入引脚信号为高电平时,方可启动定时器/计数器 0。

TCON 中的低 4 位用于控制外部中断,与定时器/计数器无关,留待项目六介绍。当系 统复位时,TCON 的所有位均清零。

TCON 的字节地址为 88H,可以位寻址,清除溢出标志位或启动、停止定时器/计数器 都可以用位操作指令实现。

3) 辅助寄存器 AUXR

辅助寄存器 AUXR 的 T0x12、T1x12 用于设定 T0、T1 定时计数脉冲的分频系数,格式 如下:

	地址	B7	B6	B5	B4	B3	B2	B1	B0	复位值
AUXR	8EH	T0x12	T1x12	UART_M0x6	T2R	T2_C/$\overline{\text{T}}$	T2x12	EXTRAM	S1ST2	0000 0000

(1) T0x12:用于设置定时器/计数器 0 定时计数脉冲的分频系数。当 T0x12＝0 时,定 时计数脉冲完全与传统 8051 单片机的计数脉冲一样,计数脉冲周期为系统时钟周期的 12 倍,即 12 分频;当 T0x12＝1 时,计数脉冲为系统时钟脉冲,计数脉冲周期等于系统时钟 周期,即无分频。

(2) T1x12:用于设置定时器/计数器 1 定时计数脉冲的分频系数。当 T1x12＝0 时,定时计数脉冲完全与传统 8051 单片机的计数脉冲一样,计数脉冲周期为系统时钟周期的 12 倍,即 12 分频;当 T1x12＝1 时,计数脉冲为系统时钟脉冲,计数脉冲周期等于系统时钟周期,即无分频。

3. IAP15W4K58S4 单片机定时器/计数器(T0/T1)的工作方式

通过设置 TMOD 的 M1、M0,定时器/计数器有 4 种工作方式,分别为方式 0、方式 1、方式 2 和方式 3。其中,定时器/计数器 0 可以工作在这 4 种工作方式中的任何一种,而定时器/计数器 1 只具备方式 0、方式 1 和方式 2。除工作方式 3 以外,其他 3 种工作方式下,定时器/计数器 0 和定时器/计数器 1 的工作原理是相同的。下面以定时器/计数器 0 为例,介绍定时器/计数器的 4 种工作方式。

1) 方式 0

方式 0 是一个可自动重装初始值的 16 位定时器/计数器,其结构如图 5-1-3 所示。T0 定时器/计数器有两个隐含的寄存器 RL_TH0、RL_TL0,用于保存 16 位定时器/计数器的重装初始值。当 TH0、TL0 构成的 16 位计数器计满溢出时,RL_TH0、RL_TL0 的值自动装入 TH0、TL0。RL_TH0 与 TH0 共用同一个地址,RL_TL0 与 TL0 共用同一个地址。当 TR0＝0 时,若对 TH0、TL0 寄存器写入数据,会同时写入 RL_TH0、RL_TL0 寄存器;当 TR0＝1 时,若对 TH0、TL0 写入数据,只写入 RL_TH0、RL_TL0 寄存器,不会写入 TH0、TL0 寄存器,这样不会影响 T0 的正常计数。当对 TH0、TL0 读取数据时,取得的数据是 TH0、TL0 的状态值。

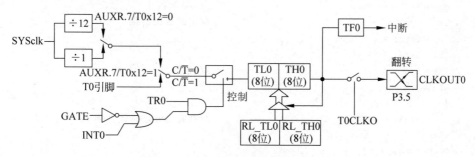

图 5-1-3　定时器/计数器的工作方式 0

当 C/$\overline{\text{T}}$＝0 时,多路开关连接系统时钟的分频输出,定时器/计数器 0 对定时计数脉冲计数,即定时工作方式。由 T0x12 决定如何对系统时钟分频。当 T0x12＝0 时,使用 12 分频(与传统 8051 单片机兼容);当 T0x12＝1 时,直接使用系统时钟(即不分频)。

当 C/$\overline{\text{T}}$＝1 时,多路开关连接外部输入脉冲引脚 T0(P3.4),定时器/计数器 0 对 T0(P3.4)引脚输入脉冲计数,即计数工作方式。

门控位 GATE 的作用是:一般情况下,应使 GATE 为"0",这样,定时器/计数器 0 的运行控制仅由 TR0 位的状态确定(TR0 为"1"时启动,TR0 为"0"时停止)。只有在启动计数要由外部输入引脚 INT0(P3.2)控制时,才使 GATE 为"1"。由图 5-1-3 可知,当 GATE＝1 时,TR0 为"1"且 INT0 引脚输入高电平时,定时器/计数器 0 才能启动计数。利用 GATE 的这一功能,可以很方便地测量脉冲宽度。

当 T0 工作在定时方式时,定时时间的计算公式如下:

$$定时时间＝(2^{16}-T0 定时器的初始值)×系统时钟周期×12^{(1-T0x12)}$$

注：传统 8051 单片机定时器/计数器 T0 的方式 0 为 13 为定时器/计数器，没有 RL_TH0 和 RL_TL0 两个隐含的寄存器，新增的 RL_TH0 和 RL_TL0 也没有分配新的地址。同理，针对 T1 定时器/计数器也增加了 RL_TH1 和 RL_TL1，用于保存 16 位定时器/计数器的重装初始值。当 TH1、TL1 构成的 16 位计数器计满溢出时，RL_TH1 和 RL_TL1 的值自动装入 TH1 和 TL1。RL_TH1 与 TH1 共用同一个地址，RL_TL1 与 TL1 共用同一个地址。

例 5-1-1 用 T1 方式 0 实现定时，在 P1.6 引脚输出周期为 10ms 的方波。

解：根据题意，采用 T1 方式 0 定时。因此，TMOD＝00H。

因为方波周期是 10ms，因此 T1 的定时时间为 5ms。每 5ms 时间到，就对 P1.6 取反，实现在 P1.6 引脚输出周期为 10ms 的方波。系统采用 12MHz 晶振，分频系数为 12，即定时脉钟周期为 $1\mu s$，则 T1 的初值为

$$X＝2^{16}－计数值＝65536－5000＝60536＝EC78H$$

即（TH1）＝ECH，（TL1）＝78H。

```
# include <stc15.h>                    //包含支持 IAP15W4K58S4 单片机的头文件
# include <intrins.h>
# include <gpio.h>                      //I/O 初始化文件
# define uchar unsigned char
# define uint unsigned int
void main(void)
{
    gpio();                            //I/O 初始化
    TMOD = 0x00;                        //定时器初始化
    TH1 = 0xec;
    TL1 = 0x78;
    TR1 = 1;                            //启动 T1
    while(1)
    {
        if(TF1 == 1)                   //判断 5ms 定时是否到
        {
            TF1 = 0;
            P16 = !P16;                //5ms 定时,取反输出
        }
    }
}
```

例 5-1-2 用单片机定时器/计数器的定时功能，设计一个时间间隔为 1s 的流水灯电路。

解：设系统时钟为 12MHz，采用 12 分频脉冲为 T0 的计数周期，则计数周期大约为 $1\mu s$，T0 定时器最大定时时间为 65.536ms，远小于 1s。因此，需要采用累计 T0 定时的方法实现 1s 的定时。拟采用 T0 的定时时间为 50ms，累计 20 次，即为 1s。

设流水灯是低电平驱动，采用 P0 口输出进行驱动，初始值为 FEH。

源程序清单如下：

```
# include <stc15.h>                    //包含支持 IAP15W4K58S4 单片机的头文件
# include <intrins.h>
# include <gpio.h>                      //I/O 初始化文件
```

```
# define uchar unsigned char
# define uint unsigned int
uchar cnt = 0;
uchar x = 0xfe;
void Timer0Init(void)    //50 毫秒@12.000MHz,从 STC-ISP 在线编程软件定时器计算器工具中获得
{
    AUXR &= 0x7f;                    //定时器时钟 12T 模式
    TMOD &= 0xf0;                    //设置定时器模式
    TL0 = 0xb0;                      //设置定时初值
    TH0 = 0x3c;                      //设置定时初值
    TF0 = 0;                         //清除 TF0 标志
    TR0 = 1;                         //定时器 0 开始计时
}
void main(void)
{
    gpio();
    Timer0Init();
    P0 = x;
    while(1)
    {
        if(TF0 == 1)
        {
            TF0 = 0;
            cnt++;
            if(cnt == 20)
            {
                cnt = 0;
                x = _crol_(x,1);
                P0 = x;
            }
        }
    }
}
```

2) 方式 1、方式 2、方式 3

方式 1 是 16 位定时器/计数器；方式 2 是可重装初始值的 8 位定时器/计数器；对于方式 3，T0 可拆成 2 个 8 位的定时器/计数器，T1 停止计数。

方式 0 是可重装初始值的 16 位定时器/计数器，可实现方式 1 和方式 2 的功能，而方式 3 不常使用。为此，本书仅介绍方式 0。

4. IAP15W4K58S4 单片机定时器/计数器（T0/T1）的定时初始化

IAP15W4K58S4 单片机的定时器/计数器是可编程的。因此，在利用定时器/计数器进行定时之前，先要通过软件对它初始化。

定时器/计数器初始化程序应完成如下工作。

(1) 对 TMOD 赋值，以确定 T0 和 T1 的工作方式，推荐采用方式 0。

(2) 对 AUXR 赋值，确定定时脉冲的分频系数，默认为 12 分频，与传统 8051 单片机兼容。

（3）计算初值，并将其写入 TH0、TL0 或 TH1、TL1。

C 语言编程时，给出计算初始值的算式即可，如方式 0 时，有

$$TH0（或 TH1）＝（65536－定时时间/计数周期）/256$$
$$TL0（或 TL1）＝（65536－定时时间/计数周期）\%256$$

（4）若为中断方式，则对 IE 赋值，开放中断，必要时，还需对 IP 操作，确定各中断源的优先等级。

（5）置位 TR0 或 TR1，启动 T0 和 T1 开始定时。

提示：定时器的初始化程序可从 STC-ISP 在线编程工具中获得，如例 5-1-2 程序中加底纹部分。

 任务实施

1．任务要求

用 T0 定时器设计一个秒表。设置一个开关，当开关合上时，定时器停止计时；当开关断开时，从 0 开始计时，计到 100 时自动归 0，采用 LED 数码管显示秒表的计时值。

2．硬件设计

采用 STC15-Ⅳ版实验箱实现，SW17 用作控制开关，74HC595 驱动的 8 位 LED 数码管用作秒表的显示器。为了降低初学者的学习难度，这里不分析 74HC595 芯片驱动的 8 位共阴极 LED 数码管的电路，直接引用即可，具体电路原理以及程序分析在项目九任务 1 中介绍。LED 数码显示电路模块占用 IAP15W4K58S4 单片机的 P4.0、P4.3、P5.4 端口，电路原理图如图 5-1-4 所示。

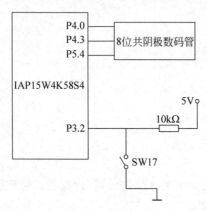

图 5-1-4　秒表控制电路

3．软件设计

1）程序说明

秒信号实现参照例 5-1-2。秒表的显示单独设计一个文件，便于本次任务以及后续所有需要数码管显示的任务使用。

2）数码管显示文件（595hc.h）

显示函数名 display（），显示函数的入口参数是 Dis_buf[0]～Dis_buf[7]。Dis_buf[0]是最高位显示缓冲区，Dis_buf[7]是最低位显示缓冲区。使用时，只需将要显示的数据存入对应位置的显示缓冲区即可。

```
/* -------------- I/O 口定义 ---------------- */
sbit P_HC595_SER = P4 ^0;                    //pin 14  数据输入端
sbit P_HC595_RCLK = P5 ^4;                   //pin 12  存储时钟
sbit P_HC595_SRCLK = P4 ^3;                  //pin 11  移位时钟
/* -------------- 段控制码、位控制码、显示缓冲区的定义 ---------------- */
uchar code SEG7[ ] =
```

```
{0x3f,0x06,0x5b,0x4f,0x66,0x6d,0x7d,0x07,0x7f,0x6f,0x77,0x7c,0x39,0x5e,0x79,0x71,0x00};
        //"0、1、2、3、4、5、6、7、8、9、A、B、C、D、E、F、灭"的共阴极字形码
uchar code Scan_bit[ ] = {0xfe,0xfd,0xfb,0xf7,0xef,0xdf,0xbf,0x7f};        //位控制码
uchar data Dis_buf[ ] = {16,16,16,16,16,16,16,0};       //显示缓冲区定义
void Delay1ms()                              //@11.0592MHz,从 STC-ISP 在线编程工具中获得
{
    unsigned char i, j;

    _nop_();
    _nop_();
    _nop_();
    i = 11;
    j = 190;
    do
    {
        while ( -- j);
    } while ( -- i);
}
```

```
/* ------------ 向 595 发送字节函数 ---------------- */
void F_Send_595(uchar x)
{
    uchar i;
    for(i = 0;i < 8;i++)
    {
        x = x << 1;
        P_HC595_SER = CY;
        P_HC595_SRCLK = 1;
        P_HC595_SRCLK = 0;
    }
}
/* ------------ 数码管函数 -------------------- */
void display(void)
{
    uchar i;
    for(i = 0;i < 8;i++)
    {
        F_Send_595(Scan_bit[i]);              //发送位控制码数据
        F_Send_595(SEG7[Dis_buf[i]]);         //发送字形码数据
        P_HC595_RCLK = 1;
        P_HC595_RCLK = 0;
            Delay1ms();
    }
}
```

3) 主文件(项目五任务 1.c)

```
# include < stc15.h >                    //包含支持 IAP15W4K58S4 单片机的头文件
# include < intrins.h >
# include < gpio.h >                     //I/O 初始化文件
# define uchar unsigned char
# define uint unsigned int
```

```
#include <595hc.h>
uchar cnt = 0;
uchar second = 0;
sbit SW17 = P3^2;
void Timer0Init(void)      //50毫秒@12.000MHz,从STC-ISP在线编程软件定时器计算器工具中获得
{
    AUXR &= 0x7f;                      //定时器时钟12T模式
    TMOD &= 0xf0;                      //设置定时器模式
    TL0 = 0xb0;                        //设置定时初值
    TH0 = 0x3c;                        //设置定时初值
    TF0 = 0;                           //清除TF0标志
    TR0 = 1;                           //定时器0开始计时
}
void start(void)
{
    if(SW17 == 1)                      //SW17松开时,计时
    {
        TR0 = 1;
    }
    else
        TR0 = 0;                       //SW17合上时,停止计时
}
void main(void)
{
    gpio();                            //I/O初始化
    Timer0Init();                      //定时器初始化
    while(1)
    {
        display();                     //数码管显示
        start();                       //启停控制
        if(TF0 == 1)                   //50ms到了,清TF0,50ms计数变量加1
        {
            TF0 = 0;
            cnt++;
            if(cnt == 20)              //1s到了,清50ms计数变量,秒计数变量加1
            {
                cnt = 0;
                second++;
                if(second == 100)second = 0;   //100s到了,秒计数变量清零
                Dis_buf[7] = second % 10;       //秒计数变量值送显示缓冲区
                Dis_buf[6] = second/10;
            }
        }
    }
}
```

4. 系统调试

(1) 用 USB 线将 PC 与 STC15-Ⅳ版实验箱相连接。

(2) 用 Keil C 编辑、编译程序项目五任务 1. c,生成机器代码文件:项目五任务 1. hex。

(3) 运行 STC-ISP 在线编程软件,将项目五任务 1. hex 下载到 STC15-Ⅳ版实验箱单片机。下载完毕,自动进入运行模式,观察数码管的显示结果并记录。

- 当 SW17＝1 时,秒表的运行状态。
- 当 SW17＝0 时,秒表的运行状态。

任务拓展

用 T1 定时器设计一个秒表。设置一个开关,当开关断开时,定时器停止计时;当开关合上时,秒表归零,并从 0 开始计时,计到 100 时自动归零;增加高位灭零功能。试编写程序,然后编辑、编译与调试程序。

任务 2　IAP15W4K58S4 单片机的计数控制

任务说明

本任务主要介绍 IAP15W4K58S4 单片机的定时器/计数器的计数功能,使学生掌握 IAP15W4K58S4 单片机的定时器/计数器计数的应用编程。

相关知识

IAP15W4K58S4 单片机定时器/计数器(T0/T1)的计数初始化

IAP15W4K58S4 单片机定时器/计数器的计数一般有两种情况:一是从 0 开始计数,统计脉冲事件的个数,这时,计数的初始值为 0;二是计数的循环控制,这种计数控制与定时控制一样,要利用计数溢出标志,计数器的初始值为计满状态值减去循环控制次数。

定时器/计数器计数初始化程序应完成如下工作。

(1) 对 TMOD 赋值,确定 T0 和 T1 为计数状态,推荐采用方式 0。

(2) 置零 TH0、TL0 或 TH1、TL1。

(3) 置位 TR0 或 TR1,启动 T0 和 T1 开始计数。

任务实施

1. 任务要求

使用 T1 定时器/计数器设计一个脉冲计数器,采用 LED 数码管显示。

2. 硬件设计

利用 STC15-Ⅳ版实验箱实现,74HC595 驱动的 8 位 LED 数码管显示计数值,计数脉冲从 T1 引脚(P3.5)输入。

3. 软件设计

1) 程序说明

T1 采用方式 0 计数,计数最大值为 65535,计数值分成万、千、百、十、个位,送数码管显示。当计数到 65536 时,计数器值返回到 0。

2) 源程序清单(项目五任务 2.c)

```
# include < stc15.h>              //包含支持 IAP15W4K58S4 单片机的头文件
# include < intrins.h>
# include < gpio.h>               //I/O 初始化文件
# define uchar unsigned char
# define uint unsigned int
# include < 595hc.h>
uint counter = 0;
/* --------- 计数器的初始化 ---------------- */
void Timer1_init(void)
{
    TMOD = 0x40;                  //T1 为方式 0 计数状态
    TH1 = 0x00;
    TL1 = 0x00;
    TR1 = 1;
}



/* --------- 主函数(显示程序) -------------- */
void main(void)                   /* 定义主函数 */
{
    uint temp1,temp2;
    gpio();
    Timer1_init ();               //调用计数器初始化子函数
    for(;;)                       //用于实现无限循环
    {
        Dis_buf[7] = counter % 10;
        Dis_buf[6] = counter/10 % 10;
        Dis_buf[5] = counter/100 % 10;
        Dis_buf[4] = counter/1000 % 10;
        Dis_buf[3] = counter/10000 % 10;
        display();                //调用显示子函数 */
        temp1 = TL1;
        temp2 = TH1;              //读取计数值
        counter = (temp2 << 8) + temp1;   //高、低 8 位计数值合并在 counter 变量中
    }
}
```

4. 硬件连线与调试

(1) 用 USB 线将 PC 与 STC15-Ⅳ版实验箱相连接。

(2) 用 Keil C 编辑、编译程序项目五任务 2.c,生成机器代码文件:项目五任务 2.hex。

(3) 运行 STC-ISP 在线编程软件,将项目五任务 2.hex 下载到 STC15-Ⅳ版实验箱单片机。下载完毕,自动进入运行模式,观察数码管的显示结果并记录。

· 利用按键或开关产生计数脉冲信号。

· 接通用信号发生器输出的方波信号。

 知识延伸

1. IAP15W4K58S4 单片机的定时器 T2 的电路结构

IAP15W4K58S4 定时器/计数器 T2 的电路结构如图 5-2-1 所示。T2 的电路结构与
T0、T1 基本一致,但 T2 的工作模式固定为 16 位自动重装初始值模式。T2 可以当定时器、
计数器用,也可以当作串行口的波特率发生器和可编程时钟输出源。

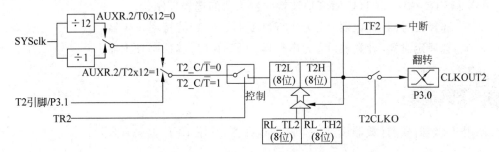

图 5-2-1 定时器 T2 的原理框图

2. IAP15W4K58S4 单片机的定时器/计数器 T2 的控制寄存器

IAP15W4K58S4 单片机内部定时器/计数器 T2 状态寄存器是 T2H 和 T2L,T2 的控制
与管理由特殊功能寄存器 AUXR、INT_CLKO 和 IE2 承担。与定时器/计数器 T2 有关的
特殊功能寄存器如表 5-2-1 所示。

表 5-2-1 与定时器/计数器 T2 有关的特殊功能寄存器

	地址	B7	B6	B5	B4	B3	B2	B1	B0	复位值
T2H	D6H	T2 的高 8 位								0000 0000
T2L	D7H	T2 的低 8 位								0000 0000
AUXR	8EH	T0x12	T1x12	UART_M0x6	T2R	T2_C/$\overline{\text{T}}$	T2x12	EXTRAM	S1ST2	0000 0000
INT_CLKO	8FH		EX4	EX3	EX2	LVD_WAKE	T2CLKO	T1CLKO	T0CLKO	0000 0000
IE2	AFH						ET2	ESPI	ES2	xxxx x000

(1) T2R:定时器/计数器 T2 运行控制位。

- 0:定时器/计数器 T2 停止运行。
- 1:定时器/计数器 T2 运行。

(2) T2_C/$\overline{\text{T}}$:定时、计数选择控制位。

- 0:定时器/计数器 T2 为定时状态,计数脉冲为系统时钟或系统时钟的 12 分频
  信号。
- 1:定时器/计数器 T2 为计数状态,计数脉冲为 P3.1 输入引脚的脉冲信号。

(3) T2x12:定时脉冲的选择控制位。

- 0:定时脉冲为系统时钟的 12 分频信号。
- 1:定时脉冲为系统时钟信号。

（4）T2CLKO：定时器/计数器 T2 时钟输出控制位。

* 0：不允许 P3.0 配置为定时器/计数器 T2 的时钟输出口。
* 1：P3.0 配置为定时器/计数器 T2 的时钟输出口。

（5）ET2：定时器/计数器 T2 的中断允许位。

* 0：禁止定时器/计数器 T2 中断。
* 1：允许定时器/计数器 T2 中断。

T2 的中断向量地址是 0063H，中断号是 12。

（6）S1ST2：串行口 1(UART1)波特率发生器的选择控制位。

* 0：选择定时器/计数器 T1 为串行口 1(UART1)波特率发生器。
* 1：选择定时器/计数器 T2 为串行口 1(UART1)波特率发生器。

使用 T2 定时器/计数器设计一个脉冲计数器，采用 LED 数码管显示。

任务3　简易频率计的设计与实践

综合应用 IAP15W4K58S4 单片机的定时功能与计数功能，设计与实践一个简易频率计。

1. 频率的测量原理

（1）频率的定义：单位时间内通过脉冲的个数称为频率。

（2）频率的测量方法：将单片机定时器/计数器 T0、T1 分别用作定时器、计数器。从定时开始，让计数器从 0 开始计数，定时时间到，读取计数器值。计数值除以定时时间，得到测量的频率值。若定时时间为 1s，计数器值即为频率值。

2. 定时时间与频率测量范围

设定时时间为 t，计数器计数值为 N，则

$$f = N/t$$

当 $t=1s$ 时，$f=N$，则测量范围为 $1\sim65535\,Hz$；

当 $t=0.1s$ 时，$f=N$，则测量范围为 $10\sim655350\,Hz$；

……

但最大的测量值受单片机计数电路硬件的限制。

 **任务实施**

1. 简易频率计的硬件设计

简易频率计采用 STC15-Ⅳ版实验箱实现,74HC595 驱动的 8 位 LED 数码管显示频率值,计数脉冲从 T1 引脚(P3.5)输入。

2. 软件设计

1) 程序说明

T0 用作定时器,50ms 作为基本定时,累计 20 次产生 1s 的信号;T1 用作计数器,每 1s 读取 T1 计数器计数值,并转换为十进制数,送 LED 数码管显示。

2) 源程序清单(项目五任务 3.c)

```
# include < stc15.h>                      //包含支持 IAP15W4K58S4 单片机的头文件
# include < intrins.h>
# include < gpio.h>                       //I/O 初始化文件
# define uchar unsigned char
# define uint unsigned int
# include < 595hc.h>
uint counter = 0;
uchar cnt = 0;
void T0_T1_ini(void)                      //T0、T1 的初始化
{
    TMOD = 0x40;                          //T0 方式 0 定时,T1 方式 0 计数
    TH0 = (65536 - 50000)/256;
    TL0 = (65536 - 50000) % 256;
    TH1 = 0x00;
    TL1 = 0x00;
    TR0 = 1;
    TR1 = 1;
}
/* --------- 主函数 ---------------- */
void main(void)
{
    uint temp1,temp2;
    gpio();
    T0_T1_ini();
    while(1)
    {
        Dis_buf[7] = counter % 10;        //频率值送显示缓冲区
        Dis_buf[6] = counter/10 % 10;
        Dis_buf[5] = counter/100 % 10;
        Dis_buf[4] = counter/1000 % 10;
        Dis_buf[3] = counter/10000 % 10;
        display();                        //数码管显示
        if(TF0 == 1)
        {
            TF0 = 0;
```

```
        cnt++;
        if(cnt == 20)                       //1s 到了,清 50ms 计数变量,读 T1 值
        {
            cnt = 0;
            temp1 = TL1;
            temp2 = TH1;                     //读取计数值
            TR1 = 0;                         //计数器停止计数后,才能对计数器赋值
            TL1 = 0;
            TH1 = 0;
            TR1 = 1;
            counter = (temp2 << 8) + temp1;  //高、低 8 位计数值合并在 counter 变量中
        }
    }
}
}
```

3. 硬件连线与调试

(1) 用 USB 线将 PC 与 STC15-Ⅳ 版实验箱相连接。

(2) 用 Keil C 编辑、编译程序项目五任务 3.c,生成机器代码文件:项目五任务 3.hex。

(3) 运行 STC-ISP 在线编程软件,将项目五任务 3.hex 下载到 STC15-Ⅳ 版实验箱单片机。下载完毕,自动进入运行模式,观察数码管的显示结果并记录:

- 利用按键或开关产生计数脉冲信号。
- 接通用信号发生器输出的方波信号。

 知识延伸

1. IAP15W4K58S4 单片机的定时器/计数器 T3、T4 的电路结构

IAP15W4K58S4 定时器/计数器 T3、T4 的电路结构如图 5-3-1 和图 5-3-2 所示。T3、T4 的电路结构与 T2 完全一致,其工作模式固定为 16 位自动重装初始值模式。T3、T4 可以当定时器、计数器用,也可以用作串行口的波特率发生器和可编程时钟输出源。

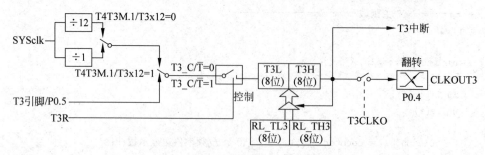

图 5-3-1　定时器/计数器 T3 的原理框图

2. IAP15W4K58S4 单片机的定时器/计数器 T3、T4 的控制寄存器

IAP15W4K58S4 单片机内部定时器/计数器 T3 的状态寄存器是 T3H、T3L,T4 的状态寄存器是 T4H、T4L,T3、T4 的控制与管理由特殊功能寄存器 T4T3M、IE2 承担。与定时器/计数器 T3、T4 有关的特殊功能寄存器如表 5-3-1 所示。

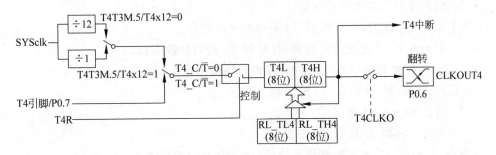

图 5-3-2 定时器/计数器 T4 的原理框图

表 5-3-1 与定时器/计数器 T3、T4 有关的特殊功能寄存器

	地址	B7	B6	B5	B4	B3	B2	B1	B0	复位值
T3H	D4H	T3 的高 8 位								0000 0000
T3L	D5H	T3 的低 8 位								
T4H	D2H	T4 的高 8 位								0000 0000
T4L	D3H	T4 的低 8 位								
T4T3M	D1H	T4R	T4_C/T̄	T4x12	T4CLKO	T3R	T3_C/T̄	T3x12	T3CLKO	0000 0000
IE2	AFH		ET4	ET3	ES4	ES3	ET2	ESPI	ES2	x000 0000

(1) T3R：定时器/计数器 T3 运行控制位。

• 0：定时器/计数器 T3 停止运行。

• 1：定时器/计数器 T3 运行。

(2) T3_C/T̄：定时、计数选择控制位。

• 0：定时器/计数器 T3 为定时状态，计数脉冲为系统时钟或系统时钟的 12 分频信号。

• 1：定时器/计数器 T3 为计数状态，计数脉冲为 P0.5 输入引脚的脉冲信号。

(3) T3x12：定时脉冲的选择控制位。

• 0：定时脉冲为系统时钟的 12 分频信号。

• 1：定时脉冲为系统时钟信号。

(4) T3CLKO：定时器/计数器 T3 时钟输出控制位。

• 0：不允许 P0.4 配置为定时器/计数器 T3 的时钟输出口。

• 1：P0.4 配置为定时器/计数器 T3 的时钟输出口。

(5) T4R：定时器/计数器 T4 运行控制位。

• 0：定时器/计数器 T4 停止运行。

• 1：定时器/计数器 T4 运行。

(6) T4_C/T̄：定时、计数选择控制位。

• 0：定时器/计数器 T4 为定时状态，计数脉冲为系统时钟或系统时钟的 12 分频信号。

• 1：定时器/计数器 T4 为计数状态，计数脉冲为 P0.7 输入引脚的脉冲信号。

(7) T4x12：定时脉冲的选择控制位。

• 0：定时脉冲为系统时钟的 12 分频信号。

- 1：定时脉冲为系统时钟信号。

（8）T4CLKO：定时器/计数器 T4 时钟输出控制位。

- 0：不允许 P0.6 配置为定时器/计数器 T4 的时钟输出口。

- 1：P0.6 配置为定时器/计数器 T4 的时钟输出口。

（9）ET3：定时器/计数器 T3 的中断允许位。

- 0：禁止定时器/计数器 T3 中断。

- 1：允许定时器/计数器 T3 中断。

定时器/计数器 T3 的中断向量地址是 009BH，其中断号是 19。

（10）ET4：定时器/计数器 T4 的中断允许位。

- 0：禁止定时器/计数器 T4 中断。

- 1：允许定时器/计数器 T4 中断。

定时器/计数器 T4 的中断向量地址是 00A3H，其中断号是 20。

修改项目五任务 3.c 程序，将计数器改为 T3 或 T4 实现，并增加高位灭零功能。

任务 4　IAP15W4K58S4 单片机的可编程时钟输出

IAP15W4K58S4 单片机定时器与计数器的溢出脉冲是可以输出的，改变定时器的初始值就可改变输出脉冲的频率。本任务介绍可编程时钟输出的原理以及应用编程。

很多实际应用系统需要给外围器件提供时钟。如果单片机能提供可编程时钟输出功能，可以降低系统成本，缩小 PCB 板的面积；当不需要时钟输出时，可关闭时钟输出，这样不但降低了系统功耗，而且减轻时钟对外的电磁辐射。IAP15W4K58S4 单片机增加了 CLKOUT0（P3.5）、CLKOUT1（P3.4）、CLKOUT2（P3.0）、CLKOUT3（P0.4）和 CLKOUT4（P0.6）5 个可编程时钟输出引脚。CLKOUT0（P3.5）的输出时钟频率由定时器/计数器 T0 控制，CLKOUT1（P3.4）的输出时钟频率由定时器/计数器 T1 控制，相应的 T0、T1 器需要工作在方式 0 或方式 2（自动重装数据模式），CLKOUT2（P3.0）的输出时钟频率由定时器/计数器 T2 控制，CLKOUT3（P0.4）的输出时钟频率由定时器/计数器 T3 控制，CLKOUT4（P0.6）的输出时钟频率由定时器/计数器 T4 控制。

1. 可编程时钟输出的控制

5 个定时器的可编程时钟输出由 INT_CLKO 和 T4T3M 特殊功能寄存器控制。INT_CLKO、T4T3M 的相关控制位定义如下：

地址	B7	B6	B5	B4	B3	B2	B1	B0	复位值
INT_CLKO	8FH	—	EX4	EX3	EX2	—	T2CLKO	T1CLKO	T0CLKO	x000 x000
T4T3M	D1H	T4R	T4_C/$\overline{\text{T}}$	T4x12	T4CLKO	T3R	T3_C/$\overline{\text{T}}$	T3x12	T3CLKO	0000 0000

(1) T0CLKO：定时器/计数器 T0 时钟输出控制位。

• 0：不允许 P3.5(CLKOUT0)配置为定时器/计数器 T0 的时钟输出口。

• 1：P3.5(CLKOUT0)配置为定时器/计数器 T0 的时钟输出口。

(2) T1CLKO：定时器/计数器 T1 时钟输出控制位。

• 0：不允许 P3.4(CLKOUT1)配置为定时器/计数器 T1 的时钟输出口。

• 1：P3.4(CLKOUT1)配置为定时器/计数器 T1 的时钟输出口。

(3) T2CLKO：定时器/计数器 T2 时钟输出控制位。

• 0：不允许 P3.0(CLKOUT2)配置为定时器/计数器 T2 的时钟输出口。

• 1：P3.0(CLKOUT2)配置为定时器/计数器 T2 的时钟输出口。

(4) T3CLKO：定时器/计数器 T3 时钟输出控制位。

• 0：不允许 P0.4 配置为定时器/计数器 T3 的时钟输出口。

• 1：P0.4 配置为定时器/计数器 T3 的时钟输出口。

(5) T4CLKO：定时器/计数器 T4 时钟输出控制位。

• 0：不允许 P0.6 配置为定时器/计数器 T4 的时钟输出口。

• 1：P0.6 配置为定时器/计数器 T4 的时钟输出口。

2. 可编程时钟输出频率的计算

可编程时钟输出频率为定时器/计数器溢出率的二分频信号。

下面以定时器 T0 为例,分析定时器可编程时钟输出频率的计算方法：

$$P3.5\ 输出时钟频率(CLKOUT0) = \frac{1}{2} T0\ 溢出率$$

(1) T0 工作在方式 0 定时状态。

$$(T0x12) = 0\ 时,CLKOUT0 = \frac{1}{2} \times \frac{f_{\text{SYS}}}{12 \times (65536 - T0\ 初始值)}$$

$$(T0x12) = 1\ 时,CLKOUT0 = \frac{1}{2} \times \frac{f_{\text{SYS}}}{65536 - T0\ 初始值}$$

(2) T0 工作在方式 2 定时状态。

$$(T0x12) = 0\ 时,CLKOUT0 = \frac{1}{2} \times \frac{f_{\text{SYS}}}{12 \times (256 - TH0\ 初始值)}$$

$$(T0x12) = 1\ 时,CLKOUT0 = \frac{1}{2} \times \frac{f_{\text{SYS}}}{256 - TH0\ 初值}$$

(3) T0 工作在方式 0 计数状态。

$$CLKOUT0 = \frac{1}{2} \times \frac{T0\_PIN\_CLK}{65536 - T0\ 初始值}$$

注：T0_PIN_CLK 为定时器/计数器 T0 的计数输入引脚 T0 输入脉冲的频率。

 任务实施

1. 任务要求

使用 T0 定时器/计数器输出时钟,采用 P0、P1 端口的输入信号改变 T0 定时器的初始值,用 LED 灯定性显示输出频率的大小,用示波器测量输出频率。

2. 硬件设计

设置一个开关 K1,当 K1 合上时,读取 x、y 输入数据;当 K1 断开时,正常输出时钟信号。T0 定时器/计数器的输出时钟从 P3.5 引脚输出,电路原理图如图 5-4-1 所示。

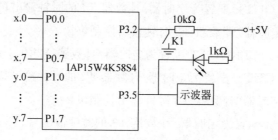

图 5-4-1　可编程输出时钟电路

3. 软件设计

1) 程序说明

系统时钟为 12MHz,T0 定时器/计数器的定时脉冲采用 12 分频系统时钟,工作在方式 0,TH0 的初始值由 P0 端口的输入数据决定,TL0 的初始值由 P1 端口的输入数据决定。初始状态时,T0 输出 10Hz 的可编程时钟。

2) 源程序清单(项目五任务 4.c)

```
# include < stc15.h >              //包含支持 IAP15W4K58S4 单片机的头文件
# include < intrins.h >
# include < gpio.h >               //I/O 初始化文件
# define uchar unsigned char
# define uint unsigned int
# define x P0
# define y P1
sbit k1 = P3 ^2;
/* --------- 计数器的初始化 ---------------- */
void T0_init(void)
{
    TMOD = 0x00;
    TH0 = 0x3c;                     //10Hz 可编程时钟对应的初始值
    TL0 = 0xb0;
    AUXR = AUXR&0x7f;               //T0 工作在 12 分频模式
    INT_CLKO = INT_CLKO|0x01;       //允许 T0 输出时钟信号
    TR0 = 1;
}
/* --------- 主函数 ----------- */
```

```
void main(void)
{
    gpio();
    x = 0xff;
    y = 0xff;
    T0_init ();                              //调用计数器初始化子函数
    while(1)
    {
        if(k1 == 0)
        {
            TH0 = x;
            TL0 = y;
        }
    }
}
```

4. 系统调试

（1）用 USB 线将 PC 与 STC15-Ⅳ 版实验箱相连接。

（2）用 Keil C 编辑、编译程序项目五任务 4.c，生成机器代码文件：项目五任务 4.hex。

（3）运行 STC-ISP 在线编程软件，将项目五任务 4.hex 下载到 STC15-Ⅳ 版实验箱单片机。下载完毕，自动进入运行模式，观察 LED 灯的状态并记录。

（4）用示波器测量 T0 定时器的输出时钟频率，并按表 5-4-1 输入 x、y 值，测量 T0 可编程时钟输出的输出频率。

表 5-4-1　T0 定时器的输出时钟频率测试表

T0 定时器的初始值		输 出 频 率	
TH0(P0 端口输入)	TL0(P1 端口输入)	计算值	示波器测量值
00H	00H		
ECH	78H		
FEH	0CH		
FFH	CEH		
FFH	9CH		
FCH	18H		

（5）修改程序，采用 T1 输出时钟信号，并测试。

（6）修改程序，采用 T2 输出时钟信号，并测试。

 **任务拓展**

综合任务 3 和任务 4 的内容，用自己设计的频率计测量自己设计的可编程时钟输出信号。

（1）可编程时钟输出频率为 1000Hz；

（2）设计 2 个输入开关，通过设置 2 个开关的输入状态，可编程时钟源对应输出 10Hz、100Hz、1000Hz、10KHz 等频率信号。

提示：用 T0、T1 设计频率计，用 T2 输出时钟信号。

习　题

1. 定时器/计数器的核心电路是什么？工作于定时和计数方式时有何异同点？

2. 定时器/计数器 T0、T1 的 4 种工作方式各有何特点？如何设定？

3. 从定时器/计数器 T0、T1 的电路结构分析，定时器/计数器 T0、T1 的启动与停止是如何实现的？若要求定时器/计数器 T0、T1 的运行控制完全由 TR1、TR0 确定和完全由 $\overline{INT0}$、$\overline{INT1}$ 输入的高低电平控制，其初始化编程应做何处理？

4. 定时器/计数器用作定时时，其定时时间与哪些因素有关？用作计数时，对外界的计数频率有何限制？

5. 试用定时器/计数器 T1 对外部事件计数。要求每计数 5，将 T1 改成定时方式，控制 P1.7 输出一个脉宽为 10ms 的正脉冲，然后又转为计数方式，如此反复循环。设晶振频率为 11.0592MHz。

6. 利用定时器/计数器 T0 产生定时时钟，由 P1 口控制 8 个指示灯。编程，使 8 个指示灯依次点亮，点亮间隔为 100ms（8 个灯依次点亮一遍为一个周期），如此反复循环。

7. 若晶振频率为 12MHz，如何用 T0 来测量 1～10s 之间的方波周期？又如何测量频率为 1MHz 左右的脉冲频率？

8. 试利用 STC-ISP 在线编程工具，获取 T1 工作在方式 0、30ms 定时的初始化程序。

9. 利用定时器测量单次正脉冲的宽度，采用何种工作方式可获得最大量程？当 $f_{osc} =$ 12MHz 时，允许测量的最大脉宽是多少？

10. 利用定时器/计数器 T0 从 P1.7 输出周期为 1s，脉宽为 20ms 的正脉冲信号。晶振频率为 12MHz，试编写程序。

11. 试编程实现从 P1.6 引脚输出频率为 1000Hz 的方波。设晶振频率为 11.0592MHz。

12. 利用定时器/计数器设计一个倒计时秒表，功能要求如下：

（1）倒计时间设置为 60s 或 90s。

（2）一个按键包含启动、停止与返回功能。

（3）倒计时间归零，声光提示。

13. 定时器/计数器 T2 与 T0、T1 有什么不同？

14. T0、T1、T2、T3、T4 定时器/计数器都可以编程输出时钟。如何设置且从何端口输出时钟信号？

15. T0、T1、T2、T3、T4 定时器/计数器可编程输出时钟是如何计算的？如不使用可编程时钟，建议关闭可编程时钟输出。请问为什么？

16. 利用 T2 的可编程时钟输出功能，输出频率为 1000Hz 的时钟信号，试编写程序。

项目六

IAP15W4K58S4单片机的中断系统

中断的概念是在 20 世纪 50 年代中期提出的,是计算机中一个很重要的技术。它既和硬件有关,也和软件有关。正是因为有了中断技术,才使得计算机的工作更加灵活,效率更高。现代计算机中操作系统实现的管理调度,其物质基础就是丰富的中断功能和完善的中断系统。一个 CPU 资源要面向多个任务,出现资源竞争,而中断技术实质上是一种资源共享技术。中断技术的出现,使得计算机的发展和应用不断进步。所以,中断功能的强弱成为衡量一台计算机功能完善与否的重要指标。

中断系统是为使 CPU 具有对外界紧急事件的实时处理能力而设置的。

实时控制、故障自动处理往往采用中断系统。单片机与外围设备间传送数据及实现人—机联系,也常采用中断方式。中断系统的应用使单片机的功能更强,效率更高,使用更加方便、灵活。

知识点:

◇ 中断的基本概念;

◇ 中断源、中断控制、中断响应过程的基本概念;

◇ 中断系统的功能和使用方法。

技能点:

◇ 定时中断的应用与编程;

◇ 外部中断的应用与编程。

任务 1　定时器中断的应用编程

 任务说明

中断技术是计算机的重要技术,定时器又是实时测量、实时控制的重要组成部分。本任务主要介绍中断的概念、中断工作过程以及 IAP15W4K58S4 单片机中断的控制与管理,侧重介绍定时中断的应用编程。

相关知识

1. 中断系统概述

1) 中断系统的几个概念

（1）中断

所谓中断,是指程序执行过程中,允许外部或内部事件通过硬件打断程序的执行,使其转向处理外部或内部事件的中断服务程序;完成中断服务程序后,CPU返回继续执行被打断的程序。图6-1-1所示为中断响应过程的示意图。一个完整的中断过程包括4个步骤:中断请求、中断响应、中断服务与中断返回。

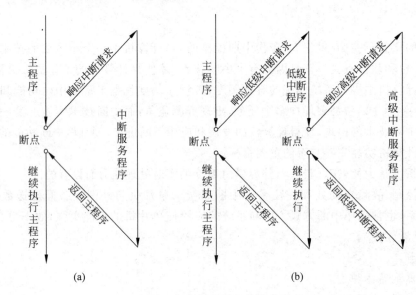

图 6-1-1　中断响应过程示意图

打个比方,当一位经理正处理文件时,电话铃响了(中断请求);他不得不在文件上做一个记号(断点地址,即返回地址),暂停工作,去接电话(响应中断),并处理"电话请求"(中断服务);然后,他静下心来(恢复中断前状态),继续处理文件(中断返回),……

（2）中断源

引起CPU中断的根源或原因,称为中断源。中断源向CPU提出的处理请求,称为中断请求或中断申请。

（3）中断优先级

当有几个中断源同时申请中断时,就存在CPU先响应哪个中断请求的问题。为此,CPU要对各中断源确定一个优先等级,称为中断优先级。中断优先级高的中断请求优先被响应。

（4）中断嵌套

中断优先级高的中断请求可以中断CPU正在处理的优先级更低的中断服务程序,待完成中断优先权高的中断服务程序之后,再继续执行被打断的优先级低的中断服务程序。

这就是中断嵌套,如图 6-1-1(b)所示。

2)中断的技术优势

(1)解决了快速 CPU 和慢速外设之间的矛盾,使 CPU 和外设并行工作

由于计算机应用系统的许多外部设备速度较慢,可以通过中断的方法来协调快速 CPU 与慢速外部设备之间的工作。

(2)可及时处理控制系统中的许多随机参数和信息

依靠中断技术,能实现实时控制。实时控制要求计算机能及时完成被控对象随机提出的分析和计算任务。在自动控制系统中,要求各控制参量随机地在任何时刻向计算机发出请求,CPU 必须快速响应、及时处理。

(3)具备处理故障的能力,提高了机器自身的可靠性

由于外界的干扰,硬件或软件设计中存在问题等因素,在实际运行中会出现硬件故障、运算错误、程序运行故障等,有了中断技术,计算机能及时发现故障,并自动处理。

(4)实现人—机联系

比如通过键盘向计算机发出中断请求,可以实时干预计算机的工作。

3)中断系统需要解决的问题

中断技术的实现依赖于一个完善的中断系统。一个中断系统需要解决的问题主要有以下几个。

(1)当有中断请求时,需要有一个寄存器把中断源的中断请求记录下来。

(2)能够屏蔽中断请求信号,灵活地对中断请求信号实现屏蔽与允许的管理。

(3)当有中断请求时,CPU 能及时响应中断,停下正在执行的任务,自动转去处理中断服务子程序;中断服务处理后,能返回到断点处继续处理原先的任务。

(4)当有多个中断源同时申请中断时,应能优先响应优先权高的中断源,实现中断优先级权的控制。

(5)当 CPU 正在执行低优先级中断源中断服务程序时,若这时优先级比它高的中断源也提出中断请求,要求能暂停执行低优先级中断源的中断服务程序,转去执行更高优先级中断源的中断服务程序,实现中断嵌套,并能逐级正确地返回原断点处,如图 6-1-1(b)所示。

2. IAP15W4K58S4 单片机的中断系统

中断的工作过程包括中断请求、中断响应、中断服务与中断返回 4 个阶段。下面按照中断系统工作过程,介绍 IAP15W4K58S4 单片机的中断系统。

1)IAP15W4K58S4 单片机的中断请求

如图 6-1-2 所示,IAP15W4K58S4 单片机的中断系统有 21 个中断源,2 个优先级,可实现二级中断服务嵌套。由 IE、IE2、INT_CLKO 等特殊功能寄存器控制 CPU 是否响应中断请求;由中断优先级寄存器 IP、IP2 安排各中断源的优先级;同一优先级内 2 个以上中断同时提出中断请求时,由内部的查询逻辑确定其响应次序。

(1)中断源。

IAP15W4K58S4 单片机有 21 个中断源,详述如下。

① 外部中断 0(INT0):中断请求信号由 P3.2 引脚输入。通过 IT0 来设置中断请求的触发方式,当 IT0 为"1"时,外部中断 0 为下降沿触发;当 IT0 为"0"时,无论是上升沿还是下降沿,都会引发外部中断 0。一旦输入信号有效,则置位 IE0 标志,向 CPU 申请中断。

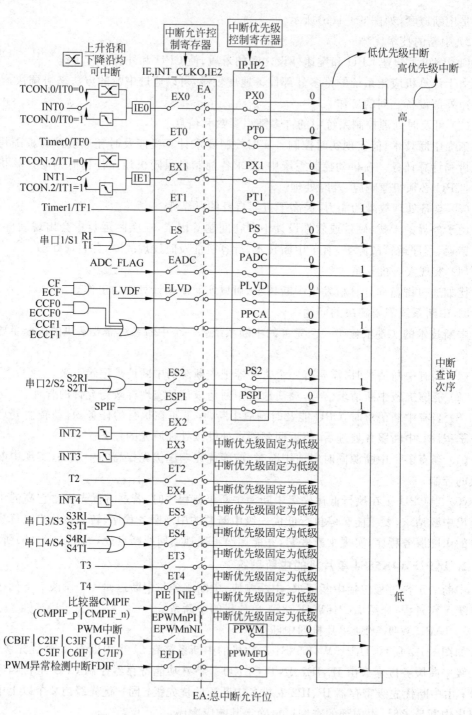

图 6-1-2　IAP15W4K58S4 单片机的中断系统结构图

② 外部中断 1(INT1)：中断请求信号由 P3.3 引脚输入。通过 IT1 来设置中断请求的触发方式，当 IT1 为"1"时，外部中断 1 为下降沿触发；当 IT1 为"0"时，无论是上升沿还是下降沿，都会引发外部中断 1。一旦输入信号有效，则置位 IE1 标志，向 CPU 申请中断。

③ 定时器/计数器 T0 溢出中断：当定时器/计数器 T0 计数产生溢出时，定时器/计数器 T0 中断请求标志位 TF0 置位，向 CPU 申请中断。

④ 定时器/计数器 T1 溢出中断：当定时器/计数器 T1 计数产生溢出时，定时器/计数器 T1 中断请求标志位 TF1 置位，向 CPU 申请中断。

⑤ 串行口 1 中断：当串行口 1 接收完一串行帧时，置位 RI；或发送完一串行帧时，置位 TI，向 CPU 申请中断。

⑥ A/D 转换中断：当 A/D 转换结束后，置位 ADC_FLAG，向 CPU 申请中断。

⑦ 片内电源低电压检测中断：当检测到电源电压为低电压时，置位 LVDF。上电复位时，由于电源电压上升有一个过程，低压检测电路会检测到低电压，置位 LVDF，向 CPU 申请中断。单片机上电复位后，LVDF＝1。若需应用 LVDF，需先对 LVDF 清零。若干个系统时钟后，再检测 LVDF。

⑧ PCA/CPP 中断：PCA/CPP 中断的中断请求信号由 CF、CCF0、CCF1 标志共同形成，CF、CCF0、CCF1 中任一标志为"1"，都可引发 PCA/CPP 中断。

⑨ 串行口 2 中断：当串行口 2 接收完一串行帧时，置位 S2RI；或发送完一串行帧时，置位 S2TI，向 CPU 申请中断。

⑩ SPI 中断：当 SPI 端口一次数据传输完成时，置位 SPIF 标志，向 CPU 申请中断。

⑪ 外部中断 2($\overline{INT2}$)：下降沿触发，一旦输入信号有效，向 CPU 申请中断。中断优先级固定为低级。

⑫ 外部中断 3($\overline{INT3}$)：下降沿触发，一旦输入信号有效，向 CPU 申请中断。中断优先级固定为低级。

⑬ 定时器 T2 中断：当定时器/计数器 T2 计数产生溢出时，向 CPU 申请中断。中断优先级固定为低级。

⑭ 外部中断 4($\overline{TNT4}$)：下降沿触发，一旦输入信号有效，向 CPU 申请中断。中断优先级固定为低级。

⑮ 串行口 3 中断：当串行口 3 接收完一串行帧时，置位 S3RI；或发送完一串行帧时，置位 S3TI，向 CPU 申请中断。

⑯ 串行口 4 中断：当串行口 4 接收完一串行帧时，置位 S4RI；或发送完一串行帧时，置位 S4TI，向 CPU 申请中断。

⑰ 定时器 T3 中断：当定时器/计数器 T3 计数产生溢出时，向 CPU 申请中断。中断优先级固定为低级。

⑱ 定时器 T4 中断：当定时器/计数器 T4 计数产生溢出时，向 CPU 申请中断。中断优先级固定为低级。

⑲ 比较器中断：当比较器的结果由高到低，或由低到高时，都有可能引发中断。中断优先级固定为低级。

⑳ PWM 中断：包括 PWM 计数器中断标志位 CBIF 和 PWM2～PWM7 通道的 PWM 中断标志位 C2IF～C7IF。

㉑ PWM 异常检测中断：当发生 PWM 异常（比较器正极 P5.5/CMP＋的电平比比较器负极 P5.4/CMP－的电平高，或比较器正极 P5.5/CMP＋的电平比内部参考电压源 1.28V 高，或者 P2.4 的电平为高电平）时，硬件自动将 FDIF 置"1"，向 CPU 申请中断。

说明：为了降低学习 IAP15W4K58S4 单片机中断的门槛，提高 IAP15W4K58S4 单片机中断的学习效率，本章主要介绍 IAP15W4K58S4 单片机的常用中断，具体包括外部中断 0～外部中断 4、定时器 T0 中断～定时器 T4 中断、串行口 1 中断和低压检测中断。

（2）中断请求标志。

IAP15W4K58S4 单片机外部中断 0、外部中断 1、定时器 T0 中断、定时器 T1 中断、串行口 1 中断、低压检测中断等中断源的中断请求标志分别寄存在 TCON、SCON、PCON 中，详见表 6-1-1。此外，外部中断 2（$\overline{INT2}$）、外部中断 3（$\overline{INT3}$）和外部中断 4（$\overline{INT4}$）的中断请求标志位被隐藏起来，对用户是不可见的。当相应的中断被响应后，或（EXn）＝0（n＝2,3,4），这些中断请求标志位被自动清零。定时器 T2、T3、T4 的中断请求标志位也被隐藏起来，对用户是不可见的。当 T2、T3、T4 的中断被响应后，或（ETn）＝0（n＝2,3,4），这些中断请求标志位被自动清零。

表 6-1-1　IAP15W4K58S4 单片机常用中断源的中断请求标志位

	地址	B7	B6	B5	B4	B3	B2	B1	B0	复位值
TCON	88H	TF1	TR1	TF0	TR0	IE1	IT1	IE0	IT0	0000 0000
SCON	98H	SM0/FE	SM1	SM2	REN	TB8	RB8	TI	RI	0000 0000
PCON	87H	SMOD	SMOD0	LVDF	POF	GF1	GF0	PD	IDL	0011 0000

① TCON 寄存器中的中断请求标志。

TCON 为定时器 T0 和 T1 的控制寄存器，同时锁存 T0 和 T1 的溢出中断请求标志及外部中断 0 和外部中断 1 的中断请求标志等。与中断有关的位如下所述。

	地址	B7	B6	B5	B4	B3	B2	B1	B0	复位值
TCON	88H	TF1	TR1	TF0	TR0	IE1	IT1	IE0	IT0	0000 0000

- TF1：T1 的溢出中断请求标志。T1 被启动计数后，从初值做加 1 计数，计满溢出后由硬件置位 TF1，同时向 CPU 发出中断请求。此标志一直保持到 CPU 响应中断后，才由硬件自动清零。也可由软件查询该标志，并由软件清零。
- TF0：T0 的溢出中断请求标志。T0 被启动计数后，从初值做加 1 计数，计满溢出后由硬件置位 TF0，同时向 CPU 发出中断请求。此标志一直保持到 CPU 响应中断后才由硬件自动清零。也可由软件查询该标志，并由软件清零。
- IE1：外部中断 1 的中断请求标志。当 INT1（P3.3）引脚的输入信号满足中断触发要求时，置位 IE1，外部中断 1 向 CPU 申请中断。中断响应后，中断请求标志自动清零。
- IT1：外部中断 1（INT1）中断触发方式控制位。

当 IT1＝1 时，外部中断 1 为下降沿触发方式。在这种方式下，若 CPU 检测到 INT1 出现下降沿信号，则认为有中断申请，随即使 IE1 标志置位。中断响应后，中断请求标志会自动清零，无需做其他处理。

当 IT1＝0 时，外部中断 1 为上升沿触发和下降沿触发触发方式。在这种方式下，无论 CPU 检测到 INT1 引脚出现下降沿信号还是上升沿信号，都认为有中断申请，随即使 IE1 标志置位。中断响应后，中断请求标志会自动清零，无需做其他处理。

- IE0：外部中断 0 的中断请求标志。当 INT0(P3.2)引脚的输入信号满足中断触发要求时，置位 IE0，外部中断 0 向 CPU 申请中断。中断响应后，中断请求标志自动清零。
- IT0：外部中断 0 的中断触发方式控制位。

当 IT0 = 1 时，外部中断 1 为下降沿触发方式。在这种方式下，若 CPU 检测到 INT0 (P3.2)出现下降沿信号，则认为有中断申请，随即使 IE0 标志置位。中断响应后，中断请求标志会自动清零，无需做其他处理。

当 IT0 = 0 时，外部中断 0 为上升沿触发和下降沿触发方式。在这种方式下，无论 CPU 检测到 INT0(P3.2)引脚出现下降沿信号还是上升沿信号，都认为有中断申请，随即使 IE0 标志置位。中断响应后，中断请求标志会自动清零，无需做其他处理。

② SCON 寄存器中的中断请求标志。

SCON 是串行口 1 控制寄存器，其低 2 位 TI 和 RI 锁存串行口 1 的发送中断请求标志和接收中断请求标志。

	地址	B7	B6	B5	B4	B3	B2	B1	B0	复位值
SCON	98H	SM0/FE	SM1	SM2	REN	TB8	RB8	TI	RI	0000 0000

- TI：串行口 1 发送中断请求标志。CPU 将数据写入发送缓冲器 SBUF 时，就启动发送。每发送完一个串行帧，硬件将使 TI 置位。但 CPU 响应中断时并不清除 TI，必须由软件清除。
- RI：串行口 1 接收中断请求标志。在串行口 1 允许接收时，每接收完一个串行帧，硬件将使 RI 置位。同样，CPU 在响应中断时不会清除 RI，必须由软件清除。

IAP15W4K58S4 单片机系统复位后，TCON 和 SCON 均清零。

③ PCON 寄存器中中断请求标志。

PCON 是电源控制寄存器，其中 B5 位为 LVD 中断源的中断请求标志。

	地址	B7	B6	B5	B4	B3	B2	B1	B0	复位值
PCON	87H	SMOD	SMOD0	LVDF	POF	GF1	GF0	PD	IDL	0011 0000

LVDF：片内电源低电压检测中断请求标志。当检测到低电压时，置位 LVDF。LVDF 中断请求标志需由软件清零。

（3）中断允许的控制。

计算机中断系统有两种不同类型的中断：一类称为非屏蔽中断；另一类称为可屏蔽中断。对于非屏蔽中断，用户不能用软件的方法来禁止，一旦有中断申请，CPU 必须响应。对于可屏蔽中断，用户可以通过软件方法来控制是否允许某中断源的中断请求。允许中断，称为中断开放；不允许中断，称为中断屏蔽。IAP15W4K58S4 单片机的 12 个常用中断源都是可屏蔽中断。各中断的中断允许控制位如表 6-1-2 所示。

表 6-1-2　IAP15W4K58S4 单片机的中断允许控制位

	地址	B7	B6	B5	B4	B3	B2	B1	B0	复位值
IE	A8H	EA	ELVD	EADC	ES	ET1	EX1	ET0	EX0	0000 0000
IE2	AFH	—	ET4	ET3	ES4	ES3	ET2	ESPI	ES2	x000 0000
INT_CLKO	8FH	—	EX4	EX3	EX2	—	T2CLKO	T1CLKO	T0CLKO	x000 x000

① EA：总中断允许控制位。

• EA＝1,开放 CPU 中断,各中断源的允许和禁止需再通过相应的中断允许位单独控制。

• EA＝0,禁止所有中断。

② EX0：外部中断 0(INT0)中断允许位。

• EX0 ＝ 1,允许外部中断 0 中断。

• EX0 ＝ 0,禁止外部中断 0 中断。

③ ET0：定时器/计数器 T0 中断允许位。

• ET0 ＝ 1,允许 T0 中断。

• ET0 ＝ 0,禁止 T0 中断。

④ EX1：外部中断 1(INT1)中断允许位。

• EX1 ＝ 1,允许外部中断 1 中断。

• EX1 ＝ 0,禁止外部中断 1 中断。

⑤ ET1：定时器/计数器 T1 中断允许位。

• ET1 ＝ 1,允许 T1 中断。

• ET1 ＝ 0,禁止 T1 中断。

⑥ ES：串行口 1 中断允许位。

• ES＝ 1,允许串行口 1 中断。

• ES＝ 0,禁止串行口 1 中断。

⑦ ELVD：片内电源低压检测中断(LVD)的中断允许位。

• ELVD ＝ 1,允许 LVD 中断。

• ELVD ＝ 0,禁止 LVD 中断。

⑧ EX2：外部中断 2($\overline{\text{INT2}}$)中断允许位。

• EX2 ＝ 1,允许外部中断 2 中断。

• EX2 ＝ 0,禁止外部中断 2 中断。

⑨ EX3：外部中断 3($\overline{\text{INT3}}$)中断允许位。

• EX3 ＝ 1,允许外部中断 3 中断。

• EX3 ＝ 0,禁止外部中断 3 中断。

⑩ EX4：外部中断 4($\overline{\text{INT4}}$)中断允许位。

• EX4 ＝ 1,允许外部中断 4 中断。

• EX4 ＝ 0,禁止外部中断 4 中断。

⑪ ET2：定时器/计数器 T2 中断允许位。

• ET2 ＝ 1,允许 T2 中断。

• ET2 ＝ 0,禁止 T2 中断。

⑫ ET3：定时器/计数器 T3 中断允许位。

• ET3 ＝ 1,允许 T3 中断。

• ET3 ＝ 0,禁止 T3 中断。

⑬ ET4：定时器/计数器 T4 中断允许位。

• ET4 ＝ 1,允许 T4 中断。

- ET4 = 0,禁止 T4 中断。

IAP15W4K58S4 单片机系统复位后,所有中断源的中断允许控制位以及 CPU 中断控制位(EA)均被清零,即禁止所有中断。

一个中断要处于允许状态,必须满足两个条件:一是总中断(CPU 中断)允许位 EA 为 1;二是该中断的中断允许位为 1。

(4) 中断优先的控制。

IAP15W4K58S4 单片机常用中断中,除外部中断 2($\overline{INT2}$)、外部中断 3($\overline{INT3}$)、外部中断 4($\overline{INT4}$)、T2 中断、T3 中断、T4 中断的优先级固定为低优先级以外,其他中断都具有 2 个中断优先级,可实现二级中断服务嵌套。IP 为 IAP15W4K58S4 单片机外部中断 0、外部中断 1、定时器 T0 中断、定时器 T1 中断、串行口 1 中断、低压检测中断等中断源中断优先级寄存器,详见表 6-1-3。

表 6-1-3　IAP15W4K58S4 单片机的中断优先级控制寄存器

	地址	B7	B6	B5	B4	B3	B2	B1	B0	复位值
IP	B8H	PPCA	PLVD	PADC	PS	PT1	PX1	PT0	PX0	0000 0000

① PX0:外部中断 0 中断优先级控制位。

- PX0 = 0,外部中断 0 为低优先级中断。
- PX0 = 1,外部中断 0 为高优先级中断。

② PT0:定时器/计数器 T0 中断的中断优先级控制位。

- PT0 = 0,定时器/计数器 T0 中断为低优先级中断。
- PT0 = 1,定时器/计数器 T0 中断为高优先级中断。

③ PX1:外部中断 1 中断优先级控制位。

- PX1 = 0,外部中断 1 为低优先级中断。
- PX1 = 1,外部中断 1 为高优先级中断。

④ PT1:定时器/计数器 T1 中断优先级控制位。

- PT1 = 0,定时器/计数器 T1 中断为低优先级中断。
- PT1 = 1,定时器/计数器 T1 中断为高优先级中断。

⑤ PS:串行口 1 中断的优先级控制位。

- PS = 0,串行口 1 中断为低优先级中断。
- PS = 1,串行口 1 中断为高优先级中断。

⑥ PLVD:电源低电压检测中断优先级控制位。

- PLVD = 0,电源低电压检测中断为低优先级中断。
- PLVD = 1,电源低电压检测中断为高优先级中断。

当系统复位后,所有的中断优先管理控制位全部清零,所有中断源均设定为低优先级中断。

如果几个同一优先级的中断源同时向 CPU 申请中断,CPU 通过内部硬件查询逻辑,按自然优先级顺序确定先响应哪个中断请求。自然优先级由内部硬件电路形成,排列如下:

中断源	同级自然优先顺序
外部中断 0	最高
定时器 T0 中断	
外部中断 1	
定时器 T1 中断	
串行口 1 中断	
A/D 转换中断	
LVD 中断	
PCA 中断	
串行口 2 中断	
SPI 中断	
外部中断 2	
外部中断 3	
定时器 T2 中断	
外部中断 4	
串行口 3 中断	
串行口 4 中断	
定时器 T3 中断	
定时器 T4 中断	
比较器中断	
PWM 中断	
PWM 异常中断	最低

2）IAP15W4K58S4 单片机的中断响应

中断响应是 CPU 对中断源中断请求的响应,包括保护断点和将程序转向中断响应后的入口地址(也称中断向量地址)。CPU 并非任何时刻都响应中断请求,而是在中断响应条件满足之后才会响应。

(1) 中断响应时间问题

在中断允许的条件下,中断源发出中断请求后,CPU 肯定会响应中断,但若有下列任何一种情况存在,中断响应会受到阻断,会不同程度地增加 CPU 响应中断的时间。

① CPU 正在执行同级或高级优先级的中断。

② 正在执行 RETI 中断返回指令或访问与中断有关的寄存器的指令,如访问 IE 和 IP 的指令。

③ 当前指令未执行完。

若存在上述任何一种情况,中断查询结果即被取消,CPU 不响应中断请求,而在下一指令周期继续查询;若条件满足,CPU 在下一指令周期响应中断。

在每个指令周期的最后时刻,CPU 对各中断源采样,并设置相应的中断标志位:CPU 在下一个指令周期的最后时刻按优先级顺序查询各中断标志,如查到某个中断标志为"1",将在下一个指令周期按优先级的高低顺序进行处理。

（2）中断响应过程

中断响应过程包括保护断点和将程序转向中断服务程序的入口地址。

CPU 响应中断时，将相应的优先级状态触发器置"1"，然后由硬件自动产生一个长调用指令 LCALL。此指令首先把断点地址压入堆栈保护，再将中断服务程序的入口地址送到程序计数器 PC，使程序转向相应的中断服务程序。

IAP15W4K58S4 单片机各中断源中断响应的入口地址由硬件事先设定，如表 6-1-4 所示。

表 6-1-4　IAP15W4K58S4 单片机各中断源中断响应的入口地址与中断号

中　断　源	入口地址（中断向量）	中断号
外部中断 0	0003H	0
定时器/计数器 T0 中断	000BH	1
外部中断 1	0013H	2
定时器/计数器 T1 中断	001BH	3
串行口 1 中断	0023H	4
A/D 转换中断	002BH	5
LVD 中断	0033H	6
PCA 中断	003BH	7
串行口 2 中断	0043H	8
SPI 中断	004BH	9
外部中断 2	0053H	10
外部中断 3	005BH	11
定时器 T2 中断	0063H	12
预留中断	006BH、0073H、007BH	13、14、15
外部中断 4	0083H	16
串行口 3 中断	008BH	17
串行口 4 中断	0093H	18
定时器 T3 中断	009BH	19
定时器 T4 中断	00A3H	20
比较器中断	00ABH	21
PWM 中断	00B3H	22
PWM 异常中断	00BBH	23

其中，中断号是在 C 语言程序中编写中断函数使用的。在中断函数中，中断号与各中断源是一一对应的，不能混淆。

（3）中断请求标志的撤除问题

CPU 响应中断请求后即进入中断服务程序。在中断返回前，应撤除该中断请求；否则，会重复引起中断而导致错误。IAP15W4K58S4 单片机各中断源中断请求撤除的方法不尽相同，如下所述。

① 定时器中断请求的撤除：对于定时器/计数器 T0 或 T1 溢出中断，CPU 在响应中断

后,即由硬件自动清除其中断标志位 TF0 或 TF1,无需采取其他措施。

定时器 T2、T3、T4 中断的中断请求标志位被隐藏起来,对用户是不可见的。当相应的中断服务程序执行后,这些中断请求标志位自动被清零。

② 串行口1中断请求的撤除:对于串行口1中断,CPU 在响应中断后,硬件不会自动清除中断请求标志位 TI 或 RI,必须在中断服务程序中,在判别出是 TI,还是 RI 引起的中断后,再用软件将其清除。

③ 外部中断请求的撤除:外部中断 0 和外部中断 1 的触发方式由 ITx(x=0,1)设置,但无论 ITx(x=0,1)设置为"0"还是为"1",都属于边沿触发。CPU 在响应中断后,由硬件自动清除其中断请求标志位 IE0 或 IE1,无需采取其他措施。外部中断 2、外部中断 3、外部中断 4 的中断请求标志虽然是隐含的,但同样属于边沿触发。CPU 在响应中断后,由硬件自动清除其中断标志位,无需采取其他措施。

④ 电源低电压检测中断:电源低电压检测中断的中断请求标志位,在中断响应后,不会自动清零,需要用软件清除。

3)中断服务与中断返回

中断服务与中断返回是通过执行中断服务程序完成的。中断服务程序从中断入口地址开始执行,到返回指令 RETI 为止,一般包括四部分内容:保护现场、中断服务、恢复现场、中断返回。

(1)保护现场:通常,主程序和中断服务程序都会用到累加器 A、状态寄存器 PSW 及其他寄存器。当 CPU 进入中断服务程序用到上述寄存器时,会破坏原来存储在寄存器中的内容,一旦中断返回,将导致主程序混乱。因此,在进入中断服务程序后,一般先保护现场,即用入栈操作指令将需保护寄存器的内容压入堆栈。

(2)中断服务:中断服务程序的核心部分,是中断源中断请求之所在。

(3)恢复现场:在中断服务结束之后,中断返回之前,用出栈操作指令将保护现场中压入堆栈的内容弹回到相应的寄存器中。注意,弹出顺序必须与压入顺序相反。

(4)中断返回:中断返回是指中断服务完成后,计算机返回原来断开的位置(即断点),继续执行原来的程序。中断返回由中断返回指令 RETI 实现。该指令的功能是把断点地址从堆栈中弹出,送回到程序计数器 PC;此外,通知中断系统已完成中断处理,同时清除优先级状态触发器。特别要注意,不能用 RET 指令代替 RETI 指令。

编写中断服务程序时的注意事项如下所述。

(1)各中断源的中断响应入口地址之间只相隔 8 字节。中断服务程序的字节数往往都大于 8 字节,因此,在中断响应入口地址单元通常存放的是一条无条件转移指令。通过无条件转移指令,转向执行存放在其他位置的中断服务程序。

(2)若要在执行当前中断服务程序时禁止其他更高优先级中断,需先用软件关闭 CPU 中断,或用软件禁止相应高优先级的中断;在中断返回前再开放中断。

(3)在保护和恢复现场时,为了不使现场数据遭到破坏或造成混乱,一般规定此时 CPU 不再响应新的中断请求。因此,在编写中断服务程序时,注意在保护现场前关中断;在保护现场后,若允许高优先级中断,再开中断。同样,在恢复现场前,应先关中断;恢复之后,再开中断。

注:以上内容是按照汇编语言流程介绍的。对于 C 语言编程,中断函数是一种特殊的

函数,每一种中断的服务函数对应一个固定的中断号,如表6-1-4所示。

3. 中断服务函数

1) 中断服务函数的定义

中断服务函数定义的一般形式为:

函数类型　函数名(形式参数表)[interrupt n]　[using m]

其中,关键字interrupt后面的n是中断号,n的取值范围为0~31。编译器从8n+3处产生中断向量,具体的中断号n和中断向量取决于不同的单片机芯片。

关键字using用于选择工作寄存器组,m为对应的寄存器组号,m取值为0~3,对应51单片机的0~3寄存器组。

2) 单片机的常用中断源和中断向量

传统8051单片机各中断源的中断号如表6-1-5所示,IAP15W4K58S4单片机各中断源的中断号如表6-1-5所示。

表 6-1-5　8051 单片机的常用中断源与中断向量表

中　断　源	中断号 n	中断向量 8n+3
外部中断 0	0	0003H
定时器/计数器中断 0	1	000BH
外部中断 1	2	0013H
定时器/计数器中断 1	3	001BH
串行口中断	4	0023H

3) 中断服务函数的编写规则

(1) 中断函数不能进行参数传递。如果中断函数中包含任何参数声明,都将导致编译出错。

(2) 中断函数没有返回值。如果企图定义一个返回值,将得到不正确的结果。因此,最好在定义中断函数时,将其定义为void类型,以明确说明没有返回值。

(3) 在任何情况下都不能直接调用中断函数,否则会产生编译错误。因为中断函数的返回是由8051单片机指令RETI完成的,RETI指令影响8051单片机的硬件中断系统。

(4) 如果中断函数中用到浮点运算,必须保存浮点寄存器的状态。当没有其他程序执行浮点运算时,可以不保存。

(5) 如果在中断函数中调用了其他函数,被调用函数使用的寄存器组必须与中断函数相同。用户必须保证按要求使用相同的寄存器组,否则会产生不正确的结果。如果定义中断函数时没有使用using选项,则由编译器选择一个寄存器组作为绝对寄存器组访问。

 **任务实施**

1. 任务要求

(1) 将项目五任务1中的定时功能由查询方式改成中断方式实现。

(2) 将项目五任务3中的定时功能由查询方式改成中断方式实现。

2. 硬件设计

同项目五任务 1 和项目五任务 2 的硬件电路。

3. 软件设计

1) 秒表源程序(项目六任务 1_1.c)

```c
# include < stc15. h >                        //包含支持 IAP15W4K58S4 单片机的头文件
# include < intrins. h >
# include < gpio. h >                         //I/O 初始化文件
# define uchar unsigned char
# define uint unsigned int
# include < 595hc. h >
uchar cnt = 0;
uchar second = 0;
sbit SW17 = P3 ^2;
void Timer0Init(void)     //50 毫秒@12.000MHz,从 STC-ISP 在线编程软件定时器计算器工具中获得
{
    AUXR &= 0x7f;                            //定时器时钟 12T 模式
    TMOD &= 0xf0;                            //设置定时器模式
    TL0 = 0xb0;                              //设置定时初值
    TH0 = 0x3c;                              //设置定时初值
    TF0 = 0;                                 //清除 TF0 标志
    TR0 = 1;                                 //定时器 0 开始计时
}
void start(void)
{
    if(SW17 == 1)
    {
        TR0 = 1;
    }
    else
        TR0 = 0;
}
void main(void)
{
    gpio();
    Timer0Init();
    ET0 = 1;
    EA = 1;
    while(1)
    {
        display();
        start();
    }
}
void T0_ISR() interrupt 1
{
    TF0 = 0;
    cnt++;
    if(cnt == 20)
```

```
    {
        cnt = 0;
        second++;
        if(second == 100)second = 0;
        Dis_buf[7] = second % 10;
        Dis_buf[6] = second/10;
    }
}
```

2) 简易频率计程序(项目六任务 1_2.c)

```
# include < stc15. h >                          //包含支持 IAP15W4K58S4 单片机的头文件
# include < intrins. h >
# include < gpio. h >                           //I/O 初始化文件
# define uchar unsigned char
# define uint unsigned int
# include < 595hc. h >
uint counter = 0;
uchar cnt = 0;
uchar temp1, temp2;
void T0_T1_ini(void)
{
    TMOD = 0x40;                                 //T0 定时,T1 计数
    TH0 = (65536 - 50000)/256;                   //设置 T0 50ms 定时的初始值
    TL0 = (65536 - 50000) % 256;                 //设置 T1 计数的初始值
    TH1 = 0x00;
    TL1 = 0x00;
    TR0 = 1;
    TR1 = 1;
}
/ * --------- 主函数 --------------- * /
void main(void)
{
    gpio();
    T0_T1_ini();
    ET0 = 1;
    EA = 1;
    while(1)
    {
        Dis_buf[7] = counter % 10;
        Dis_buf[6] = counter/10 % 10;
        Dis_buf[5] = counter/100 % 10;
        Dis_buf[4] = counter/1000 % 10;
        Dis_buf[3] = counter/10000 % 10;
        display();
    }
}
void T0_ISR() interrupt 1                        //T0 中断服务函数
{
    TF0 = 0;
    cnt++;
```

```
        if(cnt == 20)                          //1s 到了,清 50ms 计数变量,读 T1 值
        {
            cnt = 0;
            temp1 = TL1;
            temp2 = TH1;                        //读取计数值
            TR1 = 0;                            //关闭 T1,满足对 TH1、TL1 赋值的条件
            TL1 = 0;
            TH1 = 0;
            TR1 = 1;
            counter = (temp2 << 8) + temp1;     //高、低 8 位计数值合并在 counter 变量中
        }
    }
```

4. 系统调试

（1）秒表的调试。

（2）简易频率计的调试。

修改程序,然后将 T1 由计数方式改为定时方式,并调试程序。

利用 T0 定时器的中断控制方式,设计一个倒计时秒表。倒计时时间分两挡：60s 和 100s。当倒计时为 0 时,声光报警；设置两个开关,一个用于设置倒计时时间,一个用于启动和复位。

任务 2　外部中断的应用编程

外部中断是由外部事件或人为产生的。本任务主要介绍外部中断的应用编程方法。

IAP15W4K58S4 单片机外部中断的初始化

IAP15W4K58S4 单片机有 5 个外部中断。其中,外部中断 2、外部中断 3 和外部中断 4 只有一种触发方式,即下降沿触发；外部中断 0、外部中断 1 有两种中断触发方式。

- 当 IT0(IT1)＝0 时,外部中断 0(外部中断 1)是上升沿、下降沿都会触发,引发中断。
- 当 IT0(IT1)＝1 时,外部中断 0(外部中断 1)是下降沿触发。

因此,在使用外部中断 0 和外部中断 1 时,除要设置中断允许位和中断优先外,还要设置中断请求信号的触发方式。

外部中断 2、外部中断 3 和外部中断 4 无中断优先控制位,固定为低级优先权。在初始化时,只需开放中断即可。

任务实施

1. 任务要求

当外部中断 0 输入时,使 LED7、LED8 的状态取反;当外部中断 1 输入时,使 LED7、LED8 的状态取反。

2. 硬件设计

采用 STC15-Ⅳ版实验箱实现,SW17 用于输入外部中断 0 请求信号,SW18 用于输入外部中断 1 请求信号。电路原理图如图 6-2-1 所示。

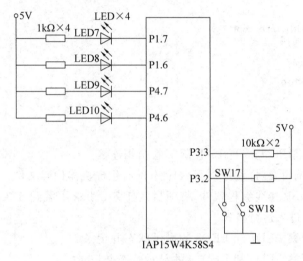

图 6-2-1　外部中断控制电路

3. 软件设计

1) 程序说明

本任务程序主要内容为:开放外部中断 0 和外部中断 1,编写外部中断 0 函数与外部中断 1 函数。

2) 源程序清单(项目六任务 2.c)

```
# include < stc15.h >                    //包含支持 IAP15W4K58S4 单片机的头文件
# include < intrins.h >
# include < gpio.h >                     //I/O 初始化文件
# define uchar unsigned char
# define uint unsigned int
sbit LED7 = P1 ^7;
sbit LED8 = P1 ^6;
sbit LED9 = P4 ^7;
sbit LED10 = P4 ^6;
void main(void)
{
        gpio();
```

```
        ITO = 1;
        IT1 = 1;
        EXO = 1;
        EX1 = 1;
        EA = 1;
        while(1);
}
void INT0_ISR(void) interrupt 0
{
        LED7 = !LED7;
        LED8 = !LED8;
}
void INT1_ISR(void) interrupt 2
{
        LED9 = !LED9;
        LED10 = !LED10;
}
```

4. 系统调试

(1) 用 USB 线将 PC 与 STC15-Ⅳ版实验箱相连接。

(2) 用 Keil C 编辑、编译程序项目六任务 2.c,生成机器代码文件:项目六任务 2.hex。

(3) 运行 STC-ISP 在线编程软件,将项目六任务 2.hex 下载到 STC15-Ⅳ版实验箱单片机。下载完毕,自动进入运行模式。

* 按 SW17,观察 LED7 和 LED8 的显示状态并记录。
* 按 SW18,观察 LED9 和 LED10 的显示状态并记录。

修改项目一任务 3.c 程序,利用外部中断 0 增加流水灯的间隔时间,利用外部中断 1 减小流水灯的间隔时间。流水灯的间隔时间的调整步长是 500ms。

任务 3　交通信号灯控制系统设计与实践

利用软件延时和外部中断,设计一个实用电路:交通信号灯控制电路。

外部中断源的扩展

IAP15W4K58S4 单片机虽然有 5 个外部中断请求输入端:INT0、INT1、$\overline{\text{INT2}}$、$\overline{\text{INT3}}$ 和

$\overline{INT4}$,但在实际应用中,若处理的外部事件比较多,需扩充外部中断源。这里介绍两种简单可行的方法。

1. 用定时器作为外部中断源

IAP15W4K58S4单片机有5个通用定时器/计数器,具有5个内中断标志和外计数引脚。在某些应用中定时器不使用时,它们的中断可作为外部中断请求使用。此时,可将定时器设置成计数方式,计数初值设为满量程,则其计数输入端引脚发生负跳变时,计数器加1便产生溢出中断。利用此特性,可把T0、T1、T2、T3和T4引脚用作外部中断请求输入线,此时计数器的溢出中断标志作为外部中断请求标志。

2. 中断和查询相结合

利用外部中断的中断请求与查询相结合的方法,可以实现将一根中断请求输入线扩展为多个外部中断的中断请求输入线。即将多个外部中断的中断请求信号通过或非门或者与门接入单片机的中断请求输入端,同时将各中断请求信号分别接到某个端口的引脚。

当外部中断源的中断请求信号是上升沿有效时,拟采用或非门,如图6-3-1所示。当无外部中断请求时,外部中断的中断请求输入信号为低电平,或非门的输出(外部中断0的中断请求电平)为高电平;当外部中断中任一个中断源有中断请求时,该中断请求信号为高电平,即或非门的输出(外部中断0的中断请求电平)为低电平,产生一个下降沿,引发外部中断0。然后,在外部中断0函数中,依次查询各中断源的中断请求信号,判断是哪一个中断源有中断请求,进而执行该中断源的中断服务程序。

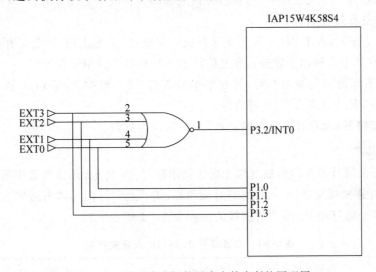

图6-3-1　利用或非门扩展多个外中断的原理图

当外部中断源的中断请求信号是下降沿有效时,拟采用与门,如图6-3-2所示。当无外部中断请求时,外部中断的中断请求输入信号为高电平,与门的输出(外部中断0的中断请求电平)为高电平;当外部中断中任一个中断源有中断请求时,该中断请求信号为低电平,即与门的输出(外部中断0的中断请求电平)为低电平,产生一个下降沿,引发外部中断0。然后,在外部中断0函数中,依次查询各中断源的中断请求信号,判断是哪一个中断源有中断请求,进而执行该中断源的中断服务程序。

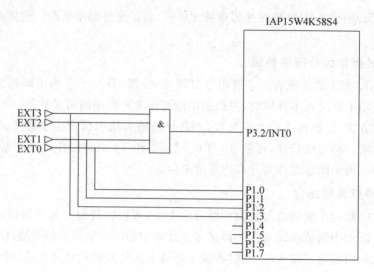

图 6-3-2　利用与门扩展多个外中断的原理图

 **任务实施**

1. 任务要求

用单片机设计一个交通信号灯控制系统,完成正常情况下的轮流放行,以及特殊情况和紧急情况下的红绿灯控制。

(1) 正常情况下,A、B 道(A、B 道交叉组成十字路口,A 是主道,B 是支道)轮流放行,A 道放行 1 分钟(其中 5 秒用于警告),B 道放行 30 秒(其中 5 秒用于警告)。

(2) 一道有车而另一道无车时,使有车车道放行。K1 键按下,表示 A 道有车,A 道放行;K2 键按下,表示 B 道有车,B 道放行。

(3) K3 键按下,表示有紧急车辆通过,A、B 道均为红灯。

2. 硬件设计

K1、K2 开关信号经与门形成外部中断 1 请求信号,开关 K3 形成外部中断 0 请求信号,用 6 只 LED 灯来模拟交通岗 A、B 通道对应的红、黄、绿信号灯,具体电路如图 6-3-3 所示。

6 只 LED 交通灯与 P1 端口的连接关系如表 6-3-1 所示。

表 6-3-1　交通灯与 P1 端口的连接关系表

A 道			B 道		
红	绿	黄	红	绿	黄
P1.0	P1.1	P1.2	P1.3	P1.4	P1.5

3. 软件设计

1) 编程思路

整体设计思路如下所述。

(1) 正常情况下运行主程序,通过反复调用 0.5s 延时子程序来实现各种定时时间。

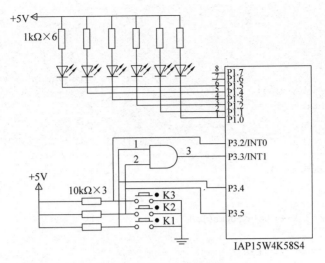

图 6-3-3　交通灯控制电路

（2）一道有车而另一道无车时，采用外部中断 1 方式进入与其相应的中断服务程序，并设置该中断为低优先级。

（3）有紧急车辆通过时，采用外部中断 0 方式进入与其相应的中断服务程序，并设置该中断为高优先级，实现中断嵌套。

如图 6-3-4 所示为交通信号灯控制系统的程序流程图。

2）源程序清单（项目六任务 3.c）

```
# include < stc15.h>              //包含支持 IAP15W4K58S4 单片机的头文件
# include < intrins.h>
# include < gpio.h>               //I/O 初始化文件
# define uchar unsigned char
# define uint unsigned int
uchar x;
uchar Y;
sbit main_road_red = P1 ^ 0;      //主道红灯
sbit main_road_green = P1 ^ 1;    //主道绿灯
sbit main_road_yellow = P1 ^ 2;   //主道黄灯
sbit branch_road_red = P1 ^ 3;    //支道红灯
sbit branch_road_green = P1 ^ 4;  //支道绿灯
sbit branch_road_yellow = P1 ^ 5; //支道黄灯
sbit k1 = P3 ^ 4;
sbit k2 = P3 ^ 5;
/* ----------------- 500ms 延时函数 --------------- */
void Delay500ms()                 //@11.0592MHz,从 STC-ISP 在线编程工具中获得
{
    unsigned char i, j, k;

    _nop_();
    _nop_();
    i = 22;
    j = 3;
```

```
    k = 227;
    do
    {
        do
        {
            while ( -- k);
        } while ( -- j);
    } while ( -- i);
}
```

```
/* ---------------- t×0.5s 延时函数 -------------- */
void DelayX500ms(uint t)
{
    uint k;
    for(k = 0;k < t;k++) Delay500ms();
}
/* ---------------- 主函数 -------------- */
void main()
{
    uchar m;
    PX0 = 1;                             //外部中断 0 为高优先级
    IT0 = 1;EX0 = 1;                     //允许外部中断 0,下降沿触发
    IT1 = 1;EX1 = 1;                     //允许外部中断 1,下降沿触发
    EA = 1;                              //开放总中断
    gpio();                              //I/O 初始化
    while(1)
    {
        main_road_red = 1;              //主道通行 55s
        main_road_green = 0;
        main_road_yellow = 1;
        branch_road_red = 0;
        branch_road_green = 1;
        branch_road_yellow = 1;
        DelayX500ms(110);
        for(m = 0;m < 6;m++)             //主道绿灯闪烁 6 次
        {
            main_road_green = ! main_road_green;
            DelayX500ms(1);
        }
        main_road_green = 1;
        main_road_yellow = 0;           //主道黄灯 2s
        DelayX500ms(4);
        main_road_red = 0;              //支道通行 25s
        main_road_green = 1;
        main_road_yellow = 1;
        branch_road_red = 1;
        branch_road_green = 0;
        branch_road_yellow = 1;
        DelayX500ms(50);
        for(m = 0;m < 6;m++)            //支道绿灯闪烁 6 次
        {
            branch_road_green = ! branch_road_green;
            DelayX500ms(1);
```

```
        }
        branch_road_green = 1;                    //支道黄 2s
        branch_road_yellow = 0;
        DelayX500ms(4);
    }
}
/* ---------------- 外部中断 0 函数,紧急车辆通行 ------------- */
void Ex0_int() interrupt 0
{
    Y = P1;                                   //保存进入中断前的交通灯状态
    main_road_red = 0;                        //主道、支道皆为红灯,以备紧急车辆通行
    main_road_green = 1;
    main_road_yellow = 1;
    branch_road_red = 0;
    branch_road_green = 1;
    branch_road_yellow = 1;
    DelayX500ms(40);                          //保持 20s
    while(P32 == 0);                          //等待本次中断信号结束,若需要更长时间,
                                              //保持按键为低电平
    P1 = Y;                                   //恢复进入中断前交通灯状态
}
/* ---------------- 外部中断 1 函数,强行选择车道通行 ------------- */
void Ex1_int() interrupt 2
{
    EA = 0;
    x = P1;                                   //保存进入中断前交通灯状态
    EA = 1;
    if(k1 == 0)
    {
        main_road_red = 1;                    //主道通行
        main_road_green = 0;
        main_road_yellow = 1;
        branch_road_red = 0;
        branch_road_green = 1;
        branch_road_yellow = 1;
    }
    if(k2 == 0)
    {
        main_road_red = 0;                    //支道通行
        main_road_green = 1;
        main_road_yellow = 1;
        branch_road_red = 1;
        branch_road_green = 0;
        branch_road_yellow = 1;
    }
    DelayX500ms(10);                          //保持 5s
    while(P33 == 0);                          //等待本次中断信号结束,若需要更长的时间,
                                              //保持按键为低电平
    EA = 0;
    P1 = x;                                   //恢复进入中断前交通灯状态
    EA = 1;
}
```

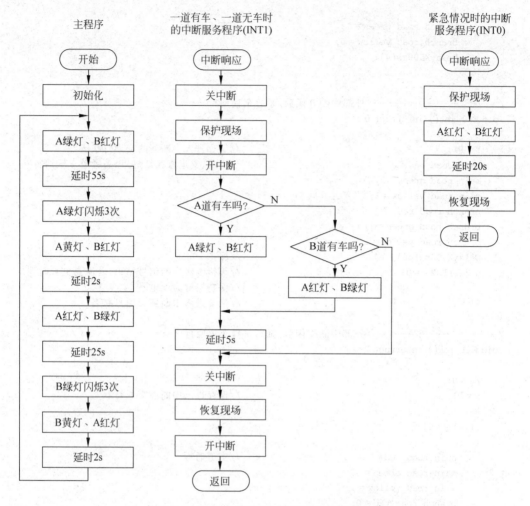

图 6-3-4　交通信号灯模拟控制系统程序流程图

4. 硬件连线与调试

（1）用 USB 线将 PC 与 STC15-Ⅳ版实验箱相连接。单片机外围电路在实验箱的 DIY 区搭接并与单片机连接。

（2）用 Keil C 编辑、编译程序项目六任务 3.c,生成机器代码文件：项目六任务 3.hex。

（3）运行 STC-ISP 在线编程软件,将项目六任务 3.hex 下载到 STC15-Ⅳ版实验箱单片机。下载完毕,自动进入运行模式。

- 检查正常运行的交通灯效果。
- 当有紧急通行任务时,按 K3 键,检查交通运行情况。
- 当在 B 道放行时,但 B 道无车,A 道有车,按 K1 键,检查交通灯运行情况。
- 当在 A 道放行时,但 A 道无车,B 道有车,按 K2 键,检查交通灯运行情况。

提示：为了提高调试效率,可将交通灯各阶段时间缩小进行调试。各功能无误后,恢复原来的时间,进行最后的确认调试。

任务拓展

（1）正常通行时间的控制，改用定时器来实现。

（2）添加一个计时器，显示通道的通行时间。

习　题

1. IAP15W4K58S4 单片机有几个中断源？各中断标志是如何产生的？CPU 响应中断时，它们的中断向量地址分别是什么？其标志是如何清除的？

2. IAP15W4K58S4 单片机的中断系统中有几个优先级？如何设定？在什么情况下，一个中断能够中断某个正在处理的中断？

3. CPU 响应中断有哪些条件？在什么情况下，中断响应会受阻？

4. 简述 IAP15W4K58S4 单片机中断响应的过程。

5. IAP15W4K58S4 单片机中断响应时间是否固定不变？为什么？

6. IAP15W4K58S4 单片机外部中断 0、T0 中断、外部中断 1、T1 中断、串行口 1 中断的中断号各是多少？

7. IAP15W4K58S4 单片机有几个外部中断？

8. IAP15W4K58S4 单片机外部中断 0 与外部中断 1 的触发方式是怎样的？如何设置？

9. IAP15W4K58S4 单片机外部中断的优先级是怎样设定的？

10. IAP15W4K58S4 单片机外部中断的中断请求标志需要如何处理？

11. IAP15W4K58S4 单片机有哪几种扩展外部中断源方法？各有什么特点？

12. IAP15W4K58S4 单片机的 INT0、INT1 引脚分别输入压力超限、温度超限中断请求信号，定时器/计数器 0 作为定时检测的实时时钟，用户规定的中断优先权排队次序为：压力超限→温度超限→定时检测。要求确定 IE、IP 的内容，以满足上述要求。

13. 试编写程序，使得外部中断 0 时，数字"0、1、2、3、4、5、6、7、8、9"在数码管上左移显示；外部中断 1 时，数字"0、1、2、3、4、5、6、7、8、9"在数码管上右移显示。

IAP15W4K58S4单片机的串行通信

串行通信是单片机与外界交换信息的一种基本通信方式。串行通信对单片机而言意义重大,不但可以实现将单片机的数据传输到计算机端,而且能实现计算机对单片机的控制。由于串行通信所需电缆线少,接线简单,所以在较远距离传输中,得到了广泛应用。

本项目通过实现单片机双机通信及单片机与 PC 的通信,以实例讲解单片机串行通信的基本原理和应用编程。

知识点:

◇ 串行通信的分类和制式;

◇ 异步通信的字符帧结构与波特率;

◇ 串行通信的总线标准和接口;

◇ IAP15W4K58S4 单片机串行口的工作方式与控制寄存器;

◇ IAP15W4K58S4 单片机双机通信与多机通信。

技能点:

◇ IAP15W4K58S4 单片机串行口控制寄存器的设置;

◇ 串口通信波特率的选择与设计;

◇ IAP15W4K58S4 单片机双机通信与多机通信设计。

任务 1　IAP15W4K58S4 单片机的双机通信

 任务说明

在本任务中,一是介绍微型计算机串行通信的基本知识;二是介绍 IAP15W4K58S4 单片机的串行通信技术以及应用编程。IAP15W4K58S4 单片机有 4 个串行口,其基本原理与控制方法基本一致。这里主要通过串行口 1 来介绍与实践。

1. 串行通信基础

通信是人们传递信息的方式。计算机通信是将计算机技术和通信技术相结合,完成计算机与外部设备或计算机与计算机之间的信息交换。信息交换方式分为两种:并行通信与串行通信。

并行通信是将数据字节的各位用多条数据线同时传送,如图 7-1-1(a)所示。并行通信的特点是:控制简单,传送速度快。但由于传输线较多,长距离传送时,并行通信的成本较高,因此它仅适用于短距离传送。

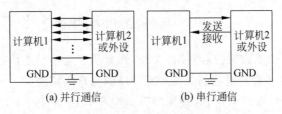

图 7-1-1　并行通信与串行通信工作示意图

串行通信是将数据字节分成 1 位 1 位的形式在一条传输线上逐个地传送,如图 7-1-1 (b)所示。串行通信的特点是传送速度慢,但其传输线少,长距离传送时成本较低。因此,串行通信适用于长距离传送。

1) 串行通信的分类

按照串行通信数据的时钟控制方式,串行通信分为异步通信和同步通信两类。

(1) 异步通信。

在异步通信(Asynchronous Communication)中,数据通常以字符(或字节)为单位组成字符帧传送。字符帧由发送端一帧一帧地发送,通过传输线为接收设备一帧一帧地接收。发送端和接收端可以由各自的时钟来控制数据的发送和接收。这两个时钟源彼此独立,互不同步,但要求传送速率一致。在异步通信中,两个字符之间的传输间隔是任意的,所以每个字符的前、后都要用一些数位作为分隔位。

发送端和接收端依靠字符帧格式来协调数据的发送和接收。在通信线路空闲时,发送线为高电平(逻辑"1")。当接收端检测到传输线上发送过来的低电平逻辑"0"(字符帧中的起始位)时,就知道发送端已开始发送;当接收端接收到字符帧中的停止位(实际上是按一个字符帧约定的位数确定的)时,就知道一帧字符信息已发送完毕。

在异步通信中,字符帧格式和波特率是两个重要指标,由用户根据实际情况选定。

① 字符帧(Character Frame):也叫数据帧,由起始位、数据位(纯数据或数据加校验位)和停止位三部分组成,如图 7-1-2 所示。

- 起始位:位于字符帧开头,只占 1 位,始终为逻辑"0"(低电平),用于向接收设备表示发送端开始发送一帧信息。
- 数据位:紧跟起始位之后,用户根据情况可取 5 位、6 位、7 位或 8 位。低位在前,高位在后(即先发送数据的最低位)。通常以数据字节为单位,即取 8 位。

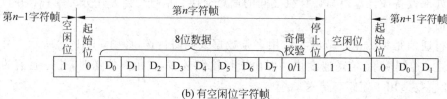

图 7-1-2 异步通信的字符帧格式

- 奇偶校验位：位于数据位后，仅占 1 位，通常用于对串行通信数据进行奇偶校验；也可以由用户定义为其他控制含义；也可以没有奇偶校验位。
- 停止位：位于字符帧末尾，为逻辑"1"（高电平），通常可取 1 位、1.5 位或 2 位，用于向接收端表示一帧字符信息已发送完毕，也为发送下一帧字符做准备。发送空闲之间维持高电平。

在串行通信中，发送端一帧一帧地发送信息，接收端一帧一帧地接收信息。两个相邻字符帧之间可以无空闲位，也可以有若干空闲位，由用户根据需要决定。图 7-1-2(b)所示为有 3 个空闲位的字符帧格式。

② 波特率(Baud Rate)：异步通信的另一个重要指标。

波特率为每秒钟传送二进制数码的位数，也叫比特数，单位为 bit/s，即位/秒(b/s)。波特率用于表征数据传输的速率，波特率越高，数据传输速率越快。但波特率和字符的实际传输速率不同。字符的实际传输速率是每秒内所传字符帧的帧数，与字符帧格式有关。例如，波特率为 1200b/s 的通信系统，若采用图 7-1-2(a)所示的字符帧，每一字符帧包含 11 位数据，则字符的实际传输速率为 1200/11＝109.09(f/s)；若改用图 7-1-2(b)所示的字符帧，每一字符帧包含 14 位数据，其中含 3 位空闲位，则字符的实际传输速率为 1200/14＝85.71(f/s)。

异步通信的优点是不需要传送同步时钟，字符帧长度不受限制，故设备简单；其缺点是字符帧中因包含起始位和停止位而降低了有效数据的传输速率。

（2）同步通信。

同步通信(Synchronous Communication)是一种连续串行传送数据的通信方式，一次通信传输一组数据（包含若干个字符数据）。同步通信时，要建立发送方时钟对接收方时钟的直接控制，使双方达到完全同步。在发送数据前，先要发送同步字符，再连续地发送数据。同步字符有单同步字符和双同步字符之分，如图 7-1-3(a)和图 7-1-3(b)所示。同步通信的字符帧结构由同步字符、数据字符和校验字符 CRC 三部分组成。在同步通信中，同步字符可以采用统一的标准格式，也可以由用户约定。

同步通信的数据传输速率较高，其缺点是要求发送时钟和接收时钟必须保持严格同步，硬件电路较为复杂。

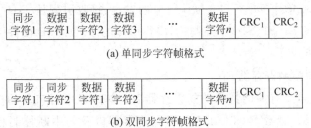

(a) 单同步字符帧格式

(b) 双同步字符帧格式

图 7-1-3　同步通信的字符帧格式

2) 串行通信的传输方向

在串行通信中,数据在两个站之间传送。按照数据传送方向及时间关系,串行通信分为单工(simple duplex)、半双工(half duplex)和全双工(full duplex)三种制式,如图 7-1-4 所示。

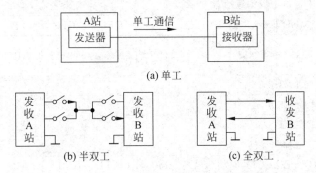

图 7-1-4　单工、半双工和全双工三种传输制式

(1) 单工制式:通信线路的一端接发送器,一端接接收器,数据只能按照一个固定的方向传送,如图 7-1-4(a)所示。

(2) 半双工制式:系统的每台通信设备都由一个发送器和一个接收器组成,如图 7-1-4(b)所示。在这种制式下,数据能从 A 站传送到 B 站,也可以从 B 站传送到 A 站,但是不能同时在两个方向上传送,即只能一端发送,一端接收。其收发开关一般是由软件控制的电子开关。

(3) 全双工制式:通信系统的每端都有发送器和接收器,且可以同时发送和接收,即数据可以在两个方向上同时传送,如图 7-1-4(c)所示。

2. IAP15W4K58S4 单片机的串行口 1

IAP15W4K58S4 单片机内部有 4 个可编程全双工串行通信接口,它们具有 UART 的全部功能。每个串行口由两个数据缓冲器、一个移位寄存器、一个串行控制器和一个波特率发生器组成。每个串行口的数据缓冲器由两个相互独立的接收缓冲器和发送缓冲器构成,可以同时发送和接收数据。发送数据缓冲器只能写入而不能读出,接收缓冲器只能读出而不能写入,因而两个缓冲器可以共用一个地址码。

串行口 1 的两个数据缓冲器的共用地址码是 99H。串行口 1 的两个数据缓冲器统称串行口 1 数据缓冲器 SBUF(见表 7-1-1)。当对 SBUF 进行读操作(x＝SBUF;)时,操作对象是串行口 1 的接收数据缓冲器;当对 SBUF 进行写操作(SBUF＝x;)时,操作对象是串行口 1 的发送数据缓冲器。

IAP15W4K58S4 单片机串行口 1 默认对应的发送、接收引脚是 TxD/P3.1、RxD/P3.0,通过设置 P_SW1 中的 S1_S1、S1_S0 控制位,串行口 1 的 TxD、RxD 硬件引脚可切换为 P1.7、P1.6 或 P3.7、P3.6。

1) 串行口 1 的控制寄存器

与单片机串行口 1 有关的特殊功能寄存器有:单片机串行口 1 的控制寄存器、与波特率设置有关的定时器/计数器(T1/T2)的相关寄存器以及与中断控制相关的寄存器,详见表 7-1-1。

表 7-1-1　与单片机串行口 1 有关的特殊功能寄存器

	地址	B7	B6	B5	B4	B3	B2	B1	B0	复位值
SCON	98H	SM0/FE	SM1	SM2	REN	TB8	RB8	TI	RI	0000 0000
SBUF	99H	串行口 1 数据缓冲器								xxxx xxxx
PCON	87H	SMOD	SMOD0	LVDF	POF	GF1	GF0	PD	IDL	0011 0000
AUXR	8EH	T0x12	T1x12	UART_M0x6	T2R	T2_C/$\overline{\text{T}}$	T2x12	EXTRAM	S1ST2	0000 0000
TL1	8AH	T1 的低 8 位								0000 0000
TH1	8BH	T1 的高 8 位								0000 0000
T2L	D7H	T2 的低 8 位								0000 0000
T2H	D6	T2 的高 8 位								0000 0000
TMOD	89H	GATE	C/$\overline{\text{T}}$	M1	M0	GATE	C/$\overline{\text{T}}$	M1	M0	0000 0000
TCON	88H	TF1	TR1	TF0	TR0	IE1	IT1	IE0	IT0	0000 0000
IE	A8H	EA	ELVD	EADC	ES	ET1	EX1	ET0	EX0	0000 0000
IP	B8H	PPCA	PLVD	PADC	PS	PT1	PX1	PT0	PX0	0000 0000
P_SW1 (AUXR1)	A2H	S1_S1	S1_S0	CCP_S1	CCP_S0	SPI_S1	SPI_S0	0	DPS	0000 0000

(1) 串行口 1 控制寄存器 SCON。

串行口 1 控制寄存器 SCON 用于设定串行口 1 的工作方式、允许接收控制以及设置状态标志。字节地址为 98H,可进行位寻址。单片机复位时,所有位全为"0"。其格式如下:

	地址	B7	B6	B5	B4	B3	B2	B1	B0	复位值
SCON	98H	SM0/FE	SM1	SM2	REN	TB8	RB8	TI	RI	0000 0000

各位的说明如下所述。

① SM0/FE、SM1:

- PCON 寄存器中的 SMOD0 位为"1"时,SM0/FE 用于帧错误检测。当检测到一个无效停止位时,通过 UART 接收器设置该位。它必须由软件清零。
- PCON 寄存器中的 SMOD0 为"0"时,SM0/FE 和 SM1 一起指定串行通信的工作方式,如表 7-1-2 所示(其中,f_{SYS} 为系统时钟频率)。

表 7-1-2　串行口 1 方式选择位

SM0	SM1	工作方式	功　　能	波　特　率
0	0	方式 0	8 位同步移位寄存器	$f_{SYS}/12$ 或 $f_{SYS}/2$
0	1	方式 1	10 位 UART	可变,取决于 T1 或 T2 的溢出率
1	0	方式 2	11 位 UART	$f_{SYS}/64$ 或 $f_{SYS}/32$
1	1	方式 3	11 位 UART	可变,取决于 T1 或 T2 的溢出率

② SM2：多机通信控制位,用于方式 2 和方式 3。在方式 2 和方式 3 处于接收状态时,若 SM2＝1,且接收到的第 9 位数据 RB8 为"0"时,不激活 RI;若 SM2＝1,且 RB8＝1,置位 RI 标志。在方式 2、方式 3 处于接收状态时,若 SM2＝0,不论接收到的第 9 位 RB8 为"0"还是为"1",RI 都以正常方式被激活。

注：串行接收中,不激活 RI,意味着无法接收串行接收缓冲器中的数据,即数据丢失。

③ REN：允许串行接收控制位。由软件置位或清零。REN＝1 时,启动接收;REN＝0 时,禁止接收。

④ TB8：在方式 2 和方式 3 中,串行发送数据的第 9 位,由软件置位或复位,可作为奇偶校验位。在多机通信中,可作为区别地址帧或数据帧的标识位。一般约定,作为地址帧时,TB8 为"1";作为数据帧时,TB8 为"0"。

⑤ RB8：在方式 2 和方式 3 中,是串行接收到的第 9 位数据,作为奇偶校验位或地址帧、数据帧的标识位。

⑥ TI：发送中断标志位。在方式 0 中,发送完 8 位数据后,由硬件置位;在其他方式中,在发送停止位之初由硬件置位。TI 是发送完一帧数据的标志,既可以用查询的方法,也可以用中断的方法来响应该标志;然后,在相应的查询服务程序或中断服务程序中,由软件清除 TI。

⑦ RI：接收中断标志位。在方式 0 中,接收完 8 位数据后,由硬件置位;在其他方式中,在接收停止位的中间由硬件置位。RI 是接收完一帧数据的标志,同 TI 一样,既可以用查询的方法,也可以用中断的方法来响应该标志;然后,在相应的查询服务程序或中断服务程序中,由软件清除 RI。

(2) 电源及波特率控制寄存器 PCON。

PCON 主要是为单片机的电源控制而设置的专用寄存器,不可以位寻址,字节地址为 87H,复位值为 30H。其中,SMOD、SMOD0 与串口控制有关,其格式与说明如下所示。

	地址	B7	B6	B5	B4	B3	B2	B1	B0	复位值
PCON	87H	SMOD	SMOD0	LVDF	POF	GF1	GF0	PD	IDL	0011 0000

① SMOD：SMOD 为波特率倍增系数选择位。在方式 1、方式 2 和方式 3 时,串行通信的波特率与 SMOD 有关。当 SMOD＝0 时,通信速度为基本波特率;当 SMOD＝1 时,通信速度为基本波特率的 2 倍。

② SMOD0：帧错误检测有效控制位。SMOD0＝1,SCON 寄存器中的 SM0/FE 用于帧错误检测(FE);SMOD0＝0,SCON 寄存器中的 SM0/FE 用于 SM0 功能,与 SM1 一起指定串行口 1 的工作方式。

（3）辅助寄存器 AUXR。

辅助寄存器 AUXR 的格式如下所示。

地址	B7	B6	B5	B4	B3	B2	B1	B0	复位值
AUXR	8EH	T0x12	T1x12	UART_M0x6	T2R	T2_C/$\overline{\text{T}}$	T2x12	EXTRAM	S1ST2	0000 0000

① UART_M0x6：串行口 1 方式 0 通信速率设置位。UART_M0x6＝0，串行口方式 0 的通信速率与传统 8051 单片机一致，波特率为系统时钟频率的 12 分频，即 $f_{\text{SYS}}/12$；UART_M0x6＝1，串行口 1 方式 0 的通信速率是传统 8051 单片机通信速率的 6 倍，波特率为系统时钟频率的 2 分频，即 $f_{\text{SYS}}/2$。

② S1ST2：当串行口 1 工作在方式 1、方式 3 时，S1ST2 为串行口 1 波特率发生器选择控制位。S1ST2＝0 时，选择定时器 T1 为波特率发生器；S1ST2＝1，选择定时器 T2 为波特率发生器。

③ T1x12、T2R、T2_C/$\overline{\text{T}}$、T2x12：与定时器 T1、T2 有关的控制位。相关控制功能在 T1、T2 的学习中已详细介绍，在此不再叙述。

2）串行口 1 的工作方式

IAP15W4K58S4 单片机串行通信有 4 种工作方式。当 SMOD0＝0 时，通过设置 SCON 中的 SM0、SM1 位来选择。

（1）方式 0。

在方式 0 下，串行口用作同步移位寄存器，其波特率为 $f_{\text{SYS}}/12$（UART_M0x6 为"0"时）或 $f_{\text{SYS}}/2$（UART_M0x6 为"1"时）。串行数据从 RxD(P3.0)端输入或输出，同步移位脉冲由 TxD(P3.1)送出。这种方式常用于扩展 I/O 口。

① 发送：当 TI＝0，一个数据写入串行口 1 发送缓冲器 SBUF 时，串行口 1 将 8 位数据以 $f_{\text{SYS}}/12$ 或 $f_{\text{SYS}}/2$ 的波特率从 RxD 引脚输出（低位在前）；发送完毕，置位中断请求标志 TI，并向 CPU 请求中断。再次发送数据之前，必须由软件清零 TI 标志。方式 0 发送时序如图 7-1-5 所示。

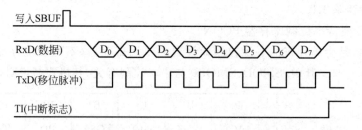

图 7-1-5　以方式 0 发送的时序

以方式 0 发送时，串行口可以外接串行输入并行输出的移位寄存器，如 74LS164、CD4094、74HC595 等芯片，用来扩展并行输出口，其逻辑电路如图 7-1-6 所示。

② 接收：当 RI＝0 时，置位 REN，串行口即开始从 RxD 端以 $f_{\text{SYS}}/12$ 或 $f_{\text{SYS}}/2$ 的波特

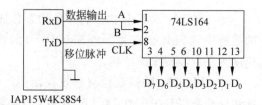

图 7-1-6　以方式 0 扩展输出口

率输入数据(低位在前)。接收完 8 位数据后,置位中断请求标志 RI,并向 CPU 请求中断。再次接收数据之前,必须由软件清零 RI 标志。以方式 0 接收的时序如图 7-1-7 所示。

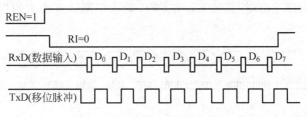

图 7-1-7　以方式 0 接收的时序

以方式 0 接收时,串行口可以外接并行输入串行输出的移位寄存器,如 74LS165 芯片,用来扩展并行输入口,其逻辑电路如图 7-1-8 所示。

值得注意的是,每当发送或接收完 8 位数据后,硬件自动置位 TI 或 RI;CPU 响应 TI 或 RI 中断后,必须由用户用软件清零。方式 0 时,SM2 必须为"0"。串行控制寄存器 SCON 中的 TB8 和 RB8 在方式 0 中未用。

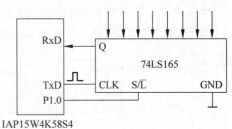

图 7-1-8　以方式 0 扩展输入口

(2) 方式 1。

串行口工作在方式 1 下时,串行口为波特率可调的 10 位通用异步 UART,一帧信息包括 1 位起始位(0)、8 位数据位和 1 位停止位(1)。其帧格式如图 7-1-9 所示。

图 7-1-9　10 位的帧格式

① 发送:当 TI＝0 时,数据写入发送缓冲器 SBUF 后,启动串行口发送过程。在发送移位时钟的同步下,从 TxD 引脚先送出起始位,然后是 8 位数据位,最后是停止位。一帧 10 位数据发送完毕,中断请求标志 TI 置"1"。方式 1 的发送时序如图 7-1-10 所示。方式 1 数据传输的波特率取决于定时器 T1 的溢出率或 T2 的溢出率。

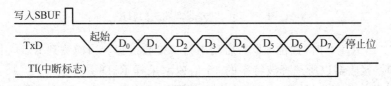

图 7-1-10　以方式 1 发送的时序

② 接收:当 RI＝0 时,置位 REN,启动串行口接收过程。当检测到 RxD 引脚输入电平发生负跳变时,接收器以所选择波特率的 16 倍速率采样 RxD 引脚电平,以 16 个脉冲中的

7、8、9三个脉冲为采样点,取两个或两个以上相同值为采样电平。若检测电平为低电平,说明起始位有效,并以同样的检测方法接收这一帧信息的其余位。接收过程中,8位数据装入接收 SBUF。接到到停止位时,置位 RI,向 CPU 请求中断。方式 1 的接收时序如图 7-1-11所示。

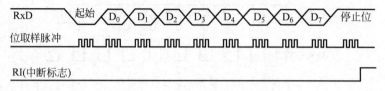

图 7-1-11 以方式 1 接收的时序

（3）方式 2。

串行口工作在方式 2,串行口为 11 位 UART。一帧数据包括 1 位起始位(0)、8 位数据位、1 位可编程位(TB8)和 1 位停止位(1),其帧格式如图 7-1-12 所示。

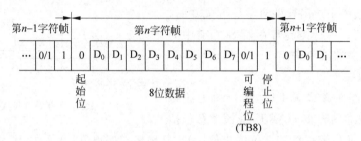

图 7-1-12 11 位 UART 帧格式

① 发送:发送前,先根据通信协议,由软件设置好可编程位(TB8)。当 TI＝0 时,用指令将要发送的数据写入 SBUF,启动发送器的发送过程。在发送移位时钟的同步下,从 TxD引脚先送出起始位,依次是 8 位数据位和 TB8,最后是停止位。一帧 11 位数据发送完毕后,置位发送中断标志 TI,并向 CPU 发出中断请求。在发送下一帧信息之前,TI 必须由中断服务程序或查询程序清零。

以方式 2 发送的时序如图 7-1-13 所示。

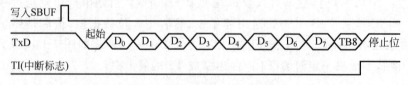

图 7-1-13 以方式 2 发送的时序

② 接收:当 RI＝0 时,置位 REN,启动串行口接收过程。当检测到 RxD 引脚输入电平发生负跳变时,接收器以所选择波特率的 16 倍速率采样 RxD 引脚电平,以 16 个脉冲中的7、8、9 三个脉冲为采样点,取两个或两个以上相同值为采样电平。若检测电平为低电平,说明起始位有效,并以同样的检测方法接收这一帧信息的其余位。接收过程中,8 位数据装入接收 SBUF,第 9 位数据装入 RB8。接收到停止位时,若 SM2＝0 或 SM2＝1,且接收到的RB8＝1,则置位 RI,向 CPU 请求中断;否则,不置位 RI 标志,接收数据丢失。以方式 2 接

收的时序如图 7-1-14 所示。

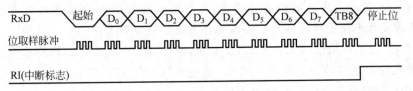

图 7-1-14 以方式 2 接收的时序

（4）方式 3。

串行口工作在方式 3，串行口同方式 2 一样为 11 位 UART。方式 2 与方式 3 的区别在于波特率的设置方法不同，方式 2 的波特率为 $f_{SYS}/64$（SMOD 为"0"）或 $f_{SYS}/32$（SMOD 为"1"）；方式 3 数据传输的波特率同方式 1 一样，取决于定时器 T1 的溢出率或 T2 的溢出率。

对于以方式 3 发送的过程与接收过程，除发送、接收速率不同以外，其他过程和方式 2 完全一致。因方式 2 和方式 3 在接收过程中，只有当 SM2＝0 或 SM2＝1 且接收到的 RB8 为"1"时，才会置位 RI，向 CPU 申请中断请求接收数据；否则，不会置位 RI 标志，接收数据丢失，因此，方式 2 和方式 3 常用于多机通信中。

3）串行口的波特率

在串行通信中，收、发双方对传送数据的速率（即波特率）要有一定的约定，才能正常通信。单片机的串行口 1 有 4 种工作方式。其中，方式 0 和方式 2 的波特率是固定的；方式 1 和方式 3 的波特率可变。串行口 1 由定时器 T1 的溢出率决定，串行口 2 由定时器 2 的溢出率决定。

（1）方式 0 和方式 2。

在方式 0 中，波特率为 $f_{SYS}/12$（UART_M0x6 为"0"时）或 $f_{SYS}/2$（UART_M0x6 为"1"时）。

在方式 2 中，波特率取决于 PCON 中的 SMOD 值。当 SMOD＝0 时，波特率为 $f_{SYS}/64$；当 SMOD＝1 时，波特率为 $f_{SYS}/32$，即波特率 $=\dfrac{2^{SMOD}}{64} \cdot f_{SYS}$。

（2）方式 1 和方式 3。

在方式 1 和方式 3 下，波特率由定时器 T1 或定时器 T2 的溢出率决定。

① 当 S1ST2＝0 时，定时器 T1 为波特率发生器。波特率由定时器 T1 的溢出率（T1 定时时间的倒数）和 SMOD 共同决定，即方式 1 和方式 3 的波特率 $=\dfrac{2^{SMOD}}{32} \cdot$ T1 的溢出率。

其中，T1 的溢出率为 T1 定时时间的倒数，取决于单片机定时器 T1 的计数速率和定时器的预置值。计数速率与 TMOD 寄存器中的 $C/\overline{T}$ 位有关。当（$C/\overline{T}$）＝0 时，计数速率为 $f_{SYS}/12$（T1x12＝0 时）或 f_{SYS}（T1x12＝1 时）；当 $C/\overline{T}$＝1 时，计数速率为 T1 外部输入时钟频率。

当定时器 T1 作为波特率发生器使用时，通常工作在方式 0 或方式 2，即自动重装初始值的 16 位或 8 位定时器。为了避免溢出而产生不必要的中断，此时应禁止 T1 中断。

② 当 S1ST2＝1 时，定时器 T2 为波特率发生器。波特率为定时器 T2 溢出率（定时时

间的倒数)的 1/4。

提示：STC 单片机串行通信的波特率，可利用 STC-ISP 在线编程软件中的波特率工具，自动导出波特率设置所对应的 C 语言程序或汇编语言程序。

例 7-1-1　设单片机采用 11.059MHz 晶振，串行口 1 工在方式 1，波特率为 9600b/s，采用 T1 为波特率发生器，T1 工作在方式 0。利用 STC-ISP 在线编程软件中的波特率工具，自动导出相应波特率所对应的 C 语言程序。

解：启动 STC-ISP 在线编程软件，选择波特率计算器工具，然后按题意设置好相关参数，并单击"生成 C 代码"按钮，系统自动生成按设定所需的 C 程序代码，如图 7-1-15 所示。单击"复制代码"按钮，将生成的 C 代码粘贴到应用程序文件中。

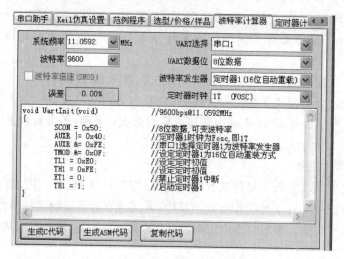

图 7-1-15　波特率计算器工具

4）串行口的应用举例

（1）方式 0 的编程和应用

串行口方式 0 是同步移位寄存器方式。应用方式 0，可以扩展并行 I/O 口，比如在键盘、显示器接口中，外扩串行输入并行输出的移位寄存器（如 74LS164）。每扩展一片移位寄存器，可扩展一个 8 位并行输出口，用来连接一个 LED 显示器作静态显示，或用作键盘中的 8 根列线。

例 7-1-2　使用 2 块 74HC595 芯片扩展 16 位并行口，外接 16 只发光二极管，电路连接如图 7-1-16 所示。利用其串入并出功能，以及锁存输出功能，把发光二极管从右向左依次点亮，并不断循环（16 位流水灯）。

解：74HC595 和 74HC164 功能相仿，都是 8 位串行输入并行输出移位寄存器。74HC164 的驱动电流（25mA）比 74HC595（35mA）小。74HC595 的主要优点是具有数据存储寄存器，在移位的过程中，输出端的数据保持不变。这在串行速度较慢的场合很有用处，数码管没有闪烁感。而且 74HC595 具有级联功能。通过级联，能扩展更多的输出口。

Q0～Q7 是并行数据输出口，即存储寄存器的数据输出口；Q7′是串行输出口用于连接级联芯片的串行数据输入端 DS，ST_CP 是存储寄存器的时钟脉冲输入端（低电平锁存），SH_CP 是移位寄存器的时钟脉冲输入端（上升沿移位），$\overline{OE}$ 是三态输出使能端，$\overline{MR}$ 是芯片

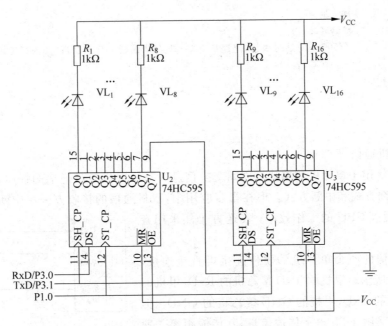

图 7-1-16　串口方式 0 扩展输出口

复位端(低电平有效。低电平时,移位寄存器复位),DS 是串行数据输入端。

```
# include < stc15. h >        //包含 IAP15W4K58S4 单片机的头文件
# include < intrins. h >
# include < gpio. h >
# define uchar unsigned char
# define uint unsigned int
uchar x;
uint y = 0xfffe;
void main(void)
{
    uchar i;
    gpio();
    SCON = 0x00;
    while(1)
    {
        for(i = 0;i < 16;i++)
        {
            x = y&0x00ff;
            SBUF = x;
            while(TI == 0);
            TI = 0;
            x = y >> 8;
            SBUF = x;
            while(TI == 0);
            TI = 0;
            P10 = 1;            //移位寄存器数据送存储锁存器
            Delay50μs();        //50μs 的延时函数,建议从 STC-ISP 在线编程工具中获得,
                               //并放在主函数的前面位置
```

```
        P10 = 0;
        Delay500ms();
            //500ms的延时函数,建议从STC-ISP在线编程工具中获得,并放在主函数的前面位置
        y = _irol_(y,1);
    }
    y = 0xfffe;
    }
}
```

（2）双机通信

双机通信用于单片机和单片机之间交换信息。对于双机异步通信的程序,通常采用两种方法:查询方式和中断方式。但在很多应用中,双机通信的接收方采用中断的方式来接收数据,以提高 CPU 的工作效率;发送方仍然采用查询方式。

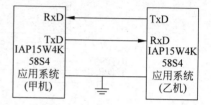

双机通信的两个单片机的硬件连接可直接连接,如图 7-1-17 所示。甲机的 TxD 接乙机的 RxD,甲机的 RxD 接乙机的 TxD,甲机的 GND 接乙机的 GND。但单片机通信采用 TTL 电平传输信息,其传输距离一般不超过 5m,所以实际应用中通常采用 RS-232C 标准电平进行点对点的通信连接,如图 7-1-18 所示。MA232 是电平转换芯片。RS-232C 标准电平是 PC 串行通信标准,详细内容见任务 2。

图 7-1-17　双机异步通信接口电路

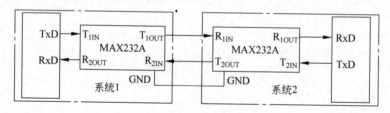

图 7-1-18　点对点通信接口电路

 任务实施

1. 任务要求

甲、乙双机的功能一致。要求:从 P3.3、P3.2 引脚输入开关信号,通过串行口发出。接收串行输入数据,根据接收到的信号,做出不同的动作。当 P3.3、P3.2 引脚输入为"00"时,点亮 P1.7 控制的 LED 灯;当 P3.3、P3.2 引脚输入为"01"时,点亮 P1.6 控制的 LED 灯;当 P3.3、P3.2 引脚输入为"10"时,点亮 P4.7 控制的 LED 灯;当 P3.3、P3.2 引脚输入为"11"时,点亮 P4.6 控制的 LED 灯。

2. 硬件设计

采用两个 STC15-Ⅳ 版实验箱,将甲机的单片机 P3.0 与乙机的单片机 P3.1 相接,甲机的单片机 P3.1 与乙机的单片机 P3.0 相接,甲机的单片机地线与乙机的单片机地线相接,电路原理如图 7-1-19 所示。

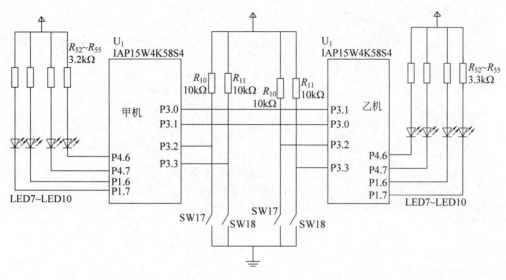

图 7-1-19　双机通信电路

3. 软件设计

1) 程序说明

甲机与乙机的功能一样,因此,甲机与乙机的程序一致,分为串行发送程序与串行接收程序。设定串行口 1 工作在方式 1,采用定时器 1 为波特率发生器;工作在方式 0,双方约定波特率为 9600b/s。

2) 源程序清单(项目七任务 1.c)

```
# include < stc15. h >          //包含支持 IAP15W4K58S4 单片机的头文件
# include < intrins. h >
# include < gpio. h >           //I/O 初始化文件
# define uchar unsigned char
# define uint unsigned int
uchar temp;
uchar temp1;
void Delay100ms()              //@11.0592MHz,从 STC-ISP 在线编程软件工具中获得
{
    unsigned char i, j, k;

    _nop_();
    _nop_();
    i = 5;
    j = 52;
    k = 195;
    do
    {
        do
        {
            while ( -- k);
        } while ( -- j);
```

```
    } while ( -- i);
}
void UartInit(void)                    //9600bps@11.0592MHz,从 STC-ISP 在线编程软件工具中获得
{
    SCON = 0x50;                       //8 位数据,可变波特率
    AUXR |= 0x40;                      //定时器 1 时钟为 f_osc,即 1T
    AUXR &= 0xfe;                      //串口 1 选择定时器 1 为波特率发生器
    TMOD &= 0x0f;                      //设定定时器 1 为 16 位自动重装方式
    TL1 = 0xe0;                        //设定定时初值
    TH1 = 0xfe;                        //设定定时初值
    ET1 = 0;                           //禁止定时器 1 中断
    TR1 = 1;                           //启动定时器 1
}
void main()
{
    gpio();
    UartInit();
    ES = 1;
    EA = 1;
    while(1)
    {
        temp = P3;
        temp = temp&0x0c;
        SBUF = temp;
        while(TI == 0);
        TI = 0;
        Delay100ms();
    }
}
void uart_isr() interrupt 4
{
    if(RI == 1)
    {
        RI = 0;
        temp1 = SBUF;
        switch(temp1&0x0c)
        {
            case 0x00:P17 = 0;P16 = 1;P47 = 1;P46 = 1;break;
            case 0x04:P17 = 1;P16 = 0;P47 = 1;P46 = 1;break;
            case 0x08:P17 = 1;P16 = 1;P47 = 0;P46 = 1;break;
            default:P17 = 1;P16 = 1;P47 = 1;P46 = 0;break;
        }
    }
}
```

4. 系统调试

(1) 采用两个 STC15-IV 版实验箱,将甲机的单片机 P3.0 与乙机的单片机 P3.1 相接,甲机的单片机 P3.1 与乙机的单片机 P3.0 相接,甲机的单片机地线与乙机的单片机地线相接。

（2）用 Keil C 编辑、编译项目七任务 1.c 程序，生成机器代码文件：项目七任务 1.hex。

（3）利用 STC-ISP 在线编程软件，将项目七任务 1.hex 下载到甲机与乙机的单片机中。

（4）按表 7-1-3 所示进行调试并记录。

表 7-1-3　双机通信测试表

甲机（输入）		乙机（输出）				乙机（输入）		甲机（输出）			
SW18	SW17	LED7	LED8	LED9	LED10	SW18	SW17	LED7	LED8	LED9	LED10
0	0					0	0				
0	1					0	1				
1	0					1	0				
1	1					1	1				

知识延伸

1. IAP15W4K58S4 单片机串行口 2

IAP15W4K58S4 单片机串行口 2 默认对应的发送、接收引脚是 TxD2/P1.1、RxD2/P1.0，通过 P_SW2 设置 S2_S 控制位，串行口 2 的 TxD2、RxD2 硬件引脚可切换为 P4.7、P4.6。

与单片机串行口 2 有关的特殊功能寄存器有：单片机串行口 2 控制寄存器、与波特率设置有关的定时器/计数器 T2 的相关寄存器、与中断控制相关的寄存器，详见表 7-1-4。

表 7-1-4　与单片机串行口 2 有关的特殊功能寄存器

	地址	B7	B6	B5	B4	B3	B2	B1	B0	复位值
S2CON	9AH	S2SM0	—	S2SM2	S2REN	S2TB8	S2RB8	S2TI	S2RI	0x00 0000
S2BUF	9BH	串行口 2 数据缓冲器								xxxx xxxx
T2L	D7H	T2 的低 8 位								0000 0000
T2H	D6H	T2 的高 8 位								0000 0000
AUXR	8EH	T0x12	T1x12	UART_M0x6	T2R	T2_C/$\overline{T}$	T2x12	EXTRAM	S1ST2	0000 0000
IE2	AFH	—	ET4	ET3	ES4	ES3	ET2	ESPI	ES2	x000 0000
IP2	B5H				—	PPWMFD	PPWM	PSPI	PS2	xxxx 0000
P_SW2	BAH	—	—	—	—		S4_S	S3_S	S2_S	xxxx x000

1）串行口 2 控制寄存器 S2CON

串行控制寄存器 S2CON 用于设定串行口 2 的工作方式、串行接收控制以及设置状态标志。字节地址为 9AH，其格式为：

	地址	B7	B6	B5	B4	B3	B2	B1	B0	复位值
S2CON	9AH	S2SM0	—	S2SM2	S2REN	S2TB8	S2RB8	S2TI	S2RI	0x00 0000

各位说明如下：

（1）S2SM0：用于指定串行口 2 的工作方式，如表 7-1-5 所示，串行口 2 的波特率为 T2

表 7-1-5　S2SM0 说明

S2SM0	工作方式	功　能	波　特　率
0	方式 0	8 位 UART	T2 溢出率/4
1	方式 1	9 位 UART	

定时器溢出率的四分之一。

（2）S2SM2：串行口 2 多机通信控制位，用于方式 1。在方式 1 处于接收时，若 S2SM2＝1，且接收到的第 9 位数据 S2RB8 为"0"，不激活 S2RI；若 S2SM2＝1，且 S2RB8＝1，置位 S2RI 标志。在方式 1 处于接收方式，若 S2SM2＝0，不论接收到的第 9 位 S2RB8 为"0"还是为"1"，S2RI 都以正常方式被激活。

（3）S2REN：允许串行口 2 接收控制位。由软件置位或清零。S2REN＝1 时，启动接收；S2REN＝0 时，禁止接收。

（4）S2TB8：串行口 2 发送数据的第 9 位。在方式 1 中，由软件置位或复位，可做奇偶校验位。在多机通信中，可作为区别地址帧或数据帧的标识位。一般约定，作为地址帧时，S2TB8 为"1"；作为数据帧时，S2TB8 为"0"。

（5）S2RB8：在方式 1 中，是串行口 2 接收到的第 9 位数据，作为奇偶校验位或地址帧、数据帧的标识位。

（6）S2TI：串行口 2 发送中断标志位。在发送停止位之初，由硬件置位。S2TI 是发送完一帧数据的标志，既可以用查询的方法，也可以用中断的方法来响应该标志。然后，在相应的查询服务程序或中断服务程序中，由软件清除 S2TI。

（7）S2RI：串行口 2 接收中断标志位。在接收停止位的中间，由硬件置位。S2RI 是接收完一帧数据的标志，同 S2TI 一样，既可以用查询的方法，也可以用中断的方法来响应该标志。然后，在相应的查询服务程序或中断服务程序中，由软件清除 S2RI。

2）串行口 2 数据缓冲器 S2BUF

S2BUF 是串行口 2 的数据缓冲器，同 SBUF 一样，一个地址对应两个物理上的缓冲器。当对 S2BUF 写操作时，对应的是串行口 2 的发送缓冲器，同时写缓冲器操作串行口 2 的启动发送命令；当对 S2BUF 读操作时，对应的是串行口 2 的接收缓冲器，用于读取串行口 2 串行接收进来的数据。

3）串行口 2 的中断控制 IE2、IP2

（1）IE2 的 ES2 位是串行口 2 的中断允许位，"1"表示允许，"0"表示禁止。

（2）IP2 的 PS2 位是串行口 2 的中断优先级的设置位，"1"表示高级，"0"表示低级。

串行口 2 的中断向量地址是 0043H，其中断号是 8。

2．IAP15W4K58S4 单片机串行口 3

IAP15W4K58S4 单片机串行口 3 默认对应的发送、接收引脚是 TxD3/P0.1、RxD3/P0.0，通过设置 P_SW2 的 S3_S 控制位，串行口 3 的 TxD3、RxD3 硬件引脚可切换为 P5.1、P5.0。

与单片机串行口 3 有关的特殊功能寄存器有：单片机串行口 3 控制寄存器，与波特率设置有关的定时器/计数器 T2、T3 的相关寄存器，与中断控制相关的寄存器，详见表 7-1-6。

表 7-1-6　与单片机串行口 3 有关的特殊功能寄存器

	地址	B7	B6	B5	B4	B3	B2	B1	B0	复位值
S3CON	ACH	S3SM0	S3ST3	S3SM2	S3REN	S3TB8	S3RB8	S3TI	S3RI	0000 0000
S3BUF	ADH	串行口 3 数据缓冲器								xxxx xxxx
T2L	D7H	T2 的低 8 位								0000 0000
T2H	D6H	T2 的高 8 位								0000 0000
AUXR	8EH	T0x12	T1x12	UART_M0x6	T2R	T2_C/$\overline{\text{T}}$	T2x12	EXTRAM	S1ST2	0000 0000
T3L	D4H	T3 的低 8 位								0000 0000
T3H	D5H	T3 的高 8 位								0000 0000
T4T3M	D1H	T4R	T4_C/$\overline{\text{T}}$	T4x12	T4CLKO	T3R	T3_C/$\overline{\text{T}}$	T3x12	T3CLKO	0000 0000
IE2	AFH	—	ET4	ET3	ES4	ES3	ET2	ESPI	ES2	x000 0000
P_SW2	BAH	—	—	—	—	—	S4_S	S3_S	S2_S	xxxx x000

1) 串行口 3 控制寄存器 S3CON

串行口 3 控制寄存器 S3CON 用于设定串行口 3 的工作方式、串行接收控制以及设置状态标志。字节地址为 ACH,单片机复位时,所有位全为 0,其格式为:

	地址	B7	B6	B5	B4	B3	B2	B1	B0	复位值
S3CON	ACH	S3SM0	S3ST3	S3SM2	S3REN	S3TB8	S3RB8	S3TI	S3RI	0000 0000

对各位的说明如下。

(1) S3SM0:用于指定串行口 3 的工作方式,如表 7-1-7 所示。

表 7-1-7　S3SM0 说明

S3SM0	工作方式	功　能	波　特　率
0	方式 0	8 位 UART	T2 溢出率/4,或 T3 溢出率/4
1	方式 1	9 位 UART	

(2) S3ST3:串行口 3 选择波特率发生器控制位。

- 0:选择定时器 T2 为波特率发生器,其波特率为 T2 溢出率的 1/4。
- 1:选择定时器 T3 为波特率发生器,其波特率为 T3 溢出率的 1/4。

(3) S3SM2:串行口 3 多机通信控制位,用于方式 1。在方式 1 处于接收状态时,若 S3SM2=1,且接收到的第 9 位数据 S3RB8 为"0"时,不激活 S3RI;若 S3SM2=1,且 S3RB8=1,置位 S3RI 标志。在方式 1 处于接收方式时,若 S3SM2=0,不论接收到第 9 位数据 S3RB8 为"0"还是为"1",S3RI 都以正常方式被激活。

(4) S3REN:允许串行口 3 串行接收控制位。由软件置位或清零。S3REN=1 时,启动接收;S3REN=0 时,禁止接收。

(5) S3TB8:串行口 3 发送数据的第 9 位。在方式 1 中,由软件置位或复位,可做奇偶校验位;在多机通信中,可作为区别地址帧或数据帧的标识位,一般约定地址帧时 S3TB8 为 1,数据帧时 S3TB8 为 0。

(6) S3RB8:在方式 1 中,是串行口 3 接收到的第 9 位数据,作为奇偶校验位或地址帧、数据帧的标识位。

（7）S3TI：串行口 3 发送中断标志位。在发送停止位之初由硬件置位。S3TI 是发送完一帧数据的标志，既可以用查询的方法，也可以用中断的方法来响应该标志。然后，在相应的查询服务程序或中断服务程序中，由软件清除 S3TI。

（8）S3RI：串行口 3 接收中断标志位。在接收停止位的中间由硬件置位。S3RI 是接收完一帧数据的标志，同 S3TI 一样，既可以用查询的方法，也可以用中断的方法来响应该标志，然后，在相应的查询服务程序或中断服务程序中，由软件清除 S3RI。

2）串行口 3 数据缓冲器 S3BUF

S3BUF 是串行口 3 的数据缓冲器，同 SBUF 一样，一个地址对应两个物理上的缓冲器。当对 S3BUF 写操作时，对应的是串行口 3 的发送缓冲器，同时写缓冲器操作是串行口 3 的启动发送命令；当对 S3BUF 读操作时，对应的是串行口 3 的接收缓冲器，用于读取串行口 3 串行接收的数据。

3）串行口 3 的中断控制 IE2

IE2 的 ES3 位是串行口 3 的中断允许位，"1"表示允许，"0"表示禁止。

串行口 3 的中断向量地址是 008BH，其中断号是 17；串行口 3 的中断优先级固定为低级。

3. IAP15W4K58S4 单片机串行口 4

IAP15W4K58S4 单片机串行口 4 默认对应的发送、接收引脚是 TxD4/P0.3、RxD4/P0.2，通过设置 P_SW2 的 S4_S 控制位，串行口 4 的 TxD4、RxD4 硬件引脚可切换为 P5.3、P5.2。

与单片机串行口 4 有关的特殊功能寄存器有：单片机串行口 4 控制寄存器，与波特率设置有关的定时器/计数器 T2、T4 的相关寄存器，以及与中断控制相关的寄存器，详见表 7-1-8。

表 7-1-8　与单片机串行口 4 有关的特殊功能寄存器

	地址	B7	B6	B5	B4	B3	B2	B1	B0	复位值
S4CON	84H	S4SM0	S4ST4	S4SM2	S4REN	S4TB8	S4RB8	S4TI	S4RI	0000 0000
S4BUF	85H	串行口 3 数据缓冲器								xxxx xxxx
T2L	D7H	T2 的低 8 位								0000 0000
T2H	D6H	T2 的高 8 位								0000 0000
AUXR	8EH	T0x12	T1x12	UART_M0x6	T2R	T2_C/$\overline{\text{T}}$	T2x12	EXTRAM	S1ST2	0000 0000
T4L	D2H	T4 的低 8 位								0000 0000
T4H	D3H	T4 的高 8 位								0000 0000
T4T3M	D1H	T4R	T4_C/$\overline{\text{T}}$	T4x12	T4CLKO	T3R	T3_C/C/$\overline{\text{T}}$	T3x12	T3CLKO	0000 0000
IE2	AFH	—	ET4	ET3	ES4	ES3	ET2	ESPI	ES2	x000 0000
P_SW2	BAH	—	—	—	—	—	S4_S	S3_S	S2_S	xxxx x000

1）串行口 4 控制寄存器 S3CON

串行口 4 控制寄存器 S4CON 用于设定串行口 4 的工作方式、串行接收控制以及设置状态标志。字节地址为 84H。单片机复位时，所有位全为"0"，其格式如下所示。

	地址	B7	B6	B5	B4	B3	B2	B1	B0	复位值
S4CON	84H	S4SM0	S4ST3	S4SM2	S4REN	S4TB8	S4RB8	S4TI	S4RI	0000 0000

对各位的说明如下。

（1）S4SM0：用于指定串行口4的工作方式，如表7-1-9所示。

表7-1-9　S4SM0说明

S4SM0	工作方式	功　能	波　特　率
0	方式0	8位UART	T2溢出率/4，或T4溢出率/4
1	方式1	9位UART	

（2）S4ST3：串行口4选择波特率发生器控制位。

- 0：选择定时器T2为波特率发生器，其波特率为T2溢出率的1/4。
- 1：选择定时器T4为波特率发生器，其波特率为T4溢出率的1/4。

（3）S4SM2：串行口4多机通信控制位，用于方式1。在方式1处于接收时，若S4SM2＝1，且接收到的第9位数据S4RB8为"0"，不激活S4RI；若S4SM2＝1，且S4RB8＝1，置位S4RI标志。在方式1处于接收状态下，若S4SM2＝0，不论接收到第9位数据S4RB8为"0"还是为"1"，S4RI都以正常方式被激活。

（4）S4REN：允许串行口4接收控制位。由软件置位或清零。S4REN＝1时，启动接收；S4REN＝0时，禁止接收。

（5）S4TB8：串行口4发送数据的第9位。在方式1中，由软件置位或复位，可做奇偶校验位；在多机通信中，可作为区别地址帧或数据帧的标识位。一般约定，作为地址帧时，S4TB8为"1"；作为数据帧时，S4TB8为"0"。

（6）S4RB8：在方式1中，是串行口4接收到的第9位数据，作为奇偶校验位或地址帧、数据帧的标识位。

（7）S4TI：串行口4发送中断标志位。在发送停止位之初由硬件置位。S4TI是发送完一帧数据的标志，既可以用查询的方法，也可以用中断的方法来响应该标志。然后，在相应的查询服务程序或中断服务程序中，由软件清除S4TI。

（8）S4RI：串行口4接收中断标志位。在接收停止位的中间由硬件置位。S4RI是接收完一帧数据的标志，同S4TI一样，既可以用查询的方法，也可以用中断的方法来响应该标志。然后，在相应的查询服务程序或中断服务程序中，由软件清除S4RI。

2）串行口4数据缓冲器S4BUF

S4BUF是串行口4的数据缓冲器，同SBUF一样，一个地址对应两个物理上的缓冲器。当对S4BUF写操作时，对应的是串行口4的发送缓冲器，同时写缓冲器操作是串行口4的启动发送命令；当对S4BUF读操作时，对应的是串行口4的接收缓冲器，用于读取串行口4串行接收的数据。

3）串行口4的中断控制IE2

IE2的ES4位是串行口4的中断允许位，"1"表示允许，"0"表示禁止。

串行口4的中断向量地址是0093H，其中断号是18；串行口4的中断优先级固定为低级。

任务拓展

采用串行口2实现双机通信，功能同本任务要求。试画出硬件电路图，编写程序，并上机调试。

任务 2　IAP15W4K58S4 单片机与 PC 间的串行通信

任务说明

本任务介绍 IAP15W4K58S4 单片机与 PC 之间的串行通信，以便 PC 对单片机进行管理与控制，IAP15W4K58S4 单片机的在线编程就是利用 PC 的串口与 IAP15W4K58S4 单片机的串口进行通信的，在 PC 端有两种串口实现方法，一是利用 PC 的 RS-232C 串口实现，二是利用 PC 的 USB 接口模拟 RS-232C 串口实现。

相关知识

IAP15W4K58S4 单片机与 PC 的通信

1. PC 的 RS-232 串行通信接口

在单片机应用系统中，与上位机的数据通信主要采用异步串行方式。在设计通信接口时，必须根据需要选择标准接口，并考虑传输介质、电平转换等问题。采用标准接口后，能够方便地把单片机和外设、测量仪器等有机地连接起来，构成一个测控系统。例如，当需要单片机和 PC 通信时，通常采用 RS-232 接口完成电平转换。

RS-232C 是使用最早、应用最多的一种异步串行通信总线标准。它是美国电子工业协会（EIA）1962 年公布，1969 年最后修订而成的。其中，RS 表示 Recommended Standard，232 是该标准的标识号，C 表示最后一次修订。

RS-232C 主要用来定义计算机系统的一些数据终端设备（DTE）和数据电路终接设备（DCE）之间的电气性能。8051 单片机与 PC 的通信通常采用这种类型的接口。

RS-232C 串行接口总线适用于设备之间的通信距离不大于 15m，传输速率最大为 20Kb/s 的应用场合。

（1）RS-232C 信息格式标准

RS-232C 采用串行格式，如图 7-2-1 所示。该标准规定：信息的开始为起始位，信息的结束为停止位；信息本身可以是 5、6、7、8 位再加 1 位奇偶位。如果两个信息之间无信息，则写"1"，表示空。

图 7-2-1　RS-232C 信息格式

（2）RS-232C 电平转换器

RS-232C 规定了自己的电气标准。由于它是在 TTL 电路之前研制的,所以其电平不是+5V 和地,而是采用负逻辑。

① 逻辑"0"：+5～+15V。

② 逻辑"1"：−5～−15V。

因此,RS-232C 不能和 TTL 电平直接相连,使用时必须进行电平转换；否则,将使 TTL 电路烧坏。实际应用时必须注意。

目前,常用的电平转换电路是 MAX232 或 STC232。MAX232 的功能引脚图如图 7-2-2 所示。

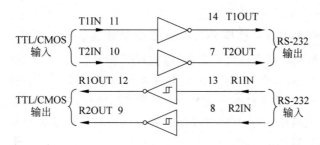

图 7-2-2　MAX232 的功能引脚图

（3）RS-232C 总线规定

RS-232C 标准总线为 25 根,使用 25 个引脚的连接器。各信号引脚的定义如表 7-2-1 所示。

表 7-2-1　RS-232C 标准总线各引脚的定义

引脚	定　义	引脚	定　义
1	保护地(PG)	14	辅助通道发送数据
2	发送数据(TxD)	15	发送时钟(TxC)
3	接收数据(RxD)	16	辅助通道接收数据
4	请求发送(RTS)	17	接收时钟(RxC)
5	清除发送(CTS)	18	未定义
6	数据通信设备准备就绪(DSR)	19	辅助通道请求发送
7	信号地(SG)	20	数据终端设备就绪(DTR)
8	接收线路信号检测(DCD)	21	信号质量检测
9	接收线路建立检测	22	音响指示
10	线路建立检测	23	数据速率选择
11	未定义	24	发送时钟
12	辅助通道接收线信号检测	25	未定义
13	辅助通道清除发送		

连接器的机械特性为：由于 RS-232C 并未定义连接器的物理特性,因此出现了 DB-25、DB-15 和 DB-9 等不同类型的连接器,其引脚的定义各不相同。下面介绍两种连接器。

① DB-25：DB-25 型连接器的外形及信号线分配如图 7-2-3(a)所示，各引脚功能与表 7-2-1 所示一致。

② DB-9 连接器：只提供异步通信的 9 个信号，如图 7-2-3(b)所示。DB-9 型连接器的引脚分配与 DB-25 型引脚信号完全不同。因此，若与配接 DB-25 型连接器的 DCE 设备连接，必须使用专门的电缆线。

在通信速率低于 20Kb/s 时，RS-232C 直接连接的最大物理距离为 15m(50 英尺)。

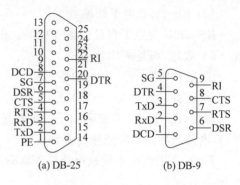

图 7-2-3　DB-9、DB-25 连接器引脚图

2. IAP15W4K58S4 单片机与 PC 的 RS-232 总线通信的接口设计

在 PC 系统内都装有异步通信适配器，以实现异步串行通信。该适配器的核心器件是可编程的 Intel 8250 芯片，它使 PC 有能力与其他具有标准 RS-232C 接口的计算机或设备通信。IAP15W4K58S4 单片机本身具有一个全双工的串行口，因此只要配以电平转换的驱动电路、隔离电路，就可组成一个简单可行的通信接口。同样，PC 和单片机之间的通信也分为双机通信和多机通信。

对于 PC 和单片机串行通信的硬件连接，最简单的是零调制三线经济型。这是全双工通信必需的最少线路，计算机的 9 针串口只连接其中的三根线：第 5 脚的 GND、第 2 脚的 RxD 和第 3 脚的 TxD，如图 7-2-4 所示。这也是 IAP15W4K58S4 单片机的程序下载电路。

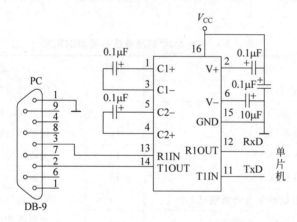

图 7-2-4　PC 和单片机串行通信的三线制连接电路

3. IAP15W4K58S4 单片机与 PC 的 USB 总线通信的接口设计

目前，PC 常用串行通信接口是 USB 接口，绝大多数不再将 RS-232C 串行接口作为标配。为此，为了使现代 PC 能与 STC 单片机串行通信，采用 CH340G 将 USB 总线转换为串口 UART，采用 USB 总线模拟 UART 通信。USB 总线转换为 UART 的电路如图 7-2-5 所示。

对于 STC15W4K 系列与 IAP15W4K58S4 单片机，可直接与计算机的 USB 接口通信，其电路如图 7-2-6 所示。实际上，STC 单片机与 PC 的通信线路也就是 STC 单片机的在线编程电路。

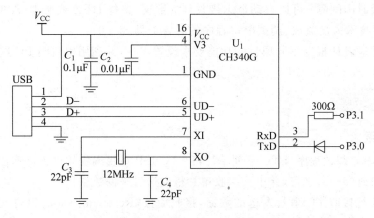

图 7-2-5 USB 转换为串口(TTL)的电路

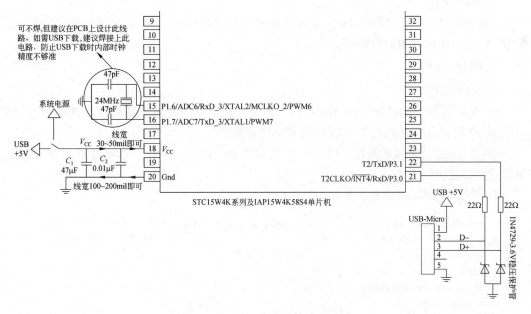

图 7-2-6 USB 直接在线编程电路

4. IAP15W4K58S4 单片机与 PC 串行通信的程序设计

通信程序设计分为计算机(上位机)程序设计与单片机(下位机)程序设计。

为了实现单片机与 PC 的串口通信,PC 端需要开发相应的串口通信程序,这些程序通常采用各种高级语言来开发,比如 VC、VB 等。在实际开发调试单片机端的串口通信程序时,也可以使用 STC 系列单片机下载程序中内嵌的串口调试程序或其他串口调试软件(如串口调试精灵软件)来模拟 PC 端的串口通信程序。这也是在实际工程开发,特别是团队开发时常用的办法。

串口调试程序,无需任何编程,即可实现 RS-232C 的串口通信,能有效提高工作效率,使串口调试方便、透明地进行。它可以在线设置各种通信速率、奇偶校验、通信口,而无需重新启动程序;可发送十六进制(HEX)格式和文本(ASCII 码)格式的数据,可以设置定时发送的数据以及时间间隔;可以自动显示接收到的数据,支持 HEX 或文本(ASCII 码)格式显示;它是工程技术人员监视、调试串口程序的必备工具。

单片机程序设计根据不同项目的功能要求设置串口,并利用串口与 PC 进行数据通信。

1. 任务要求

PC 通过串口调试程序(STC 系列单片机 STC-ISP 在线编程软件内嵌有串口助手)发送单个十进制数码(0~9)字符,并串行接收单片机发送过来的数据。

单片机串行接收 PC 串行发送的数据,接收后按"Receiving Data:串行接收数据"发送给 PC,同时将串行接收数据送数码管显示。

2. 硬件设计

采用 STC15-Ⅳ版实验箱,本任务可直接利用 IAP15W4K58S4 单片机的在线编程电路实现 PC 与单片机间的串行通信。

3. 软件设计

1)程序说明

PC 发送的是十进制数据的 ASCII 码。因为十进制数据的 ASCII 码与十进制数据间相差 30H,串行接收的数据减去 30H 后得到十进制数字。

串行口的初始化函数通过 STC-ISP 在线编程软件获得。串行发送通过查询方式完成,串行接收通过中断完成。

2)源程序清单(项目七任务 2.c)

```c
#include <stc15.h>          //包含支持 IAP15W4K58S4 单片机的头文件
#include <intrins.h>
#include <gpio.h>           //I/O 初始化文件
#define uchar unsigned char
#define uint unsigned int
#include <595hc.h>
uchar code as[] = "Receiving Data:";
uchar a = 0x30;
/* ——————————串行口初始化函数————————— */
void UartInit(void)                     //9600bps@11.0592MHz
{
    SCON = 0x50;                        //8 位数据,可变波特率
    AUXR |= 0x40;                       //定时器 1 时钟为 f_osc,即 1T
    AUXR &= 0xfe;                       //串口 1 选择定时器 1 为波特率发生器
    TMOD &= 0x0f;                       //设定定时器 1 为 16 位自动重装方式
    TL1 = 0xe0;                         //设定定时初值
    TH1 = 0xfe;                         //设定定时初值
    ET1 = 0;                            //禁止定时器 1 中断
    TR1 = 1;                            //启动定时器 1
}
/* -------------------- 主函数 ------------------------ */
void main(void)
```

```
{
    uchar i;
    gpio();
    UartInit();
    ES = 1;
    EA = 1;
    while(1)
    {
        Dis_buf[7] = a - 0x30;
        display();
        if(RI)                        //检测串行接收标志
        {
            EA = 0;
            RI = 0;i = 0;             //清零 RI,并依次发送预置字符串与接收数据
            while(as[i]!= '\0'){SBUF = as[i];while(!TI);TI = 0;i++;}
            SBUF = a;while(!TI);TI = 0;
            EA = 1;                   //开中断,以接收下一个 PC 发送的数据
        }
    }
}
/ * ——————————————串口中断服务函数—————————————— * /
void serial_serve(void) interrupt 4
{
    a = SBUF;                         //读串行接收数据
}
```

4. 系统调试

(1) 用 USB 线将 PC 与 STC15-Ⅳ版实验箱相连接。

(2) 用 Keil C 编辑、编译项目七任务 2.c 程序,生成机器代码文件: 项目七任务 2.hex。

(3) 运行 STC-ISP 在线编程软件,将项目七任务 2.hex 下载到 STC15-Ⅳ版实验箱单片机。下载完毕,自动进入运行模式。

(4) 选择 STC-ISP 在线编程软件的串口助手,进行串口选择与参数设置,如图 7-2-7 所示。

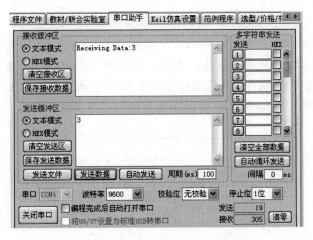

图 7-2-7 串口助手的发送与接收界面

- 根据下载程序的 USB 模拟的串口号选择串行助手的串口号,如 COM4。
- 设置串口参数:波特率与单片机串口的波特率一致(9600b/s),无校验位,停止位为 1 位。
- 发送缓冲区与接收缓冲区的格式都选择文本(字符)格式。
- 单击"打开串口"按钮。

(5) 在发送缓冲区输入数字"3",然后单击"发送数据"按钮。

- 观察接收缓冲区的内容,如图 7-2-7 所示。
- 观察 STC15-Ⅳ版实验箱数码管显示的内容。

(6) 在串口助手的发送缓冲区依次输入十进制数码 0～9 字符,观察串口调试助手的接收缓冲区内容和 STC15-Ⅳ版实验箱数码管显示的内容,并做好记录。

(7) 在串口助手的发送缓冲区输入英文字符,如字符"A",观察串口调试助手的接收缓冲区内容和 STC15-Ⅳ版实验箱数码管显示的内容,并做好记录。

(8) 比较步骤(6)与步骤(7),观察到的内容有何不同? 分析其原因,并提出解决方法。

任务拓展

通过串口助手发送大写英文字母。单片机串行接收后,根据不同的英文字母,向 PC 发送不同的信息,并在 STC15-Ⅳ版实验箱数码管显示串行接收的英文字母,具体要求见表 7-2-2。

表 7-2-2　PC 与单片机间串行通信控制功能表

PC 串行助手发送的字符	单片机向 PC 发送的信息	PC 串行助手发送的字符	单片机向 PC 发送的信息
A	"你的姓名"	D	"你的就读专业名称"
B	"你的性别"	E	"你的学生证号"
C	"你的就读学校名称"	其他字符	非法命令

1. 多机通信

IAP15W4K58S4 单片机串行口的方式 2 和方式 3 有一个专门的应用领域,即多机通信。这一功能通常采用主从式多机通信方式。在这种方式中,采用一台主机和多台从机。主机发送的信息可以传送到各个从机或指定的从机,各从机发送的信息只能被主机接收,从机与从机之间不能通信。如图 7-2-8 所示是多机通信的连接示意图。

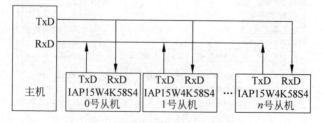

图 7-2-8　多机通信连接示意图

多机通信的实现，主要依靠主、从机之间正确地设置与判断 SM2 和发送或接收的第 9 位数据（TB8 或 RB8）来完成。在单片机串行口 1 以方式 2 或方式 3 接收时，有以下两种情况。

（1）若 SM2＝1，表示允许多机通信。当接收到的第 9 位数据（RB8）为"1"时，置位 RI 标志，向 CPU 发出中断请求；当接收到第 9 位数据为"0"时，不会置位 RI 标志，不产生中断，信息将被丢失，即不能接收数据。

（2）若 SM2＝0，则接收到的第 9 位数据无论是"1"还是"0"，都会置位 RI 中断标志，即接收数据。

在编程前，首先要给各从机定义地址编号。系统中允许接有 256 台从机，地址编码为 00H～FFH。在主机想发送一个数据块给某台从机时，它必须先送出一个地址字节，用于辨认从机。

多机通信的过程简述如下。

（1）主机发送一帧地址信息，与所需的从机联络。主机应置 TB8 为"1"，表示发送的是地址帧。例如：

```
SCON = 0xd8H;                    //设串行口为方式 3,TB8 = 1,允许接收
```

（2）所有从机的 SM2 为"1"，处于准备接收一帧地址信息的状态。例如：

```
SCON = 0xf0;                     //设串行口为方式 3,SM2 = 1,允许接收
```

（3）各从机接收地址信息。各从机串行接收完成后，因为接收到的第 9 位数据 RB8 为"1"，则置位中断标志为 RI。串行接收中断服务程序中，首先判断主机送过来的地址信息与自己的地址是否相符。对于地址相符的从机，清"0"SM2，以接收主机随后发来的所有信息。对于地址不相符的从机，保持 SM2 为"1"的状态，对主机随后发来的信息不理睬，直到发送新的一帧地址信息。

（4）主机发送控制指令或数据信息给被寻址的从机。其中，主机置 TB8 为"0"，表示发送的是数据或控制指令。对于没有选中的从机，因为 SM2＝1，而串行接收到的第 9 位数据 RB8 为"0"，所以不会置位串行接收中断标志 RI，对主机发送的信息不接收；对于选中的从机，因为 SM2 为"0"，串行接收后置位 RI 标志，引发串行接收中断，执行串行接收中断服务程序，接收主机发过来的控制命令或数据信息。

例 7-2-1　设系统晶振频率为 11.0592MHz，以 9600b/s 的波特率通信。主机向指定从机（如 10 号从机）发送指定位置为起始地址（如扩展 RAM0000H）的若干个（如 10 个）数据，发送空格（20H）作为结束；从机接收主机发来的地址帧信息，并与本机的地址号相比较。若不符合，仍保持（SM2）＝1 不变；若相等，使 SM2 清零，准备接收后续的数据信息，直至接收到空格数据信息为止，并置位 SM2。

解：主机和从机的程序流程如图 7-2-9 所示。

1）主机程序

```
#include <stc15.h>              //包含支持 IAP15W4K58S4 单片机的头文件
#include <intrins.h>
#include <gpio.h>               //I/O 初始化文件
```

```c
#define uchar unsigned char
#define uint unsigned int
uchar xdata ADDRT[10];                   //设置保存数据的扩展 RAM 单元
uchar SLAVE = 10;                        //设置从机地址号的变量
uchar num = 10, * mypdata;               //设置要传送数据的字节数
```

```c
/* -------------- 波特率子函数,从 STC-ISP 在线编程工具中获得 ----------------- */
void UartInit(void)                      //9600bps@11.0592MHz
{
    SCON = 0xd0;                         //方式 3,允许串行接收
    AUXR |= 0x40;                        //定时器 1 时钟为 f_SYS
    AUXR &= 0xfe;                        //串口 1 选择定时器 1 为波特率发生器
    TMOD &= 0x0f;                        //设定定时器 1 为 16 位自动重装方式
    TL1 = 0xe0;                          //设定定时初值
    TH1 = 0xfe;                          //设定定时初值
    ET1 = 0;                            //禁止定时器 1 中断
    TR1 = 1;                            //启动定时器 1
}
```

```c
/* ------------------------ 发送中断服务子函数 ------------------------- */
void Serial_ISR(void) interrupt 4
{
        if(TI == 1)
        {
            TI = 0;
            TB8 = 0;
            SBUF = * mypdata;   //发送数据
            mypdata++;          //修改指针
            num -- ;
            if(num == 0)
            {
                ES = 0;
                while(TI == 0);
                TI = 0;
                SBUF = 0x20;
            }
        }
}
/* ------------------------ 主函数 ------------------------- */
void main (void)
{
        gpio();
        UartInit();
        mypdata = ADDRT;
        ES = 1;
        EA = 1;
        TB8 = 1;
        SBUF = SLAVE;           //发送从机地址
        while(1);               //等待中断
}
```

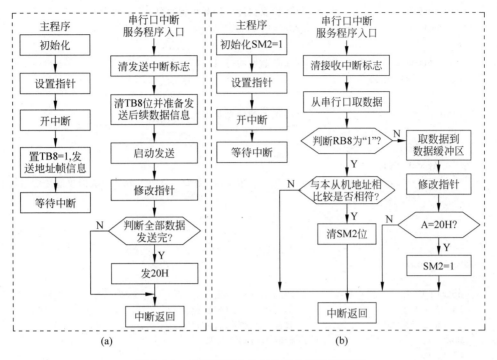

图 7-2-9　多机通信主机与从机的程序流程图

2）从机程序

```
# include < stc15.h>                    //包含支持 IAP15W4K58S4 单片机的头文件
# include < intrins.h>
# include < gpio.h>                     //I/O初始化文件
# define uchar unsigned char
# define uint unsigned int
uchar xdata ADDRR[10];
uchar SLAVE = 10, rdata, * mypdata;
/* ---------- 串行口波特率子函数从 STC-ISP 在线编程工具中获得 ----------- */
void UartInit(void)                     //9600b/s@11.0592MHz,从 STC-ISP 工具中获得
{
    SCON = 0xf0;                        //方式 3,允许多机通信,允许串行接收
    AUXR | = 0x40;                      //定时器 1 时钟为 fSYS
    AUXR &= 0xfe;                       //串口 1 选择定时器 1 为波特率发生器
    TMOD &= 0x0f;                       //设定定时器 1 为 16 位自动重装方式
    TL1 = 0xe0;                         //设定定时初值
    TH1 = 0xfe;                         //设定定时初值
    ET1 = 0;                            //禁止定时器 1 中断
    TR1 = 1;                            //启动定时器 1
}

/* ---------------------- 接收中断服务子函数 ---------------------------- */
void Serial_ISR(void) interrupt 4
{
    RI = 0;
```

```
    rdata = SBUF;                  //将接收缓冲区的数据保存到 rdata 变量中
    if(RB8)                        //RB8 为"1",说明收到的信息是地址
    {
        if(rdata == SLAVE)         //如果地址相等,则 SM2 = 0
            SM2 = 0;
    }
    else                           //接收到的信息是数据
    {
        * mypdata = rdata;
        mypdata++;
        if(rdata == 0x20)          //所有数据接收完毕,令 SM2 为"1",为下一次接收地址信息做准备
            SM2 = 1;
    }
}
/* ----------------------- 主函数 ----------------------- */
void main (void)
{
    gpio();                        //调用 I/O 初始化函数
    UartInit();                    //调用串行口 1 的初始化函数
    mypdata = ADDRR;               //取存放数据数组的首地址
    ES = 1;                        //开放串行口 1 中断
    EA = 1;
    while(1);                      //等待中断
}
```

2. IAP15W4K58S4 单片机串行口 1 的中继广播方式

所谓串行口的中继广播方式,是指单片机串行口发送引脚(TxD)的输出可以实时反映串行口接收引脚(RxD)输入的电平状态。

IAP15W4K58S4 单片机串行口 1 具有中继广播方式功能,它通过设置 CLK_DIV 特殊功能寄存器的 B4 位来实现。CLK_DIV 的格式如下所示。

	地址	B7	B6	B5	B4	B3	B2	B1	B0	复位值
CLK_DIV	97H	MCKO_S1	MCKO_S0	ADRJ	Tx_Rx	—	CLKS2	CLKS1	CLKS0	0000 x000

Tx_Rx 是串行口 1 中继广播方式设置位。Tx_Rx=0,串行口 1 为正常工作方式;Tx_Rx=1,串行口 1 为中继广播方式。

串行口 1 中继广播方式除可以通过设置 Tx_Rx 来选择外,还可以在 STC-ISP 在线编程软件中设置。

当单片机的工作电压低于上电复位门槛电压时,Tx_Rx 默认为 0,即串行口默认为正常工作方式;当单片机的工作电压高于上电复位门槛电压时,单片机首先读取用户在 STC-ISP 在线编程软件中的设置。如果用户允许了"单片机 TxD 引脚的对外输出实时反映 RxD 端口输入的电平状态",即中继广播方式,则上电复位后,TxD 引脚的对外输出实时反映 RxD 端口输入的电平状态;如果用户未选择"单片机 TxD 引脚的对外输出实时反映 RxD 端口输入的电平状态",则上电复位后,串行口 1 为正常工作方式。

在 STC-ISP 在线编程软件中可设置串行口 1 的发送/接收为 P3.7/P3.6,并设置中继

广播方式。P3.7引脚输出P3.6引脚的输入电平。单片机上电后就可以执行；若用户在用户程序中的设置与STC-ISP在线编程软件中的设置不一致，当执行到相应的用户程序时，将覆盖原来STC-ISP在线编程软件中的设置。

3. IAP15W4K58S4单片机串行口硬件引脚的切换

通过对特殊功能寄存器P_SW1(AUXR1)中的S1_S1、S1_S0位的控制，可实现串行口1的发送与接收硬件在不同引脚间切换；通过对特殊功能寄存器P_SW2中的S2_S位、S3_S位和S4_S位的控制，可实现串行口2、串行口3和串行口4的发送与接收硬件引脚在不同引脚间切换。P_SW1(AUXR1)、P_SW2的数据格式如下所示。

	地址	B7	B6	B5	B4	B3	B2	B1	B0	复位值
P_SW1 (AUXR1)	A2H	S1_S1	S1_S0	CCP_S1	CCP_S0	SPI_S1	SPI_S0	0	DPS	0000 00x0
P_SW2	BAH	EAXSFR	0	0	0	—	S4_S	S3_S	S2_S	0000 x000

1) 串行口1硬件引脚切换

串行口1硬件引脚切换由P_SW1中的S1_S1、S1_S0控制，具体切换情况见表7-2-3。

表 7-2-3 串行口 1 硬件引脚切换

S1_S1	S1_S0	串行口 1	
		TxD	RxD
0	0	P3.1	P3.0
0	1	P3.7(TxD_2)	P3.6(RxD_2)
1	0	P1.7(TxD_3)	P1.6(RxD_3)
1	1	无效	

2) 串行口 2、3、4 硬件引脚切换

串行口2、3、4硬件引脚切换分别由P_SW2中的S2_S、S3_S、S4_S控制，具体切换情况如表7-2-4、表7-2-5和表7-2-6所示。

表 7-2-4 串行口 2 硬件引脚切换

S2_S	串行口 2	
	TxD4	RxD4
0	P1.1	P1.0
1	P4.7(TxD2_2)	P4.6(RxD2_2)

表 7-2-5 串行口 3 硬件引脚切换

S3_S	串行口 3	
	TxD3	RxD3
0	P0.1	P0.0
1	P5.1(TxD3_2)	P5.0(RxD3_2)

表 7-2-6　串行口 4 硬件引脚切换

S4_S	串行口 4	
	TxD4	RxD4
0	P0.3	P0.2
1	P5.3(TxD4_2)	P5.2(RxD4_2)

习　题

1. 简述异步串行通信的工作原理。

2. IAP15W4K58S4 单片机串行口 1 有几种工作方式？如何选择？简述其特点。

3. 何谓波特率？IAP15W4K58S4 单片机串行口 1 的波特率是如何选择的？

4. 在串行通信中，通信速率与传输距离之间的关系如何？

5. 如何实现多机通信？

6. 串行口 2 有几种工作方式？其波特率是如何选择的？

7. 试编程实现 IAP15W4K58S4 单片机的双机通信程序，要求甲机（利用串口 1）从 P1 口读取的数据传输到乙机的 P2 口输出，同时乙机（利用串口 2）从 P1 口读取的数据传输到甲机的 P2 口输出。画出电路图并编写程序。

8. PC 的 RS-232C 串口的逻辑电平是多少？

9. 现在大多数 PC 没有配置 RS-232 接口，而实际使用时需要 RS-232 接口。请问应如何解决？

10. 设计一个系统，单片机通过 P1 端口控制一组流水灯，单片机通过串口 1 与 PC 相连，通过 PC（串口助手）发送控制命令给单片机，进而控制流水灯的流水方向以及流水灯的初始数据。控制命令与流水灯状态关系自行定义。

11. 设计一个系统，单片机通过串口 1 与 PC 相接，串口 2 通过 74HC595 控制 8 只 LED 灯，8 只 LED 灯的显示数据由 PC 控制。

12. 简述 IAP15W4K58S4 单片机串口中继广播的功能，并举例说明。

项目八

IAP15W4K58S4
单片机的低功耗设计与可靠性设计

本项目要达到的目标包括三大方面：一是让学生理解单片机应用系统的设计，不仅仅是系统的功能设计，还包括系统的性能设计：可靠性设计与节能设计；二是让学生应用 IAP15W4K58S4 单片机的慢速模式、空闲模式、掉电模式实现系统低功耗设计；三是让学生应用 IAP15W4K58S4 单片机的"看门狗"电路实现系统的可靠性设计。

知识点：
◇ IAP15W4K58S4 单片机的慢速模式；
◇ IAP15W4K58S4 单片机的空闲模式；
◇ IAP15W4K58S4 单片机的停机模式；
◇ IAP15W4K58S4 单片机的"看门狗"电路。

技能点：
◇ IAP15W4K58S4 单片机低功耗设计的应用编程；
◇ IAP15W4K58S4 单片机可靠性设计的应用编程。

任务 1 IAP15W4K58S4 单片机的低功耗设计

任务说明

电子产品的低功耗设计越来越受到人们的重视。IAP15W4K58S4 单片机除在集成电路工艺上保证了低功耗特性，在使用上可进一步降低单片机的功耗。IAP15W4K58S4 单片机可根据应用项目的不同要求，使单片机工作在慢速模式、空闲模式或停机模式，以便进一步降低功耗，节省能源。IAP15W4K58S4 单片机的典型功耗是 $2.7 \sim 7\text{mA}$，停机模式下小于 $0.1\mu\text{A}$，空闲模式下的典型功耗是 1.8mA。本任务介绍 IAP15W4K58S4 单片机如何实现停机和唤醒。

相关知识

1. IAP15W4K58S4 单片机的慢速模式

当用户系统对速度要求不高时,可对系统时钟分频,让单片机工作在慢速模式。利用时钟分频器(CLK_DIV)可进行时钟分频,使 IAP15W4K58S4 单片机在较低频率工作。

时钟分频寄存器 CLK_DIV 各位的定义如下。

	地址	B7	B6	B5	B4	B3	B2	B1	B0	复位值
CLK_DIV	97H	MCKO_S1	MCKO_S0	ADRJ	TX_RX	—	CLKS2	CLKS1	CLKS0	0000 x000

系统时钟的分频情况如表 8-1-1 所示。

表 8-1-1　CPU 系统时钟与分频系数

CLKS2	CLKS1	CLKS0	CPU 的系统时钟
0	0	0	f_{osc}
0	0	1	$f_{osc}/2$
0	1	0	$f_{osc}/4$
0	1	1	$f_{osc}/8$
1	0	0	$f_{osc}/16$
1	0	1	$f_{osc}/32$
1	1	0	$f_{osc}/64$
1	1	1	$f_{osc}/128$

IAP15W4K58S4 单片机可在正常工作时分频,也可在空闲模式下分频工作。

2. IAP15W4K58S4 单片机的空闲(等待)模式与停机(掉电)模式

电源电压为 5 V 时,IAP15W4K58S4 单片机的正常工作电流为 2.7～7mA。为了尽可能降低系统的功耗,IAP15W4K58S4 单片机可以运行在两种省电工作模式下:空闲模式和停机模式。空闲模式下,IAP15W4K58S4 单片机的工作电流典型值为 1.8mA;停机模式下,IAP15W4K58S4 单片机的工作电流小于 $0.1\mu A$。

1) IAP15W4K58S4 单片机的空闲模式与停机模式的控制

省电工作模式的进入由电源控制寄存器 PCON 的相应位控制。PCON 寄存器的格式如下。

	地址	B7	B6	B5	B4	B3	B2	B1	B0	复位值
PCON	87H	SMOD	SMOD0	LVDF	POF	GF1	GF0	PD	IDL	0011 0000

(1) PD:置位 PD(PCON=0x02;),单片机将进入停机(停机)模式。进入停机(掉电)模式后,时钟停振,CPU、定时器、串行口全部停止工作,只有外部中断继续工作。进入停机(掉电)模式的单片机可由外部中断上升沿或下降沿触发唤醒,可将 CPU 从停机模式唤醒的外部引脚主要有 INT0、INT1、$\overline{\text{INT2}}$、$\overline{\text{INT3}}$、$\overline{\text{INT4}}$。

（2）IDL：置位 IDL(PCON＝0x01;)，单片机将进入空闲模式。空闲模式时，除 CPU 不工作外，其余模块仍继续工作，可由外部中断、定时器中断、低压检测中断及 A/D 转换中断等的任何一个中断唤醒。

（3）LVDF：低压检测标志位，也是低压检测中断请求标志位。

在正常工作和空闲工作状态，如果内部电压 V_{CC} 低于低压检测门槛电压，该位自动置"1"。该位要用软件清零。清零后，如果内部工作电压 V_{CC} 继续低于低压检测门槛电压，该位又会被自动置"1"。

在进入停机工作状态前，如果低压检测中断未被允许，则在进入停机模式后，低压检测电路不工作，以降低功耗；如果低压检测中断被允许，则在进入停机模式后，低压检测电路继续工作，在内部工作电压低于低压检测门槛电压后，产生低压检测中断，将 MCU 从停机状态唤醒。

（4）GF1：通用用户标志 1，用户可以任意使用。

（5）GF0：通用用户标志 0，用户可以任意使用。

2）IAP15W4K58S4 单片机的空闲模式（IDLE）

（1）空闲模式下，IAP15W4K58S4 单片机的工作状态

IAP15W4K58S4 单片机在空闲模式，除 CPU 不工作外，其余模块仍继续工作，但"看门狗"是否工作，取决于 IDLE_WDT(WDT_CONTR.3)控制位。当 IDLE_WDT 为"1"时，"看门狗"正常工作；当 IDLE_WDT 为"0"时，"看门狗"停止工作。

在空闲模式下，RAM、堆栈指针（SP）、程序计数器（PC）、程序状态字（PSW）、累加器（A）等寄存器都保持原有数据，I/O 口保持空闲模式被激活前那一刻的逻辑状态，所有的外部设备都能正常工作。

（2）IAP15W4K58S4 单片机空闲模式的唤醒

在空闲模式下，任何一个中断的产生都会引起 IDL(PCON.0)被硬件清零，从而退出空闲模式。单片机被唤醒后，CPU 将继续执行进入空闲模式语句的下一条指令。

外部 RST 引脚复位，可退出空闲模式。复位后，单片机从用户程序 0000H 处开始正常工作。

3）IAP15W4K58S4 单片机的停机模式（Power Down）

（1）停机模式下，IAP15W4K58S4 单片机的工作状态

在停机模式下，单片机使用时钟停振，CPU、"看门狗"、定时器、串行口、A/D 转换等功能模块停止工作，外部中断，CCP 继续工作。如过低电压检测中断被允许，低压检测电路正常工作。

在停机模式下，所有 I/O 口、特殊功能寄存器维持进入停机模式前那一刻的状态不变。

（2）IAP15W4K58S4 单片机停机模式的唤醒

① 在停机模式下，外部中断（INT0、INT1、$\overline{INT2}$、$\overline{INT3}$、$\overline{INT4}$）、CCP 中断（CCP0、CCP1）可唤醒 CPU。CPU 被唤醒后，首先执行设置单片机进入停机模式的语句的下一条语句，然后执行相应的中断服务程序。为此，建议在设置单片机进入停机模式的语句后多加几个空指令（_nop_();）。

② 如果定时器（T0、T1、T2、T3、T4）中断在进入停机模式前被设置允许，则进入停机模式后，定时器（T0、T1、T2、T3、T4）外部引脚如发生由高到低的电平变化，可以将单片机从

停机模式中唤醒。单片机唤醒后,如果主时钟使用的是内部时钟,单片机在等待 64 个时钟后,将时钟供给 CPU 工作;如果主时钟使用的是外部晶体时钟,单片机在等待 1024 个时钟后,将时钟供给 CPU。CPU 获得时钟后,程序从设置单片机进入停机模式的下一条语句开始往下执行,不进入相应定时器的中断程序。

③ 如果串行口(串行口 1、串行口 2、串行口 3、串行口 4)中断在进入停机模式前被设置允许,则进入停机模式后,串行口 1、串行口 2、串行口 3、串行口 4 的串行数据接收端(RxD、RxD2、RxD3、RxD4)如发生由高到低的电平变化时,可以将单片机从停机模式中唤醒。单片机唤醒后,如果主时钟使用的是内部时钟,单片机在等待 64 个时钟后,将时钟供给 CPU 工作;如果主时钟使用的是外部晶体时钟,单片机在等待 1024 个时钟后,将时钟供给 CPU。CPU 获得时钟后,程序从设置单片机进入停机模式的下一条语句开始往下执行,不进入相应串行口的中断程序。

④ 如果 IAP15W4K58S4 单片机内置停机唤醒专用定时器被允许,当单片机进入停机模式后,停机唤醒专用定时器开始工作。

⑤ 外部 RST 引脚复位,可退出停机模式。复位后,单片机从用户程序 0000H 处开始正常工作。

例 8-1-1 设计程序,利用外部中断实现单片机从停机模式唤醒。

解:程序说明:P1.2 LED 灯为系统开始工作指示灯。启动程序后,P1.2 LED 灯点亮;P1.3 LED 灯为系统正常工作指示灯(闪烁);P1.7 LED 灯为外部中断 0 唤醒的停机唤醒指示灯;P1.6 LED 灯为外部中断 0 正常工作的指示灯;P1.5 LED 灯为外部中断 1 唤醒的停机唤醒指示灯;P1.4 LED 灯为外部中断 1 正常工作的指示灯;P2 口 LED 灯显示进入停机、唤醒的次数;Is_Power_Down 为进入停机模式标志,进入前置"1",唤醒后置"0"。

C51 参考程序如下所示。

```
# include <STC15.H>
# include <intrins.h>
# include <gpio.h>
sbit Begin_led = P1^2;                          //系统开始工作指示灯
unsigned char Is_Power_Down = 0;                //判断是否进入停机模式标志
sbit Is_Power_Down_Led_INT0 = P1^7;             //停机唤醒指示灯,在 INT0 中
sbit Not_Power_Down_Led_INT0 = P1^6;            //不是停机唤醒指示灯,在 INT0 中
sbit Is_Power_Down_Led_INT1 = P1^5;             //停机唤醒指示灯,在 INT1 中
sbit Not_Power_Down_Led_INT1 = P1^4;            //不是停机唤醒指示灯,在 INT1 中
sbit Power_Down_Wakeup_Pin INT0 = P3^2;         //停机唤醒引脚,INT0
sbit Power_Down_Wakeup_Pin INT1 = P3^3;         //停机唤醒引脚,INT1
sbit Normal_Work__Flashing_Led = P1^3;          //系统处于正常工作状态指示灯
void Normal_Work_Flashing(void);                //正常工作闪烁函数声明
void INT_System_init(void);                      //中断初始化函数声明
/* --------------- 主函数 -------------------- */
void main(void)
{
    unsigned char wakeup_counter = 0;           //中断唤醒次数变量初始为 0
    Begin_Led = 0;                              //系统开始工作指示灯
    gpio();
    INT_System_init();                          //中断系统初始化
```

```c
    while(1)
    {
        P2 = ~wakeup_counter;            //中断唤醒次数显示。将 wakeup counter 取反输出
        Normal_Work_Flashing();         //系统正常工作指示灯闪烁
        Is_Power_Down = 1;              //进入停机模式之前,将其置为"1",以供判断
        PCON = 0x02;                    //执行完此句,单片机进入停机模式,外部时钟停止振荡
        _nop_();                        //外部中断唤醒后,首先执行此语句,然后进入中断服务程序
        _nop_();                        //建议多加几个空操作指令 NOP
        _nop_();
        wakeup_counter + + ;            //中断唤醒次数变量加 1
    }
}
/* -------------- 中断初始化子函数 ---------------- */
void INT_System_init(void)
{
    IT0 = 1;                    //外部中断 0,下降沿触发
    EX0 = 1;                    //允许外部中断 0 中断
    IT1 = 1;                    //外部中断 1,下降沿触发
    EX1 = 1;                    //允许外部中断 1 中断
    EA = 1;                     //开总中断控制位
}
/* -------------- 外部中断 0 服务子函数 ---------------- */
void INT0_Routine(void) interrupt 0
{
    if(Is_Power_Down)                               //判断停机唤醒标志
    {
        Is_Power_Down = 0;
        Is_Power_Down_Led_INT0 = 0;                 //点亮外部中断 0 停机唤醒指示灯
        while(Power_Down_Wakeup_Pin_INT0 == 0);     //等待变高
        Is_Power_Down_Led_INT0 = 1;                 //关闭外部中断 0 停机唤醒指示灯
    }
    else
    {
        Not_Power_Down_Led_INT0 = 0;                //点亮外部中断 0 正常工作中断指示灯
        while(Power_Down_Wakeup_Pin_INT0 == 0);     //等待变高
        Not_Power_Down_Led_INT0 = 1;                //关闭外部中断 0 正常工作中断指示灯
    }
}
/* -------------- 外部中断 1 服务子函数 ---------------- */
void INT1_Routine(void)interrupt 2                  //外部中断 1 服务程序
{
    if(Is_Power_Down)                               //判断停机唤醒标志
    {
        Is_Power_Down = 0;
        Is_Power_Down_Led_INT1 = 0;                 //点亮外部中断 1 停机唤醒指示灯
        while(Power_Down_Wakeup_Pin_INT1 == 0);     //等待变高
        Is_Power_Down_Led_INT1 = 1;                 //关闭外部中断 1 停机唤醒指示灯
    }
    else
    {
        Not_Power_Down_Led_INT1 = 0;                //点亮外部中断 1 正常工作中断指示灯
```

```
        while(Power_Down_Wakeup_Pin_INT1 == 0);        //等待变高
        Not_Power_Down_Led_INT1 = 1;                    //关闭外部中断1正常工作中断指示灯
    }
}
/* --------------- 延时子函数 --------------- */
void delay(void)
{
    unsigned int j = 0x00;
    unsigned int k = 0x00;
    for(k = 0; k < 2; ++k)
    {
        for(j = 0;j < = 30000; ++j)
        {
            _nop_( );
            _nop_( );
            _nop_( );
            _nop_ ( );
            _nop_( );
            _nop_( );
            _nop_( );
            _nop_( );
        }
    }
}
/* --------------- 正常闪烁子函数 --------------- */
void Normal_Work_Flashing(void)
{
    Normal_Work_Flashing_Led = 0;
    delay( );
    Normal_Work_ Flashing_Led = 1;
    delay( );
}
```

4) 内部停机唤醒专用定时器的应用

单片机进入停机模式后,除了可以通过外部中断以及其他中断的外部引脚唤醒外,还可以通过使能内部停机唤醒专用定时器唤醒CPU,使其恢复到正常工作状态。内部停机唤醒定时器的唤醒功能适合单片机周期性工作的应用场合。

IAP15W4K58S4单片机由特殊功能寄存器WKTCH和WKTCL管理和控制,其定义如下所示。

	地址	B7	B6	B5	B4	B3	B2	B1	B0	复位值
WKTCL	AAH									1111 1111
WKTCH	ABH	WKTEN								0111 1111

内部停机唤醒定时器是一个15位定时器,定时从0开始计数。WKTCH的低7位和WKTCL的8位构成一个15位的数据寄存器,用于设定定时的计数值。

WKTEN 是内部停机唤醒定时器的使能控制位。WKTEN＝1,使能;WKTEN＝0,禁止。

IAP15W4K58S4 单片机除增加了特殊功能寄存器 WKTCL 和 WKTCH,还设计了两个隐藏的特殊功能寄存器 WKTCL_CNT 和 WKTCH_CNT,来控制内部停机唤醒专用定时器。WKTCL_CNT 与 WKTCL 共用一个地址(AAH);WKTCH_CNT 与 WKTCH 共用一个地址(ABH);WKTCL_CNT 和 WKTCH_CNT 是隐藏的,对用户不可见。WKTCL_CNT 和 WKTCH_CNT 实际上当作计数器用,而 WKTCH 和 WKTCL 当作比较器用。当用户对 WKTCH 和 WKTCL 写入内容时,该内容只写入 WKTCH 和 WKTCL;当用户读 WKTCH 和 WKTCL 的内容时,实际上读的是 WKTCH_CNT 和 WKTCL_CNT 的内容,而不是 WKTCH 和 WKTCL 的内容。

置位 WKTEN,使能内部停机唤醒定时器,单片机一旦进入停机模式,内部停机唤醒专用定时器[WKTCH_CNT,WKTCL_CNT]就从 7FFFH 开始计数,直到与{WKTCH[6:0],WKTCL[7:0]}寄存器设定的计数值相等,即启动系统振荡器。如果主时钟使用的是内部时钟,单片机在等待 64 个时钟后,将时钟供给 CPU;如果主时钟使用的是外部时钟,单片机在等待 1024 个时钟后,将时钟供给 CPU。CPU 获得时钟后,程序从设置单片机进入停机模式的下一条语句开始往下执行。停机唤醒后,WKTCH_CNT 和 WKTCL_CNT 的内容保持不变,因此可通过读 WKTCH 和 WKTCL 的内容(实际是 WKTCH_CNT 和 WKTCL_CNT 的内容)来读出单片机在停机模式等待的时间。

内部停机唤醒定时器定时时间的计算:内部停机唤醒定时器的计数脉冲周期大约为 $488\mu s$,那么定时时间为:{WKTCH[6:0],WKTCL[7:0]}寄存器的值加 1 再乘以 $488\mu s$。

内部停机唤醒专用定时器最短定时时间约为 $488\mu s$,内部停机唤醒专用定时器最大定时时间约为 $488\mu s \times 32768 = 15.99s$。

例 8-1-2　设定采用内部停机唤醒定时器唤醒单片机的停机状态,唤醒时间为 500ms,请编程。

解:首先,计算唤醒时间为 500ms 所需的计数值,设为 X,则 X＝500ms/$488\mu s \approx 400$H。WKTCH 和 WKTCL 的设定值为 400H 减 1,即为 3FFH。

$$WKTCH = 03H, \quad WKTCL = FFH$$

参考程序如下:

```
#include<stc15.h>
void main(void)
{
    WKTCH = 0x83;                    //设定唤醒定时器的高 7 位以及使能唤醒定时器
    WKTCL = 0xff;
    …
}
```

任务实施

1. 任务要求

设计一个 LED1 指示灯闪烁,闪烁间隔为 0.5s,1 分钟后自动进入停机模式;设置外部中断 0,正常工作时,每产生一次外部中断,LED2 指示灯的状态取反一次。若在停机模式,按下外部中断 0 按键,则唤醒单片机,退出停机模式,恢复正常工作。

2. 硬件设计

STC15-Ⅳ版实验箱的 SW17 用作外部中断输入按键,LED7 用作 LED2 指示灯,LED8 用作 LED1 指示灯,电路原理如图 8-1-1 所示。

3. 软件设计

1) 程序说明

设定一个停机模式标志(Is_Power_Down),"0"表示正常工作,"1"表示停机。开机时,Is_Power_Down 为"0",系统处于正常工作状态,LED8 指示灯闪烁。按动 SW17,LED7 指示灯状态取反。

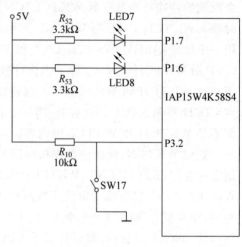

图 8-1-1　外部中断唤醒电路

利用 T0 进行定时,1 分钟后,置位 Is_Power_Down,系统进入停机模式,LED8 指示灯不再闪烁。按动 SW17,系统恢复工作。

2) 源程序清单(项目八任务 1.c)

```
#include <stc15.h>                        //包含支持 IAP15W4K58S4 单片机的头文件
#include <intrins.h>
#include <gpio.h>                          //I/O 初始化文件
#define uchar unsigned char
#define uint unsigned int
uchar Counter50ms = 0;
bit Is_Power_Down = 0;                     //停机模式标志,"1"表示停机
uchar Counter1s = 0;
sbit Normal_Ex0_Work_Led = P1^7;          //外部中断 0 正常工作指示灯
sbit Normal_Work_Led = P1^6;              //系统处于正常工作状态指示灯
sbit Power_Down_Wakeup_Pin_INT0 = P3^2;   //停机唤醒引脚,INT0
void Delay500ms();                         //10ms 延时
void T0_Ex0_init(void);                    //定时器 T0、外部中断 0 初始化函数声明
void Ex0_int(void);                        //外部中断 0 中断函数声明
void T0_int(void);                         //定时器 T0 中断函数声明
/* --------------- 主函数 ------------------ */
void main(void)
{
    T0_Ex0_init();                         //T0、外部中断 0 初始化
    gpio();
    while(1)
    {
        Normal_Work_Led = !Normal_Work_Led;
        Delay500ms();
        if(Is_Power_Down == 1)
        {
            PCON = 0x02;                   //执行完此语句,单片机进入停机模式,外部时钟停止振荡
```

```
            _nop_();                    //外部中断唤醒后,首先执行此语句,然后进入中断服务程序
            _nop_();                    //建议多加几个空操作指令 NOP
            _nop_();
        }
    }
}
/* -------------- T0、外部中断 0 初始化子函数 -------------- */
void T0_Ex0_init(void)
{
    TMOD = 0x00;                        //设置 T0 为 16 位可重装初始值的定时
    TH0 = (65536 - 50000)/256;          //计算 50ms 定时初始值的高 8 位
    TL0 = (65536 - 50000) % 256;        //计算 50ms 定时初始值的低 8 位
    IT0 = 1;                            //外部中断 0,下降沿触发中断
    EX0 = 1;                            //允许外部中断 0 中断
    ET0 = 1;                            //允许 T0 中断
    EA = 1;                             //开总中断控制位
    TR0 = 1;
}
/* ---------- 500ms 延时函数,从 STC-ISP 在线编程软件工具中获得 ----- */
void Delay500ms()                       //@11.0592MHz
{
    unsigned char i, j, k;
    _nop_();
    _nop_();
    i = 22;
    j = 3;
    k = 227;
    do
    {
        do
        {
            while ( -- k);
        } while ( -- j);
    } while ( -- i);
}
/* -------------- 外部中断 0 服务子函数 -------------- */
void INT0_Routine(void) interrupt 0
{
    if(Is_Power_Down)                   //判断停机唤醒标志
    {
        Is_Power_Down = 0;
        while(Power_Down_Wakeup_Pin_INT0 == 0);   //等待变高
    }
    else
    {
        Normal_Ex0_Work_Led = ! Normal_Ex0_Work_Led;   //外部中断 0 正常工作,中断指示灯 1 状态
                                                        //取反
        while(Power_Down_Wakeup_Pin_INT0 == 0);   //等待变高
```

```
        }
    }
/* -------------- 定时器 T0 服务子函数 --------------- */
void T0_int(void) interrupt 1
{
    Counter50ms++;                          //50ms 计数器加 1
    if(Counter50ms == 20)                   //判断是否到了 1s
    {
        Counter50ms = 0;                    //50ms 计数器清零
        Counter1s++;                        //秒计数器加 1
        if(Counter1s == 60)                 //判断是否到了 1 分钟
        {
            Counter1s = 0;                  //若到了,秒计数器清零
            Is_Power_Down = 1;              //停机模式标志为"1",准备进入停机模式
        }
    }
}
```

4. 系统调试

（1）用 USB 线连接 PC 与 STC15-Ⅳ实验箱。

（2）用 Keil C 编辑、编译程序项目八任务 1. c,生成机器代码文件:项目八任务 1. hex。

（3）运行 STC-ISP 在线编程软件,将项目八任务 1. hex 下载到 STC15-Ⅳ实验箱单片机。下载结束后,系统自动运行程序。

（4）调试:

① 观察 LED8 指示灯的状态。

② 按动 SW17,观察外部中断 0 工作指示灯(LED7)的状态。

③ 1 分钟后,观察 LED8 指示灯的状态,判断是否进入停机模式。

④ 按动 SW17,观察单片机是否唤醒,LED8 指示灯是否恢复正常工作。

设有监控录像系统,要求每 10 分钟拍一次。为节省能源,要求每拍完录像后的其他时间,单片机处于停机模式；10 分钟到了,重新启动拍像,如此周而复始! 请设计程序并调试。

提示:摄像工作,用 1 只 LED 灯闪烁 1 次模拟。

任务 2　IAP15W4K58S4 单片机的可靠性设计

可靠性设计包括硬件设计与软件设计。硬件的可靠性设计需要利用滤波技术、屏蔽技术、隔离技术、接地技术等；软件设计需要利用指令冗余技术、软件陷阱技术、系统自诊断技

术、程序监控技术、数字滤波技术等。本任务主要介绍 IAP15W4K58S4 单片机的"看门狗"程序监控技术,以防止程序跑飞或进入死循环而造成程序故障。

 相关知识

1. "看门狗"定时器

在工业控制、汽车电子、航空航天等需要高可靠性的电子系统中,由于存在电磁干扰或者程序设计的问题,一般计算机系统都可能出现因程序跑飞或"死机"的现象,导致系统长时间无法正常工作。为了及时发现并脱离瘫痪状态,在个人计算机中,一般设有复位按钮。当计算机死机时,按一下复位按钮,可重新启动计算机。在自动控制系统中,要求系统非常可靠、稳定地工作,一般不能通过手工方式复位,往往需要在系统中设计一个电路自动地看护。当出现程序跑飞或死机时,迫使系统复位,重新进入正常的工作状态。这个电路就称为硬件"看门狗"(Watch Dog)或"看门狗"定时器,简称"看门狗"。"看门狗"的基本作用就是监视CPU 的工作。如果 CPU 在规定的时间内没有按要求访问"看门狗",就认为 CPU 处于异常状态,"看门狗"就会强迫 CPU 复位,使系统从头开始按规则执行用户程序。正常工作时,单片机可以通过一个 I/O 引脚定时向"看门狗"脉冲输入端输入脉冲(定时时间不一定固定,只要不超出硬件"看门狗"的溢出时间即可)。当系统出现死机时,单片机停止向"看门

狗"脉冲输入端输入脉冲,超过一定时间后,硬件"看门狗"发出复位信号,将系统复位,使系统恢复正常工作。传统 8051 单片机内部无硬件"看门狗"电路,需要在外部扩展,如图 8-2-1 所示。其中,"看门狗"集成电路 MAX813L 的溢出时间为1.6s,也就是说,在用户程序中,只要在 1.6s 内使用 I/O 引脚(如图 8-2-1 中 P0.0)向 MAX813L 的WDI 端输出脉冲,硬件"看门狗"就不会输出RESET 信号。

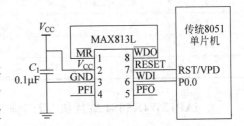

图 8-2-1　传统 8051 单片机的外扩
　　　　　　"看门狗"电路

2. IAP15W4K58S4 单片机的"看门狗"定时器

IAP15W4K58S4 单片机内部集成了"看门狗"定时器(Watch Dog Timer,WDT),使单片机系统的可靠性设计更加方便、简洁。通过设置和控制 WDT 控制寄存器(WDT_CONTR)来使用"看门狗"功能。WDT 控制寄存器的各位定义如下。

地址	B7	B6	B5	B4	B3	B2	B1	B0	复位值
WDT_CONTR C1H	WDT_FLAG	—	EN_WDT	CLR_WDT	IDLE_WDT	PS2	PS1	PS0	0x00 0000

（1）WDT_FLAG："看门狗"溢出标志位。溢出时,该位由硬件置"1",可用软件将其清零。

（2）EN_WDT："看门狗"允许位。当设置为"1"时,"看门狗"启动。

（3）CLR_WDT："看门狗"清零位,当设为"1"时,"看门狗"将重新计数。启动后,硬件将自动清零此位。

（4）IDLE_WDT："看门狗"IDLE 模式（即空闲模式）位。当设置为"1"时，WDT 在"空闲模式"计数；当清零该位时，WDT 在"空闲模式"时不计数。

（5）PS2、PS1、PS0：WDT 预分频系数控制位。

WDT 溢出时间的计算方法为

$$WDT \text{ 的溢出时间} = (12 \times \text{预分频系数} \times 32768) / \text{时钟频率}$$

例 8-2-1　设振荡时钟为 12MHz，PS2 PS1 PS0＝010 时，求 WDT 的溢出时间。

解：WDT 的溢出时间＝$(12 \times 8 \times 32768)/12000000 = 262.1$（ms）

为方便使用，表 8-2-1 列出了时钟频率为 11.0592MHz、12MHz 和 20MHz 时，预分频系数设置与 WDT 溢出时间的关系。

表 8-2-1　WDT 的预分频系数与溢出时间

PS2	PS1	PS0	预分频系数	WDT 溢出时间/ms		
				11.0592MHz	12MHz	20MHz
0	0	0	2	71.1	65.5	39.3
0	0	1	4	142.2	131.0	78.6
0	1	0	8	284.4	262.1	157.3
0	1	1	16	568.8	524.2	314.6
1	0	0	32	1137.7	1048.5	629.1
1	0	1	64	2275.5	2097.1	1250
1	1	0	128	4551.1	4194.3	2500
1	1	1	256	9.1022	8388.6	5000

3. IAP15W4K58S4 单片机"看门狗"定时器的使用

当启用 WDT 后，用户程序必须周期性地复位 WDT，复位周期必须小于 WDT 的溢出时间。如果用户程序在一段时间之后不能复位 WDT，WDT 就会溢出，将强制 CPU 自动复位，确保程序不进入死循环，或者执行到无程序代码区。复位 WDT 的方法是重写 WDT 控制寄存器的内容。

WDT 的使用主要涉及 WDT 控制寄存器的设置以及 WDT 的定期复位。

```
#include < stc15.h>
void main()
{
    …                                    //其他初始化代码
    WDT_CONTR = 0x3c;                    //WDT 初始化
    while(1)
    {
        display();                       //显示程序
        keyboard();                      //键盘程序
        …                                //其他工作
        WDT_CONTR = 0x3c;                //复位 WDT
    }
}
```

任务实施

1. 任务要求

在任务 1 的基础上,增加"看门狗"设计。

2. 硬件设计

在例 8-1-1 的基础上,采用 SW18 模拟程序进入死循环。

3. 软件设计

设当 SW18 断开时,任务 1 正常工作;当 SW18 合上时,程序进入死循环,任务 1 程序不能正常工作。

分析、计算任务 1 循环一次可能的最大时间,根据任务 1 主程序的工作情况,正常工作(闪烁)的时间略大于 500ms,因此"看门狗"的时间必须大于 500ms。如表 8-2-1 所示,"看门狗"时间至少应取 568.8ms,即 PS2PS1PS0＝011B,WDT_CONTR＝0x33。修改后的预定义和主程序如下所示。

```
/* -------------------- 在预定义中,增加 SW18 的定义 --------- */
sbit SW18 = P3 ^ 3;
/* -------------- 主函数 ------------------- */
void main(void)
{
    T0_Ex0_init();
    gpio();
    WDT_CONTR = 0x33;
    while(1)
    {
        Normal_Work_Led = ! Normal_Work_Led;
        Delay500ms();
        if(Is_Power_Down == 1)
        {
            PCON = 0x02;        //执行完此句,单片机进入停机模式,外部时钟停止振荡
            _nop_();            //外部中断唤醒后,首先执行此语句,然后进入中断服务程序
            _nop_();            //建议多加几个空操作指令 NOP
            _nop_();
        }
        while(SW18 == 0);       //模拟死循环
        WDT_CONTR = 0x33;       //"看门狗"复位
    }
}
```

4. 硬件连线与调试

(1) 用 USB 线连接 PC 与 STC15-Ⅳ实验箱。

(2) 用 Keil C 编辑、编译程序项目八任务 2.c,生成机器代码文件:项目八任务 2.hex。

(3) 运行 STC-ISP 在线编程软件,将项目八任务 2.hex 下载到 STC15-Ⅳ实验箱单片机。下载结束后,系统自动运行程序。

（4）调试：

① SW18 断开，按任务 1 的调试步骤，观察与记录程序运行情况。

② SW18 合上，按任务 1 的调试步骤，观察与记录程序运行情况。

③ 注释掉主程序循环内的"看门狗"复位语句，重复上述两步，观察与记录程序运行情况。

选一段前面项目的某任务程序，添加"看门狗"设计。

习　题

1. IAP15W4K58S4 单片机有哪几种省电模式？如何设置？

2. IAP15W4K58S4 单片机在停机模式下，工作状态是怎样的？如何唤醒？唤醒后，CPU 是如何工作的？

3. IAP15W4K58S4 单片机在空闲模式下，工作状态是怎样的？如何唤醒？唤醒后，CPU 是如何工作的？

4. "看门狗"电路的作用是什么？

5. "看门狗"电路的核心电路是什么？简述"看门狗"电路的工作原理。

6. 现有一个周期性运行的工作程序，执行周期为 1000ms。为提供程序运行的可靠性，现启动"看门狗"电路，问如何设置 WDT_CONTR？

项目九

电子时钟的设计与实践

本项目要求设计一个简单的电子时钟。用 6 位 LED 数码管实现电子时钟的功能,显示方式为时:分:秒,采用 24h(小时)计时方式。使用按键开关,可实现时、分调整。

为了实现 LED 显示器的数字显示,采用静态显示法和动态显示法。键盘输入可采用独立按键结构和矩阵结构。为实现计时功能,采用软件程序计时方式和定时器硬件计时方式,也可以采用专用的时钟芯片。

通过电子时钟的设计,可以很好地了解单片机的使用方法,主要表现在以下 3 个方面。

(1)电子时钟相对简单,并且具备最小单片机应用的基本构成。通过这个实例,学生可以明白构成一个简单,同时具备实用性的单片机应用系统需要哪些外部设备的基本电路。

(2)电子时钟电路中使用了单片机系统中最常用的输入/输出设备:按键开关和数码管。

(3)电子时钟程序最能反映单片机系统中定时器和中断的用法。单片机系统中的定时和中断是单片机最重要的资源,也是应用最广泛的功能。电子时钟程序主要就是利用定时器和中断实现计时和显示功能。

知识点:

◇ 数码管的显示原理;

◇ 74HC595 芯片的驱动原理;

◇ 数码管的静态显示与动态显示;

◇ 独立式键盘与矩阵键盘;

◇ 键盘状态的监测方法;

◇ 键盘的按键识别与处理;

◇ 键盘的去抖动。

技能点:

◇ 数码管与单片机的接口电路设计;

◇ 键盘与单片机的接口电路设计;

◇ 键盘与数码管显示的软件编程;

◇ 电子时钟电路的软、硬件调试。

任务 1 8 位数码 LED 的驱动与显示

任务说明

本任务主要介绍 LED 数码管显示的基本原理与 74HC595 驱动的基本原理以及应用编程,使学生学会用 LED 数码管显示十进制数字(0~9)与字母 A~F。

相关知识

1. LED 显示原理

单片机应用系统中常用 LED(发光二极管)显示数字、字符及系统的状态,其驱动电路简单、易于实现且价格低廉,因此得到广泛应用。

常用的 LED 显示器有 LED 状态显示器(俗称发光二极管)、LED 七段显示器(俗称数码管)和 LED 十六段显示器。发光二极管可显示两种状态,用于系统状态显示;数码管用于数字显示;LED 十六段显示器用于字符显示。

1) 数码管结构与工作原理

数码管由 8 个发光二极管(以下简称字段)构成,通过不同的组合,用于显示数字 0~9,字符 A~F、H、L、P、R、U、Y,符号"—"及小数点"."。数码管的外形结构如图 9-1-1(a)所示。数码管又分为共阴极和共阳极两种结构,分别如图 9-1-1(b)和图 9-1-1(c)所示。

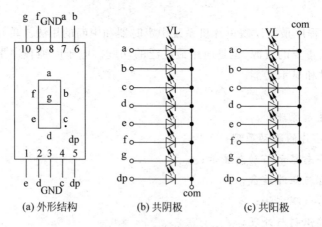

(a) 外形结构   (b) 共阴极   (c) 共阳极

图 9-1-1 数码管的结构

共阳极数码管的 8 个发光二极管的阳极(二极管正端)连接在一起。通常,公共阳极接高电平(一般接电源),其他引脚接段驱动电路输出端。当某段驱动电路的输出端为低电平时,该端连接的字段导通并点亮,根据发光字段的不同组合,显示出各种数字或字符。此时,要求段驱动电路能吸收额定的段导通电流,还需根据外接电源及额定段导通电流来确定相应的限流电阻。

共阴极数码管的 8 个发光二极管的阴极(二极管负端)连接在一起。通常,公共阴极接低电平(一般接地),其他引脚接段驱动电路输出端。当某段驱动电路的输出端为高电平时,该端连接的字段导通并点亮。根据发光字段的不同组合,显示出各种数字或字符。此时,要求段驱动电路能提供额定的段导通电流,还需根据外接电源及额定段导通电流来确定相应的限流电阻。

要使数码管显示出相应的数字或字符,必须使段数据口输出相应的字形编码。对照图 9-1-1(a),字形码各位定义如下:数据线 D_0 与 a 字段对应,D_1 字段与 b 字段对应,……,以此类推。如使用共阳极数码管,数据为"0",表示对应字段亮;数据为"1",表示对应字段暗。如使用共阴极数码管,数据为"0",表示对应字段暗;数据为"1",表示对应字段亮。如要显示"0",共阳极数码管的字形编码应为 11000000B(即 C0H),共阴极数码管的字形编码应为 00111111B(即 3FH)。以此类推,求得数码管字形编码,如表 9-1-1 所示。必须注意的是:很多产品为方便接线,常不按规则的方法去对应字段与位的关系,这时,用户必须根据接线自行设计字形码。

表 9-1-1 数码管字形编码表

显示字符	共阴极段选码	共阳极段选码	显示字符	共阴极段选码	共阳极段选码
0	3FH	C0H	C	39H	C6H
1	06H	F9H	D	5EH	A1H
2	5BH	A4H	E	79H	86H
3	4FH	B0H	F	71H	84H
4	66H	99H	P	73H	82H
5	6DH	92H	U	3EH	C1H
6	7DH	82H	r	31H	CEH
7	07H	F8H	y	6EH	91H
8	7FH	80H	8.	FFH	00H
9	6FH	90H	"灭"	00H	FFH
A	77H	88H	—	40H	BFH
B	7CH	83H			

2) LED 显示接口方法

单片机与 LED 显示器有以硬件为主和以软件为主两种接口方法,也称为静态显示和动态显示。静态显示方式的特点是各 LED 管能稳定地同时显示各自的字形;动态显示方式是指各 LED 数码管轮流一遍一遍地显示各自的字形,由于人眼的视觉惰性,人们看到的是各 LED 数码管同时显示不同的字形。下面分别介绍。

(1) 静态显示接口

静态显示是指数码管显示某一字符时,相应的发光二极管恒定导通或恒定截止。这种显示方式的各位数码管相互独立,公共端恒定接地(共阴极)或接正电源(共阳极)。每个数码管的 8 个字段分别与一个 8 位 I/O 口地址相连,I/O 口只要有段码输出,相应字符即显示出来,并保持不变,直到 I/O 口输出新的段码,如图 9-1-2 所示。采用静态显示方式,较小的电流即可获得较高的亮度,且占用 CPU 时间少,编程简单,显示便于监测和控制;但其占用的口线多,硬件电路复杂,成本高,只适合于显示位数较少的场合。

单片机系统中,常采用 MC14495 作为 LED 的静态显示接口。MC14495 是 CMOS

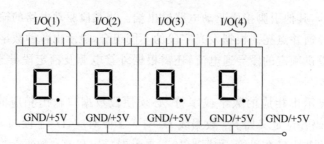

图 9-1-2 4 位静态 LED 显示电路

BCD-七段十六进制锁存、译码驱动芯片。MC14495 能完成 BCD 码至十六进制数的锁存和译码,并具有驱动能力。该芯片的作用是:输入被显示字符的二进制码(或 BCD 码),并把它自动置换成相应的字形码,再送到 LED 显示。例如,A、B、C、D 各引脚输入 0110B,则显示"6";若输入 1110B,显示"E"。

采用 MC14495 芯片与 IAP15E4K58S4 单片机的连接如图 9-1-3 所示。对于这种接口方法,仅需使用一条指令,就可以进行 LED 显示。例如,将"0111×000B"送至 P1 口,在最左边 LED 显示器显示"7";将"0010×011B"送 P1 口,在最右边 LED 显示"2"。

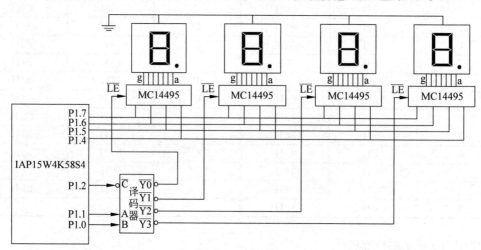

图 9-1-3 静态显示的 LED 数码管接口电路

(2)动态显示接口

动态显示是一位一位地轮流点亮各位 LED 数码管。这种逐位点亮显示器的方式称为位扫描。通常,各位数码管的段选线相应并联在一起,由一个 8 位的 I/O 口控制;各位的位选线(公共阴极或阳极)由另外的 I/O 口线控制,如图 9-1-4 所示。当以动态方式显示时,各LED 数码管分时轮流选通。要使其稳定显示,必须采用扫描方式,即在某一时刻只选通一位数 LED 码管,并送出相应的段码;在另一时刻选通另一位数码管,并送出相应的段码。以此规律循环,使各位数码管显示将要显示的字符,虽然这些字符是在不同的时刻分别显示,但由于人眼存在视觉暂留效应,只要每位显示间隔足够短,就可以给人同时显示的感觉。

采用动态显示方式比较节省 I/O 口,硬件电路也较静态显示方式简单,但其亮度不如静态显示方式,而且在显示位数较多时,CPU 要依次循环扫描,占用 CPU 较多的时间。

动态显示采用软件法,把将要显示的十六进制数(或 BCD 码)转换为相应的字形码(静

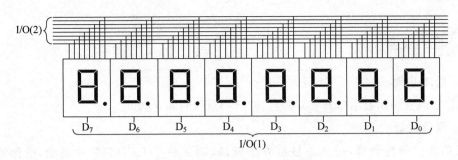

图 9-1-4 动态 LED 显示电路

态显示中通过硬件来转换),故它通常需要在 RAM 区建立一个显示缓冲区,和 LED 数码管一一对应。也就是说,缓冲区放什么字,相应数码管就会显示什么字。另外,要定义一个字形码数组,把所有显示字符的字形码存放在数组单元中,以便随时查表获取。

在用动态扫描法实现 LED 数码管显示时,为了提高数码管的亮度,需要提高扫描时的驱动电流。一般应采用驱动电路,采用分立器件三极管作为驱动,也可以采用专用的驱动芯片,如 ULN2003 或 ULN2803。但 STC 系列单片机的 I/O 端口有 20mA 的驱动能力,可直接驱动 LED 数码管。

2. 74HC595 驱动芯片

74HC595 驱动芯片用在 LED 数码管的动态扫描中能进一步减少单片机的 I/O 口。74HC595 驱动芯片的引脚如图 9-1-5 所示。

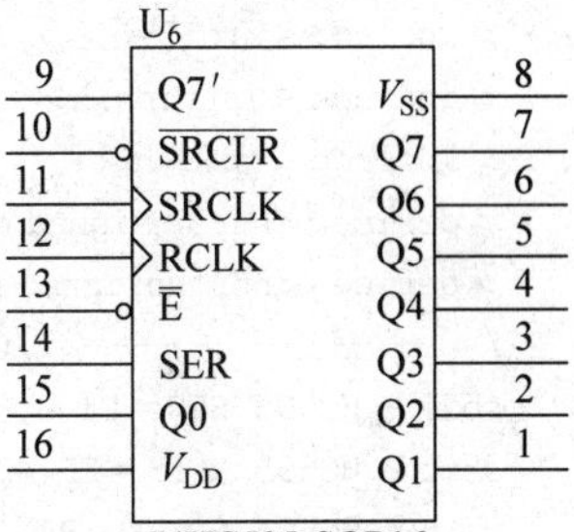

74HC595 驱动芯片是 8 位串行输入并行输出移位寄存器,驱动电流达到 35mA。此外,74595 具有数据存储寄存器,在移位的过程中,输出端的数据保持不变。这在串行速度慢的场合很有用处,数码管没有闪烁感。而且,74HC595 具有级联功能,能够扩展更多的输出口。

74HC595 的引脚功能如表 9-1-2 所示。

图 9-1-5 74HC595 驱动芯片的引脚

表 9-1-2 74HC595 的引脚功能表

引脚号	引脚名称	引脚功能
15、1～7	Q0、Q1～Q7	并行数据输出口
8	V_{SS}	电源地
9	Q7′	级联输出端,用于连接级联芯片的串行数据输入端
10	$\overline{SRCLR}$	是芯片移位寄存器复位端,低电平有效
11	SRCLK	移位寄存器的时钟脉冲输入端,上升沿移位
12	RCLK	存储寄存器的时钟脉冲输入端,低电平锁存
13	$\overline{E}$	三态输出使能端,低电平有效
14	SER	串行数据输入端
16	V_{DD}	电源正极

 **任务实施**

1. 程序功能

8位数码管来回显示"12345678"与"87654321",间隔500ms。

2. 硬件设计

采用共阴极数码管,用动态显示方法驱动,用2块74HC595芯片驱动,电路原理如图9-1-6所示。

3. 程序设计

1)程序说明

建立一个显示缓冲区,1位数码管对应1个显示缓冲区,8位数码管对应的8个显示缓冲区为Dis_buf[0]~Dis_buf[7]。Dis_buf[0]是最高位,Dis_buf[7]是最低位。显示时,程序按顺序从显示缓冲区读取数据。要在哪位显示什么数据,把相应的显示数字放在相应的显示缓冲区即可。

2)源程序清单(项目九任务1.c)

```
# include < stc15.h >                    //包含支持 IAP15W4K58S4 单片机的头文件
# include < intrins.h >
# include < gpio.h >                     //I/O 初始化文件
# define uchar unsigned char
# define uint   unsigned int
/* ------------- I/O 口定义 -------------- */
sbit P_HC595_SER = P4^0;                 //pin 14 数据输入端
sbit P_HC595_RCLK = P5^4;                //pin 12 存储时钟
sbit P_HC595_SRCLK = P4^3;               //pin 11 移位时钟
/* ------------- 段控制码、位控制码、显示缓冲区的定义 --------------- */
uchar code SEG7[ ] = {0x3F,0x06,0x5B,0x4F,0x66,0x6D,0x7D,0x07,0x7F,0x6F,0x77,0x7C,0x39,
0x5E,0x79,0x71,0x00};
    //"0、1、2、3、4、5、6、7、8、9、A、B、C、D、E、F、灭"的共阴极字形码
uchar code Scan_bit[ ] = {0xfe,0xfd,0xfb,0xf7,0xef,0xdf,0xbf,0x7f}; //位控制码
uchar data Dis_buf[ ] = {16,16,16,16,16,16,16,0};             //显示缓冲区定义
/* ------------ 1ms 延时函数 --------------- */
void Delay1ms()                 //@11.0592MHz,从 STC-ISP 在线编程软件工具中获得
{
    unsigned char i,j;
    _nop_();
    _nop_();
    _nop_();
    i = 11;
    j = 190;
    do
    {
        while ( -- j);
    } while ( -- i);
}
```

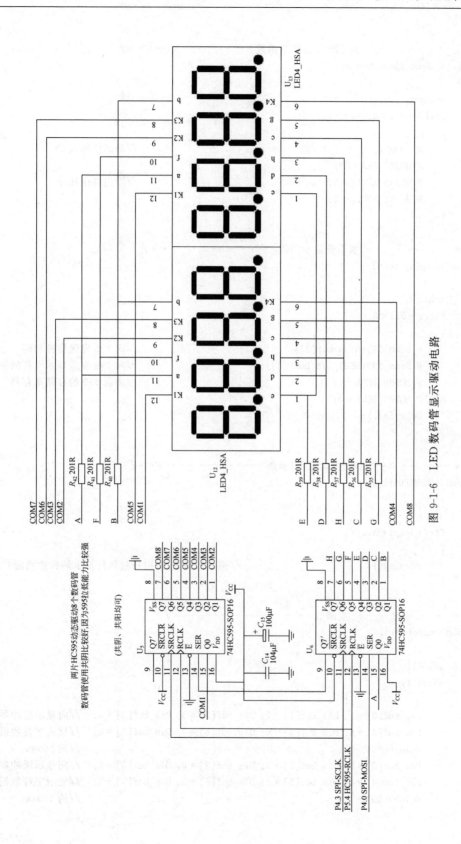

图 9-1-6　LED 数码管显示驱动电路

```
/* ------------ 向 595 发送字节函数 --------------- */
void F_Send_595(uchar x)
{
    uchar i;
    for(i = 0;i < 8;i++)
    {
        x = x << 1;                              //最高位移入 CY
        P_HC595_SER = CY;
        P_HC595_SRCLK = 1;                       //输出移位脉冲
        P_HC595_SRCLK = 0;
    }
}
/* ------------ 数码管显示函数 --------------- */
void display(void)
{
    uchar i;
    for(i = 0;i < 8;i++)
    {
        F_Send_595(Scan_bit[i]);                 //向 595 发送位控制码
        F_Send_595(SEG7[Dis_buf[i]]);            //向 595 发送显示字符的字形码
        P_HC595_RCLK = 1;                        //选通 595 的存储寄存器
        P_HC595_RCLK = 0;
        Delay1ms();
    }
}
/* ----------- 延时(含显示)函数 --------------- */
void delayN(uint N)
{
    uchar i;
    for(i = 0;i < N;i++)
    {
        display();                   //调显示函数,同时通过执行显示函数达到延时的目的
    }
}
/* -------------- 主函数 --------------- */
void  main(void)
{
    gpio();
    while(1)
    {
        Dis_buf[0] = 1; Dis_buf[1] = 2; Dis_buf[2] = 3; Dis_buf[3] = 4;   //向显示缓冲器传送
        Dis_buf[4] = 5; Dis_buf[5] = 6; Dis_buf[6] = 7; Dis_buf[7] = 8;   //显示字符数据 1~8
        delayN(60);                                                       //约 500ms
        Dis_buf[0] = 8; Dis_buf[1] = 7; Dis_buf[2] = 6; Dis_buf[3] = 5;   //向显示缓冲器传送
        Dis_buf[4] = 4; Dis_buf[5] = 3; Dis_buf[6] = 2; Dis_buf[7] = 1;   //显示字符数据 8~1
        delayN(60);                                                       //约 500ms
    }
}
```

4. 系统调试

（1）用 USB 线将 PC 与 STC15-Ⅳ版实验箱相连接。

（2）用 Keil C 编辑、编译项目九任务 1. c 程序，生成机器代码文件：项目九任务 1. hex。

（3）运行 STC-ISP 在线编程软件，将项目九任务 1. hex 下载到 STC15-Ⅳ版实验箱单片机。下载完毕，自动进入运行模式。观察数码管的显示结果并记录，判断程序运行结果与任务功能要求是否一致。

（4）将 delayN()函数中的 display()改为 Delay1ms()，然后重新调试，观察数码管显示结果是否有变化。若有变化，请分析原因。

修改程序，让数码管按 98765432 → 87654321 → 76543210 → 65432109 → 54321098 → 43210987 → 32109876 → 21098765 → 10987654 → 09876543 → 98765432 规律显示，周而复始。

任务 2　独立键盘的应用编程

独立键盘是单片机应用系统最常用的，一般采用查询方式识别按键的状态。此外，由于按键的机械特性有抖动现象，在按键的处理中还要考虑去抖动的问题。本任务主要介绍独立按键的工作特性与应用编程。

1. 键盘工作原理

键盘是单片机应用系统不可缺少的重要输入设备，主要负责向计算机传递信息。可以通过键盘向计算机输入各种指令、地址和数据，实现简单的人—机通信。

键盘由一组规则排列的按键组成，一个按键实际上是一个常开型开关元件，也就是说，键盘是一组规则排列的开关。按照其接线方式不同，分为两种：一种是独立式接法；另一种是矩阵式接法。

1）按键的分类

按键按照结构原理分为两类：一类是触点式开关按键，如机械式开关、导电橡胶式开关等；另一类是无触点开关按键，如开关管、可控硅、固态继电器等。前者造价低，后者寿命长。目前，单片机系统中最常见的是触点式开关按键。

按键按照接口原理分为编码键盘与非编码键盘两类。这两类键盘的主要区别是识别键符及给出相应键码的方法。编码键盘主要用硬件实现对键的识别，并能产生键编号或键值，如 BCD 码键盘、ASCII 码键盘等。非编码键盘主要靠自编软件实现键盘的识别与定义。

编码键盘由硬件逻辑自动提供与键对应的编码。此外，一般还具有去抖动和多键、窜键保护电路。这种键盘使用方便,但需要较多的硬件,价格较贵,一般的单片机应用系统较少采用。非编码键盘只简单地提供行和列的矩阵引线,其他工作均由软件完成。由于其经济实用,较多地应用于单片机应用系统中。下面将重点介绍非编码键盘接口电路。

2）按键的工作原理

在单片机应用系统中,除了复位按键有专门的复位电路及专一的复位功能外,其他按键都是以开关状态来设置控制功能或输入数据。当所设置的功能键或数字键按下时,计算机应用系统完成该按键设定的功能。按键信息输入是与软件结构密切相关的过程。

对于一组键或一个键盘,总有一个接口电路与 CPU 相连。CPU 可以采用查询或中断方式了解有无按键按下,并检查是哪一个键按下,获取该按键的键号(或者说是键值、按键编码),然后通过跳转指令转入执行该按键的功能程序,执行完毕返回主程序。

3）按键的结构与特点

键盘通常使用机械触点式按键开关,其主要功能是把机械通断转换成为电气逻辑关系。也就是说,它能提供标准的 TTL 逻辑电平,以便与通用数字系统的逻辑电平相容。

机械式按键在按下或释放时,由于机械弹性作用的影响,通常伴随有一定时间的触点机械抖动,然后其触点才稳定下来。抖动过程如图 9-2-1 所示。

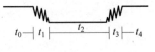

t_1、t_3 为抖动时间,与开关的机械特性有关,一般为 $5\sim10$ms。t_2 为键闭合的稳定期,其时间由使用者按键的动作确定,一般为几百毫秒至几秒。t_0、t_4 为键释放期。

图 9-2-1 按键触点的机械抖动

这种抖动对于人来说是感觉不到的。但对单片机来说,是完全可以感应到的,因为单片机处理的速度在微秒级。

在触点抖动期间检测按键的通与断状态,可能导致判断出错。即按键一次按下或释放被错误地认为是多次操作,这种情况是不允许出现的。为了克服按键触点机械抖动导致检测误判,必须采取去抖动措施,可从硬件和软件两方面考虑。

在硬件上,在键输出端加 RS 触发器(双稳态触发器)构成去抖动电路,或 RC 积分去抖动电路等。图 9-2-2 所示是一种由 RS 触发器构成的去抖动电路,触发器一旦翻转,触点抖动不会对其产生任何影响。

也可以利用一个 RC 积分电路来控制抖动电压。图 9-2-3 所示是 RC 防抖动电路。

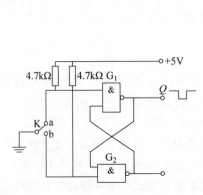

图 9-2-2 双稳态去抖(单次脉冲)电路

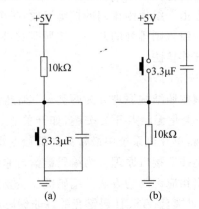

图 9-2-3 RC 防抖动电路

以图 9-2-3(a)为例,假设按键在常态时时间较长,电容两端电压已充满为＋5V。当按键按下时,电容两端的电压通过短路快速放电,电容两端呈现低电平,即使按键有抖动,电容会再次充电,但 RC 时间常数较大,充电速度远低于放电速度,在抖动期间,电容两端仍然维持低电平;当按键释放时,同样,由于电容的充电速度远低于放电速度,在抖动期间仍维持低电平,抖动过后,电容两端的电压才稳定上升为高电平,不受抖动的影响。这种方式简单有效,所增加成本与电路复杂度都不高,称得上是实用的硬件去抖动电路。

软件上采取的措施是:在检测到有按键按下时,执行一个 10ms 左右(具体时间应视所使用的按键进行调整)的延时程序后,确认该键电平是否仍保持闭合状态电平。若仍保持闭合状态电平,确认该键处于闭合状态。同理,在检测到该键释放后,采用相同的步骤进行确认,从而消除抖动的影响。

4) 按键的编码

一组按键或键盘都要通过 I/O 口线查询按键的开关状态。根据键盘结构的不同,采用不同的编码。无论有无编码,以及采用什么编码,最后都要转换成为与指定数值相对应的键值,实现按键功能程序的跳转。一个完善的键盘控制程序应具备以下功能。

(1) 检测有无按键按下,并采取硬件或软件措施,消除键盘按键机械触点抖动的影响。

(2) 可靠的逻辑处理办法。对于短按功能键,一次按键只执行一次操作,需要进行键释放处理(键释放的识别,可不考虑键抖动因素);对于长按功能键,采用定时检测方法,实现连续处理功能,如数字的"加1"、"减1"功能键。

(3) 准确输出按键值(或键号),满足跳转指令要求。

2. 独立式按键

单片机应用系统中,往往只需要几个功能键。此时,可采用独立式按键结构。

1) 独立式按键结构

独立式按键是直接用 I/O 口线构成的单个按键电路,其特点是每个按键单独占用一根 I/O 口线,每个按键的工作不会影响其他 I/O 口线的状态。独立式按键的典型应用如图 9-2-4 所示。

独立式按键电路配置灵活,软件结构简单,但每个按键必须占用一根 I/O 口线。因此,在按键较多时,I/O 口线浪费较大,不宜采用。

在图 9-2-4 中,按键输入均采用低电平有效。此外,上拉电阻保证了按键断开时 I/O 口线有确定的高电平。当 I/O 口线内部有上拉电阻时,外电路可不接上拉电阻。

2) 独立式按键的识别与处理

独立式按键软件常采用查询式结构。先逐位查询每根 I/O 口线的输入状态,如某一根 I/O 口线输入为低电平,则可确认该 I/O 口线对应的按键已按下;然后,转向该键的功能处理程序。识别与处理流程如下所述。

(1) 检测有无按键按下,例如:

if(P10 == 0)

(2) 软件去抖(一般调用 10ms 的延时函数)。

（3）键确认，例如：

```
if(P10 == 0)
```

（4）键处理。

（5）键释放，例如：

```
while(P10 == 0);
```

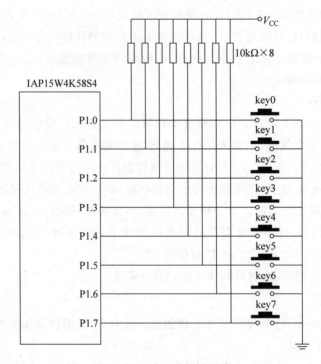

图9-2-4 独立式按键电路

 任务实施

1. 任务要求

设计加1、减1功能键各1个。当按加1、减1功能键时，软件计数器做加1或减1操作，计数器值送LED数码管显示。

2. 硬件设计

SW17(P3.2)为加1功能键，SW18(P3.3)为减1功能键，采用8位LED数码管显示，电路原理图如图9-2-5所示。

3. 软件设计

1）程序说明

一是要设计一个16位变量counter作为计数器，

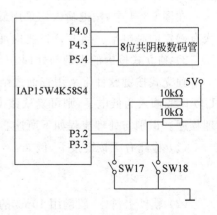

图9-2-5 加1与减1计数电路

最大值为 65535,采用 5 位显示;二是对按键去抖动。

2) 源程序清单(项目九任务 2.c)

```
# include < stc15.h >                    //包含支持 IAP15W4K58S4 单片机的头文件
# include < intrins.h >
# include < gpio.h >                      //I/O 初始化文件
# define uchar unsigned char
# define uint   unsigned int
# include < 595hc.h >
sbit SW17 = P3^2;
sbit SW18 = P3^3;
uint counter = 0;
void Delay10ms()                          //@11.0592MHz,从 STC-ISP 在线编程软件工具中获得
{
    unsigned char i,j;

    i = 108;
    j = 145;
    do
    {
        while ( -- j);
    } while ( -- i);
}
void main(void)
{
    gpio();
    while(1)
    {
        if(SW17 == 0)                      //检测加 1 功能键
        {
            Delay10ms();                   //延时去抖
            if(SW17 == 0)
            {
                counter++;
            }
            while(SW17 == 0);              //等待键释放
        }
        if(SW18 == 0)                      //检测减 1 功能键
        {
            Delay10ms();                   //延时去抖
            if(SW18 == 0)
            {
                if(counter!= 0)
                {
                    counter -- ;
                }
            }
            while(SW18 == 0);             //等待键释放
        }
        Dis_buf[7] = counter % 10;         //取个位数,送显示缓冲区
        Dis_buf[6] = counter/10 % 10;      //取十位数,送显示缓冲区
        Dis_buf[5] = counter/100 % 10;     //取百位数,送显示缓冲区
        Dis_buf[4] = counter/1000 % 10;    //取千位数,送显示缓冲区
        Dis_buf[3] = counter/10000 % 10;   //取万位数,送显示缓冲区
```

```
        display();
    }
}
```

4. 硬件连线与调试

（1）用 USB 线将 PC 与 STC15-Ⅳ版实验箱相连接。

（2）用 Keil C 编辑、编译项目九任务 2.c 程序，生成机器代码文件：项目九任务 2.hex。

（3）运行 STC-ISP 在线编程软件，将项目九任务 2.hex 下载到 STC15-Ⅳ版实验箱单片机。下载完毕，自动进入运行模式。观察数码管的显示结果并记录。

① 按动 SW17，观察显示结果并记录；长按 SW17，观察显示结果并记录。

② 按动 SW18，观察显示结果并记录；长按 SW18，观察显示结果并记录。

③ 分析正常按键与长按键时，程序运行结果有何不同，分析其产生的原因。

 **任务拓展**

修改程序，使得长按 SW17 能实现连续加 1 功能，长按 SW18 能实现连续减 1 功能。

任务3　矩阵键盘与应用编程

 **任务说明**

当需要输入十进制数码时，所需按键数大于 10 个。若采用独立键盘，需要 I/O 端口 10 个以上。为节约 I/O 端口，拟采用一种新的键盘结构，即矩阵键盘。本任务介绍矩阵键盘的工作原理与应用编程。

 **相关知识**

1. 矩阵键盘的结构与原理

1）矩阵键盘的结构

矩阵键盘由行线和列线组成，按键位于行、列线的交叉点上，其结构如图 9-3-1 所示。

由图 9-3-1 可知，一个 4×4 的行、列结构可以构成含有 16 个按键的键盘。显然，在按键数量较多时，矩阵式键盘较之独立式按键键盘节省很多 I/O 口。

在矩阵式键盘中，行、列线分别连接到按键开关的两端，行线通过上拉电阻接到 +5V 上。当无键按下时，行线处于高电平状态；当有键按下时，行、列线将导通，此时，行线电平将由与此

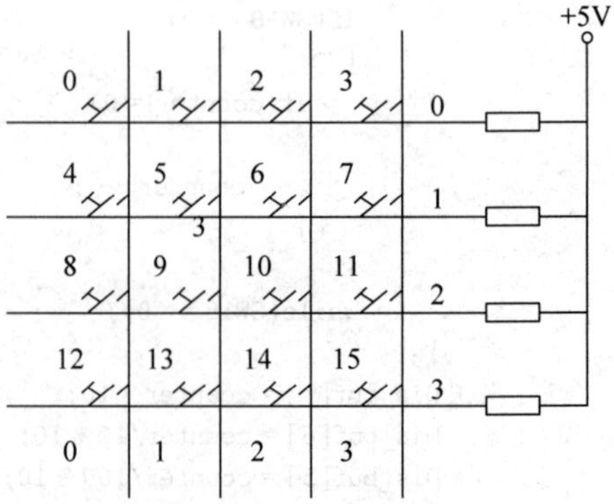

图 9-3-1　矩阵式键盘结构

行线相连的列线电平决定。这是识别按键是否按下的关键。然而,矩阵键盘中的行线、列线和多个按键相连,各按键按下与否均影响该键所在行线和列线的电平,各按键间将相互影响。因此,必须将行线、列线信号配合起来做适当处理,才能确定闭合键的位置。

2)矩阵式键盘按键的识别

识别按键的方法很多,最常见的是扫描法和反转法。

(1)扫描法

下面以图 9-3-1 中 8 号键的识别为例,说明扫描法识别按键的过程。

按键按下时,与此键相连的行线与列线导通,行线在无键按下时处在高电平。显然,如果让所有的列线也处在高电平,那么,按键按下与否不会引起行线电平的变化。因此,必须使所有列线处在低电平,只有这样,当有键按下时,该键所在的行电平才会由高电平变为低电平。CPU 根据行电平的变化,便能判定相应的行有键按下。8 号键按下时,第 2 行一定为低电平。然而,第 2 行为低电平时,能否肯定是 8 号键按下呢?回答是否定的。因为 9、10、11 号键按下,同样会使第 2 行为低电平。为确定具体键,不能使所有列线在同一时刻都处在低电平,可在某一时刻只让一条列线处于低电平,其余列线均处于高电平;另一时刻,让下一列处在低电平,以此循环。这种依次轮流,每次选通一列的工作方式称为键盘扫描。采用键盘扫描后,再来观察 8 号键按下时的工作过程。当第 0 列处于低电平时,第 2 行处于低电平;而第 1、2、3 列处于低电平时,第 2 行处在高电平。由此可判定,按下的键应是第 2 行与第 0 列的交叉点,即 8 号键。

$$键值＝行号×4(行数)＋列号$$

(2)翻转法

确认有键按下后,按如下步骤获得按键对应的键码,再根据键码获取按键的键值。

① 行全扫描,读取列码。

② 列全扫描,读取行码。

③ 将行、列码组合在一起,得到按键的键码。

④ 根据键盘的键码,通过比较法获取按键的键值。

2. 键盘的工作方式

在单片机应用系统中,键盘扫描只是 CPU 的工作内容之一。CPU 对键盘的响应取决于键盘的工作方式。键盘的工作方式应根据实际应用系统中 CPU 的工作状况而定,其选取原则是:既要保证 CPU 能及时响应按键操作,又不要过多占用 CPU 的工作时间。通常,键盘的工作方式有三种,即编程扫描、定时扫描和中断扫描。

1)编程扫描方式

编程扫描方式利用 CPU 完成其他工作的空余调用键盘扫描子程序来响应键盘输入的要求。在执行键功能程序时,CPU 不再响应键输入要求,直到 CPU 重新扫描键盘为止。

键盘扫描程序一般应包括以下内容。

(1)判别有无键按下。

(2)键盘扫描取得闭合键的行、列值。

(3)用计算法或查表法得到键值。

(4)判断闭合键是否释放。如没释放,则继续等待。

(5)将闭合键键号保存,同时转去执行该闭合键的功能。

2）定时扫描方式

定时扫描方式就是每隔一段时间对键盘扫描一次。它利用单片机内部的定时器产生一定时间（例如 10ms）的定时，定时时间到，就产生定时器溢出中断；CPU 响应中断后，对键盘进行扫描，并在有键按下时识别出该键，再执行该键的功能程序。定时扫描方式的硬件电路与编程扫描方式相同。

3）中断扫描方式

采用上述两种键盘扫描方式时，无论是否按键，CPU 都要定时扫描键盘。单片机应用系统工作时，并非经常需要键盘输入，因此，CPU 经常处于空扫描状态。为提高 CPU 的工作效率，可采用中断扫描工作方式，其工作过程如下：当无键按下时，CPU 处理自己的工作；当有键按下时，产生中断请求，CPU 转去执行键盘扫描子程序，并识别键号。中断扫描键盘电路如图 9-3-2 所示。

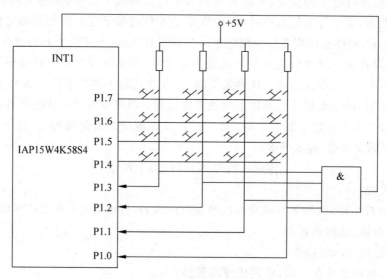

图 9-3-2　中断扫描键盘电路

图 9-3-2 所示是一种简易键盘接口电路。这是由单片机 P1 口的高、低 4 位构成的 4×4 键盘。键盘的列线与 P1 口的低 4 位相连，键盘的行线与 P1 口的高 4 位相连。因此，P1.4～P1.7 是扫描输出线，P1.0～P1.3 是扫描输入线。图中的 4 输入与门用于产生按键中断，其输入端与各列线相连，再通过上拉电阻接至 +5V 电源，输出端接至 IAP15W4K58S4 的外部中断输入端 INT1。具体工作过程如下：当键盘无键按下时，与门各输入端均为高电平，保持输出端为高电平；当有键按下时，INT1 端为低电平，向 CPU 申请中断，若 CPU 开放外部中断，将响应中断请求，转去执行键盘扫描子程序。

　任务实施

1. 任务要求

4×4 键盘对应十六进制数码 0～9、A～F。当按动按键时，对应的数码在数码管上显示。

2. 硬件设计

P0 接 4×4 矩阵键盘，以 P0.0～P0.3 为列线，以 P0.4～P0.7 为行线，具体接口电路如

图 9-3-3 所示。采用 STC15-Ⅳ版实验箱的数码管显示。

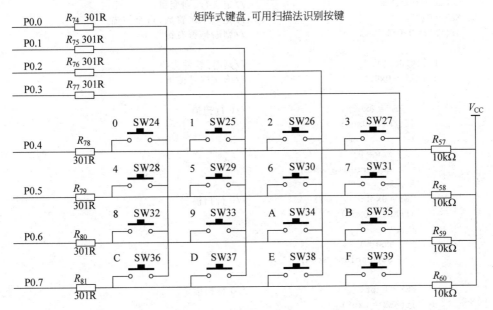

图 9-3-3　键盘扫描电路

3. 软件设计

1）程序说明

矩阵键盘键的识别是采用扫描法实现的,先确定行号,再确定列号;根据行号乘 4 加列号,得到按键的键值。键值送数码管最低位显示。

2）源程序清单（项目九任务 3.c）

```
# include <stc15.h>              //包含支持 IAP15W4K58S4 单片机的头文件
# include <intrins.h>
# include <gpio.h>               //I/O 初始化文件
# define uchar unsigned char
# define uint  unsigned int
# include <595hc.h>
# define KEY P0
uchar key_volume;               //定义键值存放变量
void Delay10ms()                //@11.0592MHz,从 STC-ISP 在线编程工具中获得
{
    unsigned char i,j;

    i = 108;
    j = 145;
    do
    {
        while ( -- j);
    } while ( -- i);
}
/* ---------------- 键盘扫描子程序 ---------------------- */
uchar  keyscan()
```

```
    {
        uchar row,column;                    //定义行、列变量
        KEY = 0x0f;                          //先对 KEY 置数,行全扫描
        if(KEY!= 0x0f)                       //判断是否有键按下
        {
            Delay10ms();                     //延时,软件去抖
            if(KEY!= 0x0f)                   //确认按键按下
            {
                KEY = 0xef;                  //0 行扫描
                if(KEY!= 0xef)
                {
                    row = 0;
                    goto colume_scan;
                }
                KEY = 0xdf;                  //0 行扫描
                if(KEY!= 0xdf)
                {
                    row = 1;
                    goto colume_scan;
                }
                KEY = 0xbf;                  //0 行扫描
                if(KEY!= 0xbf)
                {
                    row = 2;
                    goto colume_scan;
                }
                KEY = 0x7f;                  //0 行扫描
                if(KEY!= 0x7f)
                {
                    row = 3;
                    goto colume_scan;
                }
                return(16);
colume_scan:
                if((KEY&0x01) == 0)column = 0;
                    else if((KEY&0x02) == 0)column = 1;
                        else if((KEY&0x04) == 0)column = 2;
                            else   column = 3;
                key_volume = row * 4 + column;
            }
        }
        else   KEY = 0xff;
        return (16);
    }

/* -------------- 主函数 ------------------------------- */
main()
{
    gpio();
    KEY = 0xff;
    while(1)
    {
        keyscan();
        Dis_buf[7] = key_volume;
```

```
        display();
    }
}
```

4. 系统调试

（1）用 USB 线将 PC 与 STC15-Ⅳ版实验箱相连接。

（2）用 Keil C 编辑、编译项目九任务 3.c 程序，生成机器代码文件：项目九任务 3.hex。

（3）运行 STC-ISP 在线编程软件，将项目九任务 3.hex 下载到 STC15-Ⅳ版实验箱单片机。下载完毕，自动进入运行模式，按动 0～9、A～F 键，观察与记录运行结果。

　　修改程序，使得新输入的按键值在数码管的最低位显示，原先数码管上的值依次往左移动 1 位，最高位自然丢失，并能实现高位自动灭零（高位无效的"0"不显示）。

任务 4　电子时钟的设计与实践

　　利用定时器实现 24 小时计时，用 8 位 LED 数码管显示，应用独立键盘实现调时。本任务主要锻炼学生的综合编程能力。

1. 任务要求

采用 24 小时计时与 LED 数码管显示，具备时、分、秒调时功能。

2. 硬件设计

设置 3 个按键：k0、k1、k2。k0 为时、分、秒初始值调整键，k1 为加 1 键，k2 为减 1 键。k0、k1、k2 分别与 P3.2、P3.3、P3.4 连接。显示采用 STC15-Ⅳ版实验箱中的 8 位 LED 数码管模块。k0、k1 也是 STC15-Ⅳ版实验箱中的 SW17、SW18，k2 可在 DIY 区扩展，电路原理图如图 9-4-1 所示。

3. 软件设计

1）程序说明

（1）主程序

主程序主要实现循环调用显示子程序及键盘扫描功能，其流程图如图 9-4-2 所示。

（2）LED 显示子程序

数码管显示的数据存放在内存单元 Dis_buf[2]～Dis_buf[7]中。其中，秒数据存放在 Dis_buf[6]、Dis_buf[7]中，分数据存放在 Dis_buf[4]、Dis_buf[5]中，时数据存放在 Dis_buf[2]、Dis_buf[3]中。

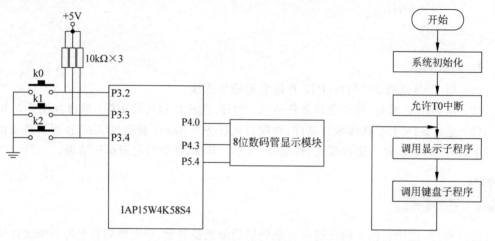

图 9-4-1 电子时钟控制电路　　　　　图 9-4-2 主程序流程图

（3）键盘扫描功能设置子程序

调时功能程序的设计方法是：按下 k0 键，进入调整时间状态，等待操作。此时，计时器停止走动。首先进入秒十位调整状态，继续按键，往前进 1 位；到时钟十位时，如再按键，退出调整状态，时钟继续走动。在调时状态，按 k1、k2 键，可对指定位实现加 1 或减 1 操作。

（4）定时中断子程序

时间计时使用定时器 T0 完成，中断定时周期设为 50ms。中断进入后，判断时钟计时累计中断到 20 次（即 1s）时，对秒计数单元进行加 1 操作。时钟计数单元地址分别存在 timedata[1]～timedata[0]（秒）、timedata[3]～timedata[2]（分）和 timedata[5]～timedata[4]（时）中，最大计时值为 23 时 59 分 59 秒。在计数单元中采用十进制 BCD 码计数，满 60 进位。T0 中断服务函数执行流程，如图 9-4-3 所示。

T1 中断服务函数用于调整单元数字的闪烁。在时间调整状态下，每过 0.3s，将对应单元的显示数据换成"熄灭符"数据（10H）。在调整时间时，对应调整单元的显示数据会间隔闪烁。T1 中断服务函数流程图如图 9-4-4 所示。

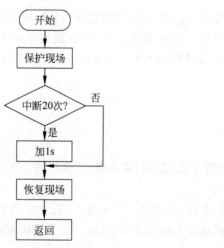

图 9-4-3 T0 中断函数流程图

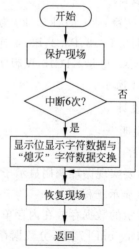

图 9-4-4 T1 中断服务函数流程图

2) 源程序清单(项目九任务 4. c)

```c
# include < stc15.h>                          //包含支持 IAP15W4K58S4 单片机的头文件
# include < intrins.h>
# include < gpio.h>                           //I/O 初始化文件
# define uchar unsigned char
# define uint   unsigned int
# include < 595hc.h>
/* --------- 定义 k0、k1、k2 输入引脚 ---------- */
sbit k0 = P3^2;
sbit k1 = P3^3;
sbit k2 = P3^4;
uchar data timedata[6] = {0x00,0x00,0x00,0x00,0x02,0x01,};  //计时单元数据初值,共 6 个
uchar data con1s = 0x00, con03s = 0x00, con = 0x00;        //秒定时用
uchar a = 16, b;                                            //用于闪烁功能交换数据用
/* ----- 系统时钟为 11.0592MHz 时,为 10ms 的延时函数 --------- */
void Delay10ms()                              //@11.0592MHz
{
    unsigned char i, j;

    i = 108;
    j = 145;
    do
    {
        while ( -- j);
    } while ( -- i);
}


/* -------------------- 键盘扫描子程序 ------------------------- */
keyscan()
{
    EA = 0;
    if(k0 == 0)
    {
        Delay10ms();
        while(k0 == 0);
        if(Dis_buf[7 - con] == 16)
        {
            b = Dis_buf[7 - con]; Dis_buf[7 - con] = a;
            a = b;
        }
        con++; TR0 = 0; ET0 = 0; TR1 = 1; ET1 = 1;
        if(con >= 6)
        {con = 0; TR1 = 0; ET1 = 0; TR0 = 1; ET0 = 1;}
    }
    if(con != 0)
    {
        if(k1 == 0)
        {
            Delay10ms();
            while(k1 == 0);
```

```
        timedata[con]++;
        switch(con)
        {
                case 1:
                case 3: if(timedata[con]>= 6)    //判断是否是分、秒十位。如是,加到大
                                                 //于 5,变为 0
                            {timedata[con] = 0;}
                            break;
                case 2:
                case 4:   if(timedata[con]>= 10)  //判断是否是时、分个位。如是,加到
                                                  //大于9,变为 0
                            {timedata[con] = 0;}
                            break;
                case 5: if(timedata[con]>= 3)     //判断是否是小时十位。如是,加到
                                                  //大于 2,变为 0
                                {timedata[con] = 0;}
                            break;
                default:;
        }
        Dis_buf[7 - con] = timedata[con];a = 0x10;
    }
}
if(con!= 0)
{
    if(k2 == 0)
    {
        Delay10ms();
        while(k2 == 0);
        switch(con)
        {
            case 1:
            case 3: if(timedata[con] == 0)    //判断是否是分、秒十位。如是,减到等
                                              //于 0,变为 5
                        {timedata[con] = 0x05;}
                        else {timedata[con] -- ;}
                        break;
            case 2:
            case 4: if(timedata[con] == 0)    //判断是否是时、分个位
                                              //如是,减到等于0,变为 9
                        {timedata[con] = 0x09;}
                        else {timedata[con] -- ;}
                        break;
                    case 5: if(timedata[con] == 0) //判断是否是小时十位。如是,减到
                                                   //等于 0,变为 2
                                {timedata[con] = 0x02;}
                                else {timedata[con] -- ;}
                            break;
            default:;
        }
        Dis_buf[7 - con] = timedata[con];a = 0x10;
    }
```

```
        }
        EA = 1;
    }


/* ------------- 定时器初始化 --------------------------------- */
T_init()
{
    int i;
    for(i = 0;i < 6;i++)                                //将计时单元值填充到显示缓冲区
    {
        Dis_buf[7 - i] = timedata[i];
    }
    TH0 = 0x3c; TL0 = 0xb0;                             //50ms 定时初值
    TH1 = 0x3c; TL1 = 0xb0;
    TMOD = 0x00; ET0 = 1;ET1 = 1; TR0 = 1; TR1 = 0; EA = 1;
}
/* --------------------- 主程序 --------------------------------- */
main()
{
    T_init();
    while(1)
    {
        display();
        keyscan();
    }
}
/* ----------------------------- T0 中断处理子程序 ------------------ */
void Timer0_int (void) interrupt 1
{
    ET0 = 0;TR0 = 0;TH0 = 0x3c;TL0 = 0xb0; TR0 = 1;
    con1s++;
    if(con1s == 20)
    {
        con1s = 0x00;
        timedata[0]++;
        if(timedata[0]>= 10)
        {
            timedata[0] = 0;timedata[1]++;
            if(timedata[1]>= 6)
            {
                timedata[1] = 0;timedata[2]++;
                if(timedata[2]>= 10)
                {
                    timedata[2] = 0;timedata[3]++;
                    if(timedata[3]>= 6)
                    {
                        timedata[3] = 0;timedata[4]++;
                        if(timedata[4]>= 10)
                        {
                            timedata[4] = 0;timedata[5]++;
                        }
```

```
                                    if(timedata[5] == 2)
                                    {
                                        if(timedata[4] == 4)
                                        {
                                            timedata[4] = 0;timedata[5] = 0;
                                        }
                                    }
                                }
                            }
                        }
                    }
            Dis_buf[7] = timedata[0];
            Dis_buf[6] = timedata[1];
            Dis_buf[5] = timedata[2];
            Dis_buf[4] = timedata[3];
            Dis_buf[3] = timedata[4];
            Dis_buf[2] = timedata[5];
        }
        ET0 = 1;
}
/* ----------------------- 0.3s 闪烁中断子程序 ----------------------- */
void Timer1_int (void) interrupt 3
{
    con03s++;
    if(con03s == 6)
    {
        con03s = 0x00;
        b = Dis_buf[7 - con];Dis_buf[7 - con] = a;a = b;
    }

}
```

4. 系统调试

(1) 用 USB 线将 PC 与 STC15-Ⅳ版实验箱相连接。

(2) 用 Keil C 编辑、编译项目九任务 4.c 程序,生成机器代码文件:项目九任务 4.hex。

(3) 运行 STC-ISP 在线编程软件,将项目九任务 4.hex 下载到 STC15-Ⅳ版实验箱单片机。下载完毕,自动进入运行模式。

(4) 按表 9-4-1 所示进行调试。

表 9-4-1 电子时钟测试表

正常计时		时		分		秒	
		十	个	十	个	十	个
调试	k0						
	k1						
	k2						

测试技巧如下所述。

① 对于正常计时的测试,把时间周期缩小。例如,设 5 秒为 1 分钟,5 分钟为 1 小时。测试正常后,恢复原来的时间进行整机测试,通过抽样检查,与标准表(如手机时间)比对,判断电子时钟的计时是否符合要求。

② 调试功能的测试。因 STC15-Ⅳ版实验箱只有 2 个独立按键,可采用分段测试的方法来检测 3 个按键的功能。例如,先检测 k0(SW17)功能键和 k1(SW18)加 1 键,然后修改程序,将"sbit k1＝P3＾3；sbit k2＝P3＾4；"改为"sbit k1＝P3＾4；sbit k2＝P3＾3；",SW18就改为减 1 键,再进行测试。

 **任务拓展**

在电子时钟的基础上,增加 1 组闹铃,用 LED 灯闪烁来模拟。画出电路图,编写程序并调试。

任务 5　多功能电子时钟的设计与实践

 **任务说明**

本任务要求学生应用前面学到的知识与技能,自行设计一个多功能电子时钟。本任务可作为一个实训项目实施。

 **相关知识**

工程设计报告的编制

1. 报告内容

(1) 封面。封面上应包括设计系统名称、设计人与设计单位名称以及完成时间。

(2) 目录。目录中应包括工程设计报告的章节标题、附录的内容及其所对应的页码。目录的页码采用 Word 软件自动生成。

(3) 摘要。摘要是对设计报告的总结,一般约 300 字。摘要的内容应包括目的、方法、结果和结论,即应包括设计的主要内容、主要方法和主要创新点。

摘要中不应出现"本文"、"我们"、"作者"之类的词语,一般采用第三人称和被动式。英文摘要内容(可选)应与中文相对应;中文摘要前要加"摘要:",英文摘要前要加"Abstract:"。

关键词按 GB/T 3860 的原则与方法选取,一般选 3～6 个关键词。中、英文关键词应一一对应。中文关键词前冠以"关键词:",英文关键词前冠以"Key words:"。

(4) 正文。正文是工程设计报告的核心,其主要内容有:系统设计、单元电路设计、软件设计、系统测试与结论。

· 系统设计:主要介绍系统设计思路与总体方案的可行性论证,各功能模块的划分与组成,介绍系统的工作原理与工作过程。总体方案的选择既要考虑其先进性,又要考虑其实现的可能性以及产品的性能价格比。

- 单元电路设计:需要介绍确定的各单元电路的工作原理,分析和设计各单元电路,并计算电路中的有关参数及选择元器件等。
- 软件设计:应注意介绍软件设计的平台、开发工具和实现方法,详细介绍程序的流程方框图、实现的功能以及程序清单。如果程序较长,程序清单在附录中给出。
- 系统测试:详细介绍系统的性能指标或功能的测试方法、步骤,所用仪器设备的名称、型号,测试记录的数据并绘制图标、曲线。
- 结论。根据测试数据进行综合分析,对产品做一个完整的、结论性的评价,也就是给出一个结论性的意见。

(5) 参考文献。参考文献部分应列出在设计过程中参考的主要书籍、刊物、杂志等。参考文献的格式如下所述。

- 对于专著、论文集、学位论文、报告,格式如下:

[序号]作者(.)文献题名(专著[M],论文集[C],学位论文[D],报告[R])(.)出版地(:)出版社(,)出版年号

例如:

[1]丁向荣.电气控制与 PLC 应用技术[M].上海:上海交通大学出版社,2005

- 对于期刊文章,格式如下:

[序号]作者(.)文献题名([J])(.)刊名(,)卷(期)(:)起止页码

例如:

[2]丁向荣,林知秋.基于 PLC 运行模式的单片机应用系统设计[J].机电工程,2004,21(3):32~33.

- 对于国际、国家标准,格式如下:

[序号]标准编号(,)标准名称([S])

例如:

[3] GB 4706.1—1998,家用和类似用途电器的安全 第一部分:通用要求[S]

参考文献中的作者名是英文拼写的,应该姓在前,名在后。参考文献在正文中应标注相应的引用位置,在引文的右上角用方括号标出。

(6) 附录。附录应包括元器件明细表、仪器设备清单、电路图图纸、设计的程序清单、系统(作品)使用说明等。

元器件明细表的栏目应包括序号;名称、型号及规格;数量;备注(元器件位号)。

仪器设备清单的栏目应包括序号;名称、型号及规格;主要技术指标;数量;备注(仪器仪表生产厂家)。

对电路图图纸,要注意选择合适的图幅大小、标注栏。程序清单要有注释,以及总的和分段的功能说明。

2. 字体要求

(1) 一级标题:小二号黑体,居中占五行,标题与题目之间有一个汉字的空。

(2) 二级标题:三号标宋,居中占三行,标题与题目之间有一个汉字的空。

(3) 三级标题:四号黑体,顶格占两行。标题与题目之间有一个汉字的空。

（4）四级标题：小四号粗楷体，顶格占一行。标题与题目之间有一个汉字的空。

标题中的英文字体均采用 Times New Roman 体，字号同标题字号。

四级标题下的分级标题字号为五宋。

文中所有的图和表要先有说明再有图表。图要清晰，并与文中的叙述一致。对图中内容的说明，尽量放在文中。图序、图题（必须有）为小五号宋体，居中排于图的正下方。表序、表题为小五号黑体，居中排于表的正上方。图和表中的文字为六号宋体。表格四周封闭，表跨页时另起表头。图和表中的注释、注脚为六号宋体。

数学公式居中排，公式中的字母的正斜体和大小写前后要统一。公式另行居中，公式末不加标点，有编号时可靠右侧顶边线。若公式前有文字，如"例"、"解"等，文字顶格写，公式仍居中。公式中的外文字母之间、运算符号与各量符号之间应空半个数字的间距。若对公式有说明，可接排，如"式中，A——××（双字线）；B——××"。当说明较多时，另起行顶格写"式中 A——××"；回行与 A 对齐，写"B——××"。公式中，矩阵要居中，且行、列上下左右对齐。

一般物理量符号采用斜体（如 $f(x)$、x、y 等）；矢量、张量、矩阵符号一律用黑斜体；计量单位符号、三角函数、公式中的缩写字符、温标符号、数值等一律用正体。下角标若为物理量，一律用斜体；若是拉丁文、希腊文或人名缩写，用正体。物理量及技术术语应全文统一，要采用国际标准。

任务实施

该任务完成的作品功能如下。图 9-5-1 所示为 4×4 矩阵键盘与键名。

（1）上电时，电子时钟按正常的 24 小时制计时。

（2）按动调时键，进入时钟调时功能，调整位闪烁显示；直接输入数字，调整位移向下一位，可从时的十位数到分的个位数巡回调整，再按动调时键确认调时时间。按 ESC 键，退出设置，恢复到原来的时间计时。

1	2	3	调时
4	5	6	闹铃 1
7	8	9	闹铃 2
ESC	0	秒表	倒计时秒表

图 9-5-1　矩阵键盘按键功能示意图

（3）按动闹铃 1 键，进入闹铃 1 时间设置，调整位闪烁显示；直接输入数字，调整位移向下一位，可从时的十位数到分的个位数巡回调整，再按动闹铃 1 键确认闹铃 1 时间。按 ESC 键，退出闹铃 1 设置，并取消闹铃 1，返回计时状态。

（4）按动闹铃 2 键，进入闹铃 2 时间设置，调整位闪烁显示；直接输入数字，调整位移向下一位，可从时的十位数到分的个位数巡回调整，再按动闹铃 2 键确认闹铃 2 时间。按 ESC 键，退出闹铃 2 设置，并取消闹铃 2，返回计时状态。

（5）按动秒表键，进入秒表功能，显示器显示"000.0"；再次按动秒表键，开始计时，计时精度为 0.1s；再次按动秒表键，停止计时；再次按动，又累加计时；再按动又停止，……。按 ESC 键，返回计时状态。

（6）按动倒计时秒表键，进入倒计时秒表功能，显示器显示"0000"。可直接输入数字，设置倒计时秒表的时间；按动倒计时秒表键，确认倒计时时间，显示器显示"0000.0"；再次按动倒计时秒表键,启动倒计时,按 0.1s 间隔倒计时。当倒计时到 0000.0s 时,声光报警。按 ESC 键,返回计时状态。

(7) 闹铃 1 与闹铃 2 的闹铃声要有区别。

实施要求如下。

(1) 用电路设计软件绘制电路原理图。

(2) 画出各功能模块的程序流程图。

(3) 编写程序。

(4) 用 STC15-Ⅳ实验箱进行调试。

(5) 撰写设计报告。

习　题

1. 在设计 LED 数码管显示电路时,动态显示与静态显示的限流电阻一样吗? 动态显示电路的显示亮度除与限流电阻有关外,还与什么因素有关?

2. 描述 74HC595 芯片的工作特性。

3. 定义字形码、字位码数组与显示缓冲区数组的存储类型有什么不同? 为什么?

4. 简述静态扫描与动态扫描的优缺点。

5. 动态扫描中,每一位数码管扫描的时间(或者说位与位之间的扫描间隔)一般取多少?

6. 简述矩阵键盘的键识别方法。

7. 简述获取矩阵键盘键号的方法。

8. 简述矩阵键盘扫描的工作方式。

9. 如何实现矩阵键盘输入数字在 LED 数码管上左移显示?

10. 按键存在机械抖动现象,实际应用中分为硬件去抖与软件去抖。简述各自的优缺点。

11. 软件去抖实际上是采取延时的措施避开抖动时间。一般延时时间取多少?

12. 根据按键功能,分为功能键和加 1、减 1 数字键。一般情况下,功能键要求按动一次,不论多长时间,只做一次处理,问如何保证? 对于加 1、减 1 数字键,期望长时间按住时,实现连续加 1 或减 1 功能,如何实现?

13. 在很多单片机应用系统中,为了防止用户误操作,设计有键盘锁定功能。请问应该如何实现键盘锁定?

14. 在日常生活中,经常要通过一个按键来识别不同的功能,即"一键复用"。如何用一个键来表示不同的功能?

IAP15W4K58S4
单片机高功能模块介绍

　　IAP15W4K58S4 单片机属于 STC15W4K32S4 系列,是 STC 最新高功能系列单片机。考虑到高职系列单片机课程的教学要求是以常用单片机内部接口、基本外围接口为重点,在此,对 IAP15W4K58S4 单片机的高功能模块只做基本介绍。学生只要熟练掌握前面的知识,并且具备基本应用编程能力,举一反三,当需要的时候,自然而然就能使用 IAP15W4K58S4 单片机的高功能模块。

任务 1　IAP15W4K58S4 单片机的比较器

1. IAP15W4K58S4 单片机比较器的内部结构

　　IAP15W4K58S4 单片机比较器的内部结构如图 10-1-1 所示,由集成运放比较电路、过滤电路、中断标志形成电路(含中断允许控制)3 个部分组成。

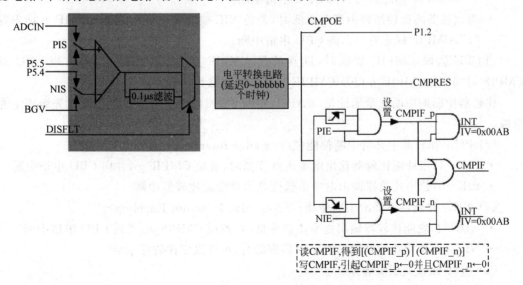

图 10-1-1　IAP15W4K58S4 单片机比较器结构图

1）集成运放比较电路

集成运放的同相、反相输入端的输入信号可通过比较器控制寄存器 1（CMPCR1）进行选择,决定是接内部信号,还是外接输入信号。集成运放比较电路的输出通过滤波器形成稳定的比较器输出信号。

2）滤波（或称去抖动）电路

当比较电路输出发生跳变时,不立即认为是跳变,而是经过一定延时后,再确认是否为跳变。

3）中断标志形成电路

该电路完成中断标志类型的选择、中断标志的形成以及中断标志的允许。具体控制关系详见比较器控制寄存器 1（CMPCR1）。

2. IAP15W4K58S4 单片机比较器的控制

IAP15W4K58S4 单片机比较器由比较器控制寄存器 1（CMPCR1）和比较器控制寄存器 2（CMPCR2）进行控制管理。

1）比较器控制寄存器 1（CMPCR1）

CMPCR1 的格式如下：

	地址	B7	B6	B5	B4	B3	B2	B1	B0	复位值
CMPCR1	E6H	CMPEN	CMPIF	PIE	NIE	PIS	NIS	CMPOE	CMPRES	0000 0000

（1）CMPEN：比较器模块使能位。

- CMPEN=1,使能比较器模块。
- CMPEN=0,禁用比较器模块,比较器的电源关闭。

（2）CMPIF：比较器中断标志位。

在 CMPEN 为 1 的情况下：

- 当比较器的比较结果由低变成高时,若 PIE 被设置成"1",内建 CMPIF_p 标志置"1",CMPIF 标志置"1",向 CPU 申请中断。
- 当比较器的比较结果由高变成低时,若是 NIE 被设置成"1",内建 CMPIF_n 标志置"1",CMPIF 标志置"1",向 CPU 申请中断。

当 CPU 读取 CMPIF 数值时,读到的是 CMPIF_p 与 CMPIF_n 的或；当 CPU 对 CMPIF 写"0"后,CMPIF_p 以及 CMPIF_n 都会被清除为"0"。

比较器中断的中断向量地址是 00ABH,中断号是 21；比较器中断的中断优先级固定为低级。

（3）PIE：比较器上升沿中断使能位（Pos-edge Interrupt Enabling）。

- PIE=1,当使能比较器输出电平由低变高时,置位 CMPIF_p,并向 CPU 申请中断。
- PIE=0,禁用比较器输出电平由低变高事件设定比较器中断。

（4）NIE：比较器下降沿中断使能位（Neg-edge Interrupt Enabling）。

- NIE=1,使能比较器输出电平由高变低时,置位 CMPIF_n,并向 CPU 申请中断。
- NIE=0,禁用比较器输出电平由高变低时,事件设定比较器中断。

（5）PIS：比较器正极选择位。

- PIS=1,选择 ADCIS[2:0]所选的 ADCIN,作为比较器的正极输入源。

- PIS＝0,选择外部 P5.5 作为比较器的正极输入源。

(6) NIS:比较器负极选择位

- NIS＝1,选择外部管脚 P5.4 作为比较器的负极输入源。
- NIS＝0,选择内部 BandGap 电压 BGV 作为比较器的负极输入源。

注:内部 BandGap 电压 BGV 是在程序存储器中的最后第 7、8 字节中,高字节在前,单位为毫伏(mV)。对于 IAP15W4K58S4 单片机,BGV 值在 E7F7H、E7F8H 单元中。

(7) CMPOE:比较结果输出控制位。

- CMPOE＝1,允许比较器的比较结果输出到 P1.2。
- CMPOE＝0,禁止比较器的比较结果输出。

(8) CMPRES:比较器比较结果(Comparator Result)标志位。

- CMPRES＝1,CMP＋的电平高于 CMP－的电平。
- CMPRES＝0,CMP＋的电平低于 CMP－的电平。

注:CMPRES 是一个只读(read-only)位,软件对它做写入的动作没有任何意义;并且软件读到的结果是经过"过滤"控制后的结果,而非集成运放比较电路的直接输出结果。

2) 比较器控制寄存器 2(CMPCR2)

CMPCR2 的格式如下:

地址	B7	B6	B5	B4	B3	B2	B1	B0	复位值
CMPCR2　E7H	INVCMPO	DISFLT			LCDTY[5:0]				0000 1001

(1) INVCMPO:比较器输出取反控制位(Inverse Comparator Output)。

- INVCMPO＝1,比较器取反后输出到 P1.2。
- INVCMPO＝0,比较器正常输出。

(2) DISFLT:比较器输出 $0.1\mu s$ 滤波的选择控制位。

- DISFLT＝1,关掉比较器输出的 $0.1\mu s$ 滤波。
- DISFLT＝0,比较器的输出有 $0.1\mu s$ 的滤波。

(3) LCDTY[5:0]:比较器输出结果确认时间长度的选择。

- 当比较器输出电平由低变高时,必须侦测到后来的高电平持续至少 LCDTY[5:0]个系统时钟,此芯片线路才认定比较器的输出是由低电平转成了高电平。如果在 LCDTY[5:0]个时钟内,集成运放比较电路的输出恢复到低电平,此芯片线路认为什么都没发生,视同比较器的输出一直维持在低电平。
- 当比较器输出电平由高变低时,必须侦测到后来的低电平持续至少 LCDTY[5:0]个系统时钟,此芯片线路才认定比较器的输出是由高电平转成了低电平。如果在 LCDTY[5:0]个时钟内,集成运放比较电路的输出恢复到高电平,此芯片线路认为什么都没发生,视同比较器的输出一直维持在高电平。

任务 2　IAP15W4K58S4 单片机 A/D 模块

1. IAP15W4K58S4 单片机 A/D 模块的结构

IAP15W4K58S4 单片机集成有 8 通道 10 位高速电压输入型模拟数字转换器(ADC),

采用逐次比较方式进行 A/D 转换,速度可达到 300kHz(30 万次/s),可将连续变化的模拟电压转化成相应的数字信号,应用于温度检测、电池电压检测、距离检测、按键扫描、频谱检测等。

1) 模/数转换器 ADC 的结构

IAP15W4K58S4 单片机 ADC 输入通道与 P1 端口复用,用户可以通过程序设置 P1ASF 特殊功能寄存器,将 8 路中的任何一路设置为 ADC 功能;不作为 ADC 功能的,仍可作为普通 I/O 端口使用。

IAP15W4K58S4 单片机 ADC 的结构如图 10-2-1 所示。

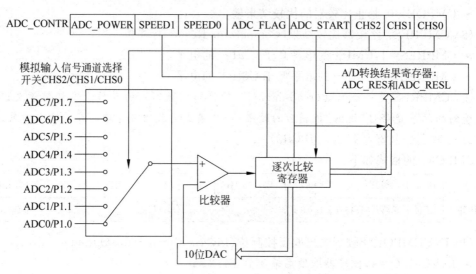

图 10-2-1　IAP15W4K58S4 单片机 ADC 结构图

IAP15W4K58S4 单片机的 ADC 由多路选择开关、比较器、逐次比较寄存器、10 位数/模转换 DAC、转换结果寄存器(ADC_RES 和 ADC_RESL)以及 ADC 控制寄存器 ADC_CONTR 构成。

IAP15W4K58S4 单片机的 ADC 是逐次比较型模/数转换器,由一个比较器和 D/A 转换器构成,通过逐次比较逻辑,从最高位(MSB)开始,顺序地对每一个输入电压模拟量与内置 D/A 转化器输出进行比较。经过多次比较,使转换所得的数字量逐次逼近输入模拟量对应值,直至 A/D 转换结束,将最终的转换结果保存在 ADC 转换结果寄存器 ADC_RES 和 ADC_RESL;同时,置位 ADC 控制寄存器 ADC_CONTR 中的 A/D 转换结束标志位 ADC_FLAG,供程序查询或发出中断请求。

2) ADC 的参考电压源

IAP15W4K58S4 单片机 ADC 模块的参考电压源(V_{REF})就是输入工作电压 V_{CC},无专门的 ADC 参考电压输入端子。但 IAP15W4K58S4 单片机新增 ADC 第 9 通道以及内部集成稳定的 BandGap 参考电压,约为 1.27V。此电压不会随芯片的输入工作电压的改变而改变。因此,通过 ADC 第 9 通道测量内部 BandGap 参考电压,然后通过测量外部 ADC 的值,可反推出外部电源电压值。

在电池供电 V_{CC} 不稳定的系统中,电源电压可能在一定范围内波动,或者系统要求

ADC 转换精度比较高,可在外部电压或外部电源电压很精准的情况下,测量出内部 BandGap 参考电压的值,并保存到单片机内部的 EEPROM 里面,供计算使用。

当实际的外部电源电压变化时,再次测量内部 BandGap 参考电压的 ADC 转换值,再次测量有外部电压输入的 ADC 通道的 ADC 转换值,读取保存在 EEPROM 的 BandGap 参考电压的值,通过计算即可得到外部输入电压的实际电压值。

2. IAP15W4K58S4 单片机 A/D 模块的控制

IAP15W4K58S4 单片机的 A/D 模块主要由 P1ASF、ADC_CONTR、ADC_RES 和 ADC_RESL 4 个特殊功能寄存器进行控制与管理。下面分别详细介绍。

1) P1 端口模拟输入通道功能控制寄存器 P1ASF

P1ASF 的 8 个控制位与 P1 端口的 8 个引脚是一一对应的。若将 P1ASF 的相应位置为“1”,对应 P1 端口的引脚为 ADC 功能;若将相应位置为“0”,对应 P1 端口的引脚为普通 I/O 功能。单片机硬件复位后,P1 默认是普通 I/O 功能。

P1ASF(地址为 9DH,复位值为 0000 0000B)各位的定义如下所示。

位号	B7	B6	B5	B4	B3	B2	B1	B0
位名称	P17ASF	P16ASF	P15ASF	P14ASF	P13ASF	P12ASF	P11ASF	P10ASF

P1ASF 寄存器不能位寻址,可以采用字节操作。例如,要使用 P1.0 作为模拟输入通道,可采用控制位与 1 相或实现置“1”的原理,C 语言语句可通过执行“P1ASF |＝0x01”实现。

2) ADC 控制寄存器 ADC_CONTR

ADC 控制寄存器 ADC_CONTR 主要用于设置 ADC 转换输入通道、转换速度以及 ADC 的启动、转换结束标志等。

ADC_CONTR(地址为 BCH,复位值为 0000 0000B)各位的定义如下所示。

位号	B7	B6	B5	B4	B3	B2	B1	B0
位名称	ADC_POWER	SPEED1	SPEED0	ADC_FLAG	ADC_START	CHS2	CHS1	CHS0

(1) ADC_POWER:ADC 电源控制位。ADC_POWER＝0,关闭 ADC 电源;ADC_POWER＝1,打开 ADC 电源。

启动 A/D 转换前,一定要确认 ADC 电源已打开,A/D 转换结束后,关闭 A/D 电源,可降低功耗,也可不关闭。初次打开内部 ADC 电源时,需适当延时,等内部相关电路稳定后再启动 A/D 转换。

启动 A/D 转换后,最好在 A/D 转换结束之前不改变任何 I/O 端口的状态,以利于高精度 A/D 转换。

进入空闲模式前,最好将 ADC 电源关闭,即 ADC_POWER＝0,以降低功耗。

(2) SPEED1、SPEED0:A/D 转换速度控制位。A/D 转换速度设置如表 10-2-1 所示。

表 10-2-1　A/D 转换速度设置

SPEED1	SPEED0	A/D 转换一次所需时间
1	1	90 个时钟周期
1	0	180 个时钟周期
0	1	360 个时钟周期
0	0	540 个时钟周期

（3）ADC_FLAG：A/D 转换结束标志位。A/D 转换完成后，ADC_FLAG＝1。此时，程序中如果允许 A/D 转换中断（EADC＝1，EA＝1），则由该位请求产生中断；如果由程序查询该标志位来判断 A/D 转换的状态，则查询该位可判断 A/D 转换是否结束。不管 A/D 转换是工作于中断方式，还是工作于查询方式，当 A/D 转换完成后，ADC_FLAG＝1，一定要软件清零。

（4）ADC_START：A/D 转换启动控制位。ADC_START＝1，开始转换；ADC_START＝0，不转换。

（5）CHS2、CHS1、CHS0：模拟输入通道选择控制位，其选择情况如表 10-2-2 所示。

表 10-2-2　模拟输入通道选择

CHS2	CHS1	CHS0	模拟输入通道选择
0	0	0	选择 ADC0（P1.0）作为 A/D 输入
0	0	1	选择 ADC1（P1.1）作为 A/D 输入
0	1	0	选择 ADC2（P1.2）作为 A/D 输入
0	1	1	选择 ADC3（P1.3）作为 A/D 输入
1	0	0	选择 ADC4（P1.4）作为 A/D 输入
1	0	1	选择 ADC5（P1.5）作为 A/D 输入
1	1	0	选择 ADC6（P1.6）作为 A/D 输入
1	1	1	选择 ADC7（P1.7）作为 A/D 输入

ADC_CONTR 寄存器不能位寻址。对其操作时，最好直接用赋值语句，不要用 AND（与）和 OR（或）操作指令。

3）ADC 转换结果存储格式控制与 A/D 转换结果寄存器 ADC_RES 和 ADC_RESL

特殊功能寄存器 ADC_RES、ADC_RESL 用于保存 A/D 转换结果，A/D 转换结果的存储格式由 CLK_DIV 寄存器的 B5 位 ADRJ 控制。C 语言语句执行"CLK_DIV ｜＝0x20"即可设置 ADRJ 为"1"。单片机硬件复位后，ADRJ 为"0"。

当 ADRJ 为"0"时，10 位 A/D 转换结果的高 8 位存放在 ADC_RES 寄存器中，低 2 位存放在 ADC_RESL 寄存器的低 2 位中。其中，ADC_RES 的地址为 BDH，复位值为 0000 0000B；ADC_RESL 的地址为 BEH，复位值为 0000 0000B。此时，ADC_RES、ADC_RESL 的存储格式如表 10-2-3 所示。

表 10-2-3　ADRJ＝0 时，ADC_RES 和 ADC_RESL 的存储格式

位号	B7	B6	B5	B4	B3	B2	B1	B0
ADC_RES	ADC_RES9	ADC_RES8	ADC_RES7	ADC_RES6	ADC_RES5	ADC_RES4	ADC_RES3	ADC_RES2
ADC_RESL							ADC_RES1	ADC_RES0

当 ADRJ＝1 时，10 位 A/D 转换结果的最高 2 位存放在 ADC_RES 寄存器的低 2 位，转换结果的低 8 位存放在 ADC_RESL 寄存器中。此时，ADC_RES、ADC_RESL 的存储格式如表 10-2-4 所示。

表 10-2-4　ADRJ＝1 时，ADC_RES 和 ADC_RESL 的存储格式

位号	B7	B6	B5	B4	B3	B2	B1	B0
ADC_RES							ADC_RES9	ADC_RES8
ADC_RESL	ADC_RES7	ADC_RES6	ADC_RES5	ADC_RES4	ADC_RES3	ADC_RES2	ADC_RES1	ADC_RES0

A/D 转换结果换算公式如下：

ADRJ＝0，取 8 位结果（ADC_RES[7:0]）＝$256 \times V_{in}/V_{CC}$

ADRJ＝1，取 10 位结果（ADC_RES[1:0]，ADC_RESL[7:0]）＝$1024 \times V_{in}/V_{CC}$

式中：V_{in} 为模拟输入电压；V_{CC} 为 ADC 的参考电压，即单片机的实际工作电源电压。

4）与 A/D 转换中断有关的寄存器

中断允许控制寄存器 IE 中的 B7 位 EA 是 CPU 总中断控制端，B5 位 EADC 是 ADC 使能控制端。当 EA＝1，EADC＝1 时，A/D 转换结束中断允许。ADC 控制寄存器 ADC_CONTR 中的 B4 位 ADC_FLAG 是 A/D 转换结束标志，又是 A/D 转换结束的中断请求标志。在中断服务程序中，要使用软件将 ADC_FLAG 清零。当 EADC ＝0 时，A/D 转换结束中断禁止，ADC 以查询方式工作。

IAP15W4K58S4 单片机的中断有 2 个优先等级，由中断优先寄存器 IP 设置。A/D 转换结束中断的中断优先级由 IP 的 B5 位 PADC 设置。A/D 转换结束中断的中断向量地址为 002BH。

任务 3　IAP15W4K58S4 单片机的 PCA 模块

1. IAP15W4K58S4 单片机 PCA 模块的结构与控制

1）PCA 模块介绍

IAP15W4K58S4 单片机集成了 2 路可编程计数器阵列（Programmable Counter Array，PCA）模块，可实现外部脉冲的捕获（Capture）、软件定时器（实质是对计数值进行比较，Compare）、高速脉冲输出（实质也是对计数值进行比较并输出，Compare）以及脉冲宽度调

制输出(Pulse Width Modulation,简称脉宽调制,即 PWM)4 种功能,所以常简称为 PCA 模块的 CCP 功能。有时 PCA 和 CCP 会等同使用。

在 IAP15W4K58S4 单片机中,PCA 模块含有一个特殊的 16 位定时器/计数器(CH 和 CL),有 2 个 16 位的捕获/比较模块与之相连。PCA 模块结构如图 10-3-1 所示。

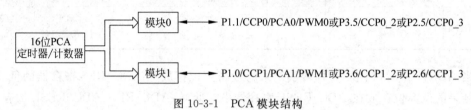

图 10-3-1　PCA 模块结构

其中,模块 0 连接到 P1.1,通过设置 P_PSW1 中的 CCP_S1、CCP_S0,将模块 0 连接到第 2 组引脚 P3.5,或第 3 组引脚 P2.5。

模块 1 连接到 P1.0,同样通过设置 P_PSW1 中的 CCP_S1、CCP_S0,将模块 1 连接到第 2 组引脚 P3.6,或第 3 组引脚 P2.6。

16 位 PCA 定时器/计数器是 2 个模块的公共时间基准,其结构如图 10-3-2 所示。

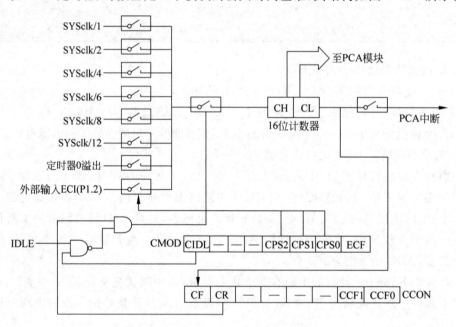

图 10-3-2　16 位 PCA 定时器/计数器结构

寄存器 CH 和 CL 构成 16 位 PCA 的自动递增计数器,CH 是高 8 位,CL 是低 8 位。PCA 计数器的时钟源有以下几种:1/12 系统脉冲、1/8 系统脉冲、1/6 系统脉冲、1/4 系统脉冲、1/2 系统脉冲、系统脉冲、定时器 T0 溢出脉冲或 ECI 引脚的输入脉冲。其中,ECI 引脚连接 P1.2,也可设置为第 2 组引脚 P2.4 或第 3 组引脚 P3.4。PCA 计数器的计数时钟源可通过设置特殊功能寄存器 CMOD 的 CPS2、CPS1 和 CPS0 来选择其中一种。

PCA 计数器主要由 PCA 工作模式寄存器 CMOD 和 PCA 控制寄存器 CCON 进行管理与控制。

IAP15W4K58S4 单片机 PCA 模块工作于 PWM 模式时,输出为 PWM0 和 PWM1。IAP15W4K58S4 单片机另外集成了 6 路独立的增强型 PWM 波形发生器,输出为 PWM2～PWM7,详见任务 5。

2) PCA 模块的特殊功能寄存器

(1) PCA 工作模式寄存器 CMOD

CMOD 用于选择 PCA 模块的 16 位计数器的计数脉冲源与计数中断管理,地址为 D9H,复位值为 0xxx 0000B。各位定义如下所示。

位号	B7	B6	B5	B4	B3	B2	B1	B0
位名称	CIDL	—	—	—	CPS2	CPS1	CPS0	ECF

① CIDL:空闲模式下,是否停止 PCA 计数的控制位。

• CIDL=0:空闲模式下,PCA 计数器继续计数。

• CIDL=1:空闲模式下,PCA 计数器停止计数。

② CPS2、CPS1、CPS0:PCA 计数器计数脉冲源选择控制位。PCA 计数器计数脉冲源的选择如表 10-3-1 所示。

表 10-3-1　PCA 计数器计数脉冲源的选择

CPS2	CPS1	CPS0	PCA 计数器的计数脉冲源
0	0	0	系统时钟/12
0	0	1	系统时钟/2
0	1	0	定时/计数器 0 溢出脉冲
0	1	1	ECI 引脚(P1.2)输入脉冲(最大速率＝系统时钟/2)
1	0	0	系统时钟
1	0	1	系统时钟/4
1	1	0	系统时钟/6
1	1	1	系统时钟/8

③ ECF:PCA 计数器计满溢出中断使能位。

• ECF=1:PCA 计数器计满溢出中断允许。

• ECF=0:PCA 计数器计满溢出中断禁止。

(2) PCA 控制寄存器 CCON

CCON 用于控制 PCA 模块的 16 位计数器的运行,记录 PCA/PWM 模块的中断请求标志,地址为 D8H,复位值为 00xx x000B。各位定义如下所示。

位号	B7	B6	B5	B4	B3	B2	B1	B0
位名称	CF	CR	—	—	—	—	CCF1	CCF0

① CF:PCA 计数器计满溢出标志位。当 PCA 计数器计数溢出时,CF 由硬件置位。如果 CMOD 的 ECF 为"1",则 CF 为计数器计满溢出中断标志,向 CPU 发出中断请求。CF

位可通过硬件或软件置位,但只能通过软件清零。

② CR:PCA 计数器的运行控制位。

- CR＝1:启动 PCA 计数器计数。
- CR＝0:停止 PCA 计数器计数。

③ CCF1、CCF0:PCA/PWM 模块的中断请求标志。CCF0 对应模块 0,CCF1 对应模块 1。当发生匹配或捕获时,由硬件置位。但同 CF 一样,只能通过软件清零。

(3) PCA 模块比较/捕获寄存器 CCAPM0 和 CCAPM1

PCA 模块 0 对应比较/捕获寄存器 CCAPM0,地址为 DAH。PCA 模块 1 对应比较/捕获寄存器 CCAPM1,地址为 DBH,复位值均为 x000 0000B。各位定义如下所示。

位号	B7	B6	B5	B4	B3	B2	B1	B0
位名称	—	ECOMn	CAPPn	CAPNn	MATn	TOGn	PWMn	ECCFn

① ECOMn:比较器功能允许控制位。ECOMn＝1,允许 PCA 模块 n 的比较器功能。

② CAPPn:上升沿捕获控制位。CAPPn＝1,允许 PCA 模块 n 引脚的上升沿捕获。

③ CAPNn:下降沿捕获控制位。CAPNn＝1,允许 PCA 模块 n 引脚的下降沿捕获。

④ MATn:匹配控制位。MATn＝1,PCA 计数寄存器 CH、CL 的计数值与模块 n 的比较/捕获寄存器 CCAPnH、CCAPnL 的值相等时,将置位 PCA 控制寄存器 CCON 中的中断请求标志位 CCFn。

⑤ TOGn:翻转控制位。TOGn＝1,PCA 模块工作于高速脉冲输出模式。当 PCA 计数器 CH、CL 的计数值与模块 n 的比较/捕获寄存器 CCAPnH、CCAPnL 的值相等匹配时,PCA 模块 n 引脚的输出状态翻转。

⑥ PWMn:脉宽调制模式控制位。PWMn＝1,PCA 模块 n 工作于脉宽调制输出模式,PCA 模块 n 引脚用作脉宽调制输出。

⑦ ECCFn:PCA 模块 n 中断使能控制位。

- ECCFn＝1:允许 PCA 模块 n 的 CCFn 标志位被置"1",产生中断。
- ECCFn＝0:禁止中断。

PCA 模块比较/捕获寄存器 CCAPM0 和 CCAPM1 工作模式设定如表 10-3-2 所示。

表 10-3-2　PCA 模块比较/捕获寄存器 CCAPM0 和 CCAPM1 的工作模式

ECOMn	CAPPn	CAPNn	MATn	TOGn	PWMn	ECCFn	设定值	模块功能
0	0	0	0	0	0	0	00H	不工作
1	0	0	0	0	1	0	42H	8 位 PWM 输出,不产生中断
1	1	0	0	0	1	1	63H	8 位 PWM 输出。当输出引脚由低变高(上升沿)时,产生中断
1	0	1	0	0	1	1	53H	8 位 PWM 输出。当输出引脚由高变低(下降沿)时,产生中断

ECOMn	CAPPn	CAPNn	MATn	TOGn	PWMn	ECCFn	设定值	模块功能
1	1	1	0	0	1	1	73H	8位PWM输出。当输出引脚由高变低(下降沿)或由低变高(上升沿)时,均可产生中断
x	1	0	0	0	0	x	21H	16位捕获模式,由PCA模块n输入引脚上升沿触发
x	0	1	0	0	0	x	11H	16位捕获模式,由PCA模块n输入引脚下降沿触发
x	1	1	0	0	0	x	31H	16位捕获模式,PCA模块n输入引脚上升沿和下降沿都触发
1	0	0	1	0	0	x	49H	16位软件定时器/计数器
1	0	0	1	1	0	x	4DH	16位高速脉冲输出

(4) PCA的16位计数器CH、CL

PCA的16位计数器高8位CH的地址为F9H,低8位CL的地址为E9H,复位值均为0000 0000B。

(5) PCA模块捕捉/比较寄存器CCAPnH、CCAPnL

当PCA模块用于捕获或比较模式时,捕捉/比较寄存器CCAPnH、CCAPnL用于保存各个模块计数器CH、CL的16位计数值;当PCA模块用于PWM输出模式时,捕捉/比较寄存器CCAPnH、CCAPnL用于控制输出的占空比。

PCA模块0捕捉/比较寄存器高8位CCAP0H的地址为FAH,低8位CCAP0L的地址为EAH;PCA模块1捕捉/比较寄存器高8位CCAP1H的地址为FBH,低8位CCAP1L的地址为EBH;复位值均为0000 0000B。

(6) PCA模块PWM寄存器PCA_PWM0和PCA_PWM1

PCA模块PWM寄存器PCA_PWM0的地址为F2H,PCA_PWM0的地址为F3H,复位值均为0000 0000B。各位定义如下所示。

位号	B7	B6	B5	B4	B3	B2	B1	B0
位名称	EBSn-1	EBSn-0	PWMn_B9H	PWMn_B8H	PWMn_B9L	PWMn_B8L	EPCnH	EPCnL

① EPCnH:在8/7/6位PWM模式下,与CCAPnH组成9位数。EPCnH为最高位,用于存放重装值。

② EPCnL:在8/7/6位PWM模式下,与CCAPnL组成9位数。EPCnL为最高位,用于存放比较值。

③ PWMn_B9H、PWMn_B8H:在10位PWM模式下,与CCAPnH组成10位数。PWMn_B9H为最高位,用于存放重装值。

④ PWMn_B9L、PWMn_B8L:在10位PWM模式下,与CCAPnL组成10位数。PWMn_B9L为最高位,用于存放比较值。

⑤ EBSn-1、EBSn-0：用于选择 PWM 的位数。PCA 模块 PWM 位数的选择如表 10-3-3 所示。

表 10-3-3　PCA 模块 PWM 位数的选择

EBSn-1	EBSn-0	PWM 的位数
0	0	8 位
0	1	7 位
1	0	6 位
1	1	10 位

2. IAP15W4K58S4 单片机 PCA 模块的工作模式

1）捕获模式

PCA 模块捕获模式结构图如图 10-3-3 所示。当 PCA 模块比较/捕获寄存器 CCAPMn 中的上升沿捕获位 CAPPn 或下降沿捕获位 CAPNn 中至少一位为高电平 1 时，PCA 模块工作在捕获模式，此时对 PCA 模块 n 外部输入引脚（P1.1 或 P1.0）的电平跳变进行采样。

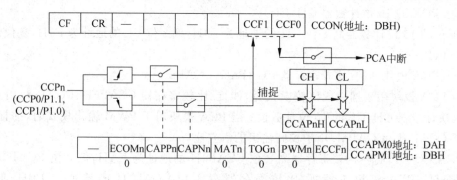

图 10-3-3　PCA 模块捕获模式结构图

当外部输入引脚采样到上升沿或下降沿有效跳变时，PCA 的 16 位计数器 CH、CL 的计数值被装载到 PCA 模块 n 的捕获寄存器 CCAPnH、CCAPnL 中，并将 PCA 控制寄存器 CCON 中的中断标志位 CCFn 置“1”，产生中断请求。如果 PCA 模块比较/捕获寄存器 CCAPMn 中断使能位 ECCFn 被置位，总中断 EA 也为“1”时，产生中断，再在 PCA 中断服务程序中判断是哪一个模块产生了中断，并注意在退出中断前必须软件清除对应的中断标志位。

PCA 模块的应用编程主要有两点：一是正确初始化，包括写入控制字、捕捉常数的设置等；二是中断服务程序的编写，在中断服务程序中编写需要完成的任务的程序代码。其中，PCA 模块的初始化思路参考如下：

（1）设置 PCA 模块的工作方式，将控制字写入 CMOD、CCON 和 CCAPMn 寄存器。

（2）设置捕捉寄存器低位字节 CCAPnL 和高位字节 CCAPnH 初值。

（3）根据需要，开放 PCA 中断，包括 PCA 定时器溢出中断（ECF）、PCA 模块 0 中断（ECCF0）和 PCA 模块 1 中断（ECCF1），并将 EA 置“1”。

（4）置位 CR，启动 PCA 定时器计数（CH,CL）。

2）16 位软件定时器模式

当 CCAPMn 寄存器中的 ECOMn 和 MATn 位置"1"时，PCA 模块 n 工作于 16 位软件定时器模式，其结构图如图 10-3-4 所示。

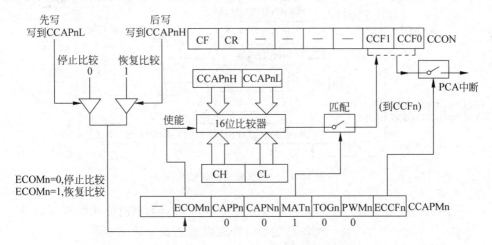

图 10-3-4 16 位软件定时器模式结构图

当 PCA 模块用作软件定时器时，PCA 计数器 CH、CL 的计数值与 PCA 模块捕获寄存器 CCAPnH、CCAPnL 的值相比较。当二者相等时，自动置位 PCA 模块中断请求标志 CCFn。如果 PCA 模块比较/捕获寄存器 CCAPMn 中断允许 ECCFn 为"1"，总中断 EA 也为"1"，将产生 PCA 中断，再在 PCA 中断服务程序中判断是哪一个模块产生了中断，并注意在退出中断前必须软件清除对应的中断标志位。

通过设置 PCA 模块捕获/比较寄存器 CCAPnH、CCAPnL 的值与 PCA 计数器的时钟源，可调整定时时间。赋值时，应先给 CCAPnL 赋值，再给 CCAPnH 赋值。一般应用时，PCA 的 16 位计数器 CH、CL 赋初值"0"。计数器 CH、CL 计数值与定时时间的计算公式为

PCA 计数器计数值（CCAPnH、CCAPnL 设置值或递增步长值）＝定时时间/计数脉冲源周期

PCA 模块用于定时器模式的初始化思路参考如下：

（1）设置 CCPAMn 寄存器初值 48H。如果允许定时器中断，则初值为 49H。

（2）设置 16 位计数器 CH、CL 和捕获寄存器 CCAPnH、CCAPnL 初值。

（3）PCA 控制寄存器 CCON 的位 CR 置"1"，启动 16 位计数器工作。

（4）如果允许 PCA 中断，打开总中断 EA 及相应的 PCA 中断使能位。

3）高速输出模式与应用编程

当 PCA 模块比较/捕获寄存器 CCAPMn 中的 ECOMn、MATn 和 TOGn 位置"1"时，PCA 模块工作在高速脉冲输出模式，其结构图如图 10-3-5 所示。

当 PCA 模块工作在高速脉冲输出模式时，PCA 计数器 CH、CL 的计数值与 PCA 模块捕获寄存器 CCAPnH、CCAPnL 的值相比较。当二者相等时，PCA 模块 n 的输出引脚 PCAn 将发生翻转，同时置中断标志。如果中断允许 ECCFn＝1，也将产生 PCA 中断请求。

$$高速脉冲输出周期 = PCA 计数器时钟源周期 \times 计数次数（[CCAPnH, CCAPnL]$$
$$- [CH, CL]) \times 2$$

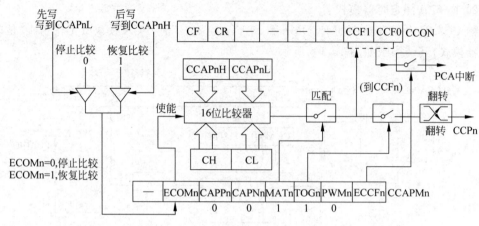

图 10-3-5　高速输出模式结构图

$$计数次数(取整数) = 高速脉冲输出周期 / (PCA 计数器时钟源周期 \times 2)$$
$$= PCA 计数器时钟源频率 / (高速输出频率 \times 2)$$

4）脉宽调制（PWM）模式

脉宽调制（Pulse Width Modulation，PWM）是一种使用程序来控制波形占空比、周期、相位波形的技术，在三相电机驱动、D/A 转换等场合应用广泛。

（1）PWM 的模式结构

PCA 模块 PWM 模式结构如图 10-3-6 所示。当 PCA 模块比较/捕获寄存器 CCAPMn（n=0,1）中的 ECOMn 和 PWMn 位置"1"时，PCA 模块工作于脉宽调制模式（PWM）。

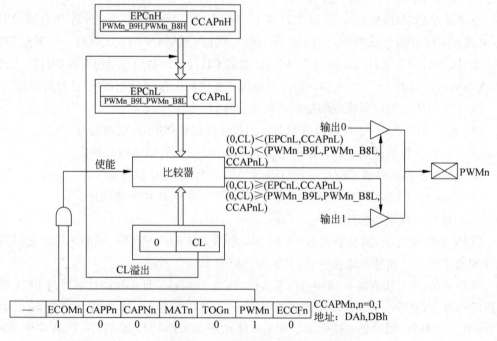

图 10-3-6　PCA 模块 PWM 模式结构图

同时,当 PCA 模块 PWM 寄存器 PCA_PWMn(n=0,1)中的 EBSn_1/EBSn_0=0/0 时,PWM 的模式为 8 位 PWM;当 EBSn_1/EBSn_0=0/1 时,PWM 的模式为 7 位 PWM;当 EBSn_1/EBSn_0=1/0 时,PWM 的模式为 6 位 PWM;当 EBSn_1/EBSn_0=1/1 时,PWM 的模式为 10 位 PWM。

(2) PWM 的频率

IAP15W4K58S4 单片机 PCA 模块用作 PWM 输出时,由于两个模块共用相同的 PCA 定时器,所以输出频率相同,取决于 PCA 定时器的时钟源;而 PCA 时钟源的输入由 PCA 的 16 位计数器工作模式寄存器 CMOD 决定,是 f_{SYS}、$f_{SYS}/2$、$f_{SYS}/4$、$f_{SYS}/6$、$f_{SYS}/8$、$f_{SYS}/12$、定时器 0 的溢出、ECI/P1.2 中的一种。

8 位 PWM 的周期=PCA 时钟源周期×256,或者频率=PCA 时钟源频率/256

7 位 PWM 的周期=PCA 时钟源周期×128,或者频率=PCA 时钟源频率/128

6 位 PWM 的周期=PCA 时钟源周期×64,或者频率=PCA 时钟源频率/64

10 位 PWM 的周期=PCA 时钟源周期×1024,或者频率=PCA 时钟源频率/1024

如果要实现可调频率的 PWM 输出,选择定时器/计数器 0 的溢出或 ECI(P1.2)引脚输入,作为 PCA 定时器的时钟源。

(3) PWM 的脉宽

PWM 的脉宽由 PCA 模块 PWM 寄存器 PCA_PWMn 和捕捉/比较寄存器 CCAPnH、CCAPnL 设置。8/7/6 位 PWM 的比较值由[EPCnL,CCAPnL(8/7/6:0)]组成,重装值由[EPCnH,CCAPnH(8/7/6:0)]组成;10 位 PWM 的比较值由[PWMn_B9L,PWMn_B8L,CCAPnL(8:0)]组成,重装值由[PWMn_B9H,PWMn_B8H,CCAPnH(8:0)]组成。

当[0,CL]的值小于比较值时,输出低电平;当[0,CL]的值等于或大于比较值时,输出高电平。当 CL 的值变为 00H 溢出时,重装值再次装载到比较值相应寄存器,实现无干扰地更新 PWM。

设定脉宽时,不仅要对比较值寄存器赋初始值,更重要的是对重装值寄存器赋初始值。当然,比较值寄存器和重装值寄存器的初始值是相等的。对 10 位 PWM 更新重装值时,必须先写高 2 位 PWMn_B9H 和 PWMn_B8H,后写低 8 位 CCAPnH。

8 位 PWM 的脉宽时间=PCA 时钟源周期×(256−CCAPnL)

7 位 PWM 的脉宽时间=PCA 时钟源周期×(128−CCAPnL)

6 位 PWM 的脉宽时间=PCA 时钟源周期×(64−CCAPnL)

10 位 PWM 的脉宽时间=PCA 时钟源周期×(1024−(PWMn_B9L,PWMn_B8L,
　　　　　　　　　　　　　　CCAPnL))

如果要 PWM 固定输出高或低电平,也是可以的。当 EPCnL=0 且 CCAPnL=00H(8 位为 00H,7 位为 80H,6 位为 C0H)时,PWM 固定输出高电平;当 EPCnL=1 且 CCAPnL=FFH 时,PWM 固定输出低电平。

(4) 某个 I/O 端口作为 PWM 输出时状态

当某个 I/O 端口作为 PWM 输出使用时,该端口的状态如表 10-3-4 所示。

(5) PWM 实现 DAC 输出

利用 PWM 输出功能可实现 D/A 转换,典型应用电路如图 10-3-7 所示。其中,2 个 3.3kΩ 电阻和 2 个 0.1μF 电容构成滤波电路,对 PWM 输出波形进行平滑滤波,从而在

D/A 输出端得到稳定的直流电压。采用两级 RC 滤波,可以进一步减小输出电压的纹波电压。改变 PWM 输出波形的占空比,即可改变 D/A 输出的直流电压。但由于 PWM 波形的输出最大值 VH 和最小值 VL 受到单片机输出高低电平的限制,一般情况下 VL 不等于 0V,VH 也不等于 V_{cc},所以 D/A 输出的直流电压达不到在 $0 \sim V_{cc}$ 变化。

表 10-3-4　I/O 端口作为 PWM 使用时的状态

PWM 之前状态	PWM 输出时的状态
弱上拉/准双向口	强推挽输出/强上拉输出,要加输出限流电阻 1~10kΩ
强推挽输出/强上拉输出	强推挽输出/强上拉输出,要加输出限流电阻 1~10kΩ
仅为输入(高阻)	PWM 输出无效
开漏	开漏

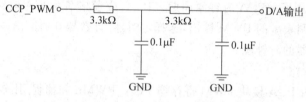

图 10-3-7　PWM 用于 D/A 转换的典型电路

任务 4　IAP15W4K58S4 单片机的 SPI 接口模块

1. IAP15W4K58S4 单片机的 SPI 接口的结构与控制

1) SPI 接口简介

IAP15W4K58S4 单片机集成了串行外设接口(Serial Peripheral Interface,SPI)。SPI 接口是一种全双工、高速、同步的通信总线,有两种操作模式:主模式和从模式。SPI 接口工作在主模式时支持高达 3Mb/s 速率(工作频率为 12MHz),可以与具有 SPI 兼容接口的器件(如存储器、A/D 转换器、D/A 转换器、LED 或 LCD 驱动器等)同步通信。SPI 接口还可以和其他微处理器通信,但工作于从模式时,速度无法太快,频率在 $f_{SYS}/4$ 以内较好。此外,SPI 接口具有传输完成标志和写冲突标志保护功能。

2) SPI 接口的结构

IAP15W4K58S4 单片机 SPI 接口功能方框图如图 10-4-1 所示。

SPI 接口的核心是一个 8 位移位寄存器和数据缓冲器,数据可以同时发送和接收。在 SPI 数据的传输过程中,发送和接收的数据都存储在数据缓冲器中。

对于主模式,若要发送 1 字节数据,只需将这个数据写到 SPDAT 寄存器中。主模式下,$\overline{SS}$ 信号不是必需的;但在从模式下,必须在 $\overline{SS}$ 信号变为有效并接收到合适的时钟信号后,方可传输数据。在从模式下,如果 1 字节数据传输完成后,$\overline{SS}$ 信号变为高电平,这个字节立即被硬件逻辑标志为接收完成,SPI 接口准备接收下一个数据。

任何 SPI 控制寄存器的改变都将复位 SPI 接口,清除相关寄存器。

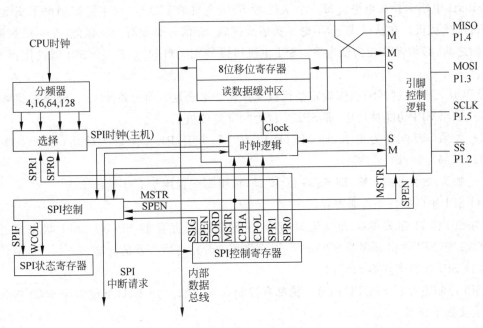

图 10-4-1　SPI 接口功能方框图

3) SPI 接口的信号

SPI 接口由 MOSI(P1.3)、MISO(P1.4)、SCLK(P1.5)和$\overline{SS}$(P1.2)4 根信号线构成,可通过设置 P_SW1 中的 SPI_S1、SPI_S0,将 MOSI、MISO、SCLK 和$\overline{SS}$功能脚切换到 P2.3、P2.2、P2.1、P2.4,或 P4.0、P4.1、P4.3、P5.4。

(1) MOSI(Master Out Slave In,主出从入):主器件的输出和从器件的输入,用于主器件到从器件的串行数据传输。根据 SPI 规范,多个从机共享一根 MOSI 信号线。在时钟边界的前半周期,主机将数据放在 MOSI 信号线上,从机在该边界处获取该数据。

(2) MISO(Master In Slave Out,主入从出):从器件的输出和主器件的输入,用于实现从器件到主器件的数据传输。SPI 规范中,一个主机可连接多个从机。因此,主机的 MISO 信号线会连接到多个从机上,或者说,多个从机共享一根 MISO 信号线。当主机与一个从机通信时,其他从机应将其 MISO 引脚驱动置为高阻状态。

(3) SCLK(SPI Clock,串行时钟信号):串行时钟信号是主器件的输出和从器件的输入,用于同步主器件和从器件之间在 MOSI 和 MISO 线上的串行数据传输。当主器件启动一次数据传输时,自动产生 8 个 SCLK 时钟周期信号给从机。在 SCLK 的每个跳变处(上升沿或下降沿)移出 1 位数据。所以,一次数据传输可以传输 1 字节的数据。

SCLK、MOSI 和 MISO 通常用于将两个或更多个 SPI 器件连接在一起。数据通过 MOSI 由主机传送到从机,通过 MISO 由从机传送到主机。SCLK 信号在主模式时为输出,在从模式时为输入。如果 SPI 接口被禁止,这些引脚都可作为 I/O 使用。

(4) $\overline{SS}$(Slave Select,从机选择信号):这是一个输入信号,主器件用它来选择处于从模式的 SPI 模块。主模式和从模式下,$\overline{SS}$的使用方法不同。在主模式下,SPI 接口只能有一个主机,不存在主机选择问题。在该模式下,$\overline{SS}$不是必需的。主模式下,通常将主机的 $\overline{SS}$引脚

通过 $10k\Omega$ 电阻上拉高电平。每一个从机的 $\overline{SS}$ 接主机的 I/O 口,由主机控制电平高低,以便主机选择从机。在从模式下,不论发送还是接收,$\overline{SS}$ 信号必须有效。因此,在一次数据传输开始之前,必须将 $\overline{SS}$ 拉为低电平。SPI 主机可以使用 I/O 口选择一个 SPI 器件作为当前的从机。

SPI 从器件通过其 $\overline{SS}$ 引脚确定是否被选择。如果满足下面的条件之一,$\overline{SS}$ 就被忽略:

- 如果 SPI 功能被禁止,即 SPEN 位为"0"(复位值)。
- 如果 SPI 配置为主机,即 MSTR 位为"1",并且 P1.2 配置为输出(P1M0.2=0,P1M1.2=1)。
- 如果 $\overline{SS}$ 引脚被忽略,即 SSIG 位为"1",该引脚配置用于 I/O 端口功能。

4)SPI 接口的特殊功能寄存器

与 SPI 接口有关的特殊功能寄存器有 SPI 控制寄存器 SPCTL、SPI 状态寄存器 SPSTAT 和 SPI 数据寄存器 SPDAT。下面将详细介绍各寄存器的功能。

(1)SPI 控制寄存器 SPCTL

SPI 控制寄存器 SPCTL 的每一位都有控制含义,地址为 CEH,复位值为 0000 0000B。各位定义如下所示。

位号	B7	B6	B5	B4	B3	B2	B1	B0
位名称	SSIG	SPEN	DORD	MSTR	CPOL	CPHA	SPR1	SPR0

① SSIG:$\overline{SS}$ 引脚忽略控制位。若 SSIG=1,由 MSTR 确定器件为主机还是从机,$\overline{SS}$ 引脚被忽略,并可配置为 I/O 功能;若 SSIG=0,由 $\overline{SS}$ 引脚的输入信号确定器件为主机还是从机。

② SPEN:SPI 使能位。若 SPEN=1,SPI 使能;若 SPEN=0,SPI 被禁止,所有 SPI 信号引脚用作 I/O 功能。

③ DORD:SPI 数据发送与接收顺序的控制位。若 DORD=1,SPI 数据的传送顺序为由低到高;若 DORD=0,SPI 数据的传送顺序为由高到低。

④ MSTR:SPI 主/从模式位。若 MSTR=1,主机模式;若 MSTR=0,从机模式。SPI 接口的工作状态还与其他控制位有关,具体选择方法如表 10-4-1 所示。

⑤ CPOL:SPI 时钟信号极性选择位。若 CPOL=1,SPI 空闲时 SCLK 为高电平,SCLK 的前跳变沿为下降沿,后跳变沿为上升沿;若 CPOL=0,SPI 空闲时 SCLK 为低电平,SCLK 的前跳变沿为上降沿,后跳变沿为下升沿。

⑥ CPHA:SPI 时钟信号相位选择位。若 CPHA=1,SPI 数据由前跳变沿驱动到口线,后跳变沿采样;若 CPHA=0,当 $\overline{SS}$ 引脚为低电平(且 SSIG 为 0)时数据被驱动到口线,并在 SCLK 的后跳变沿被改变,在 SCLK 的前跳变沿被采样。注意:SSIG 为"1"时,操作未定义。

⑦ SPR1、SPR0:主模式时,SPI 时钟速率选择位。00 表示 $f_{SYS}/4$;01 表示 $f_{SYS}/16$;10 表示 $f_{SYS}/64$;11 表示 $f_{SYS}/128$。

表 10-4-1　SPI 接口的主从工作模式选择

SPEN	SSIG	$\overline{SS}$	MSTR	SPI模式	MISO	MOSI	SCLK	备　注
0	X	P1.2	X	禁止	P1.4	P1.3	P1.5	SPI信号引脚作为普通 I/O 使用
1	0	0	0	从机	输出	输入	输入	选择为从机
1	0	1	0	从机（未选中）	高阻	输入	输入	未被选中，MISO 引脚处于高阻状态，以避免总线冲突
1	0	0	1→0	从机	输出	输入	输入	$\overline{SS}$配置为输入或准双向口，SSIG 为"0"。如果选择$\overline{SS}$为低电平，被选择为从机；当$\overline{SS}$变为低电平时，自动将 MSTR 控制位清零
1	0	1	1	主（空闲）	输入	高阻	高阻	当主机空闲时，MOSI 和 SCLK 为高阻状态，以避免总线冲突。用户必须将 SCLK 上拉或下拉（根据 CPOL 确定），以避免 SCLK 出现悬浮状态
				主（激活）		输出	输出	主机激活时，MOSI 和 SCLK 为强推挽输出
1	1	P1.2	0	从机	输出	输入	输入	
			1	主机	输入	输出	输出	

（2）SPI 状态寄存器 SPSTAT

SPI 状态寄存器 SPSTAT 记录了 SPI 接口的传输完成标志与写冲突标志，地址为 CDH，复位值为 00xx xxxxB。各位定义如下所示。

位号	B7	B6	B5	B4	B3	B2	B1	B0
位名称	SPIF	WCOL	—	—	—	—	—	—

① SPIF：SPI 传输完成标志。当一次传输完成时，SPIF 置位。此时，如果 SPI 中断允许，则向 CPU 申请中断。当 SPI 处于主模式且 SSIG＝0 时，如果$\overline{SS}$为输入且为低电平，SPIF 也将置位，表示"模式改变"（由主机模式变为从机模式）。

SPIF 标志通过软件向其写"1"而清零。

② WCOL：SPI 写冲突标志。当 1 个数据还在传输，又向数据寄存器 SPDAT 写入数据时，WCOL 被置位，指示数据冲突。在这种情况下，当前发送的数据继续发送，新写入的数据将丢失。WCOL 标志通过软件向其写"1"而清零。

（3）SPI 数据寄存器 SPDAT

SPI 数据寄存器 SPDAT 的地址是 CFH，用于保存通信数据字节。

（4）与 SPI 中断管理有关的控制位

① SPI 中断允许控制位 ESPI：位于 IE2 寄存器的 B1 位。ESPI＝1，允许 SPI 中断；ESPI＝0，禁止 SPI 中断。如果允许 SPI 中断，发生 SPI 中断时，CPU 跳转到中断服务程序的入口地址 004BH 处执行中断服务程序。注意，在中断服务程序中，必须把 SPI 中断请求标志清零（通过写 1 实现）。

②　SPI中断优先级控制位PSPI：PSPI位于IP2的B1位。利用PSPI,可以将SPI中断设置为2个优先等级。

2. IAP15W4K58S4单片机的SPI接口的数据通信

1）SPI接口的数据通信方式

IAP15W4K58S4单片机SPI接口的数据通信有3种方式：单主机-单从机方式,一般简称为单主单从方式；双器件方式,两个器件可互为主机和从机,一般简称为互为主从方式；单主机-多从机方式,一般简称为单主多从方式。

（1）单主单从方式

单主单从方式数据通信的连接如图10-4-2所示。主机将SPI控制寄存器SPCTL的SSIG及MSTR位置"1",选择主机模式,此时主机可使用任何一个I/O端口(包括 $\overline{\text{SS}}$ 引脚,可当作普通I/O)来控制从机的 $\overline{\text{SS}}$ 引脚；从机将SPI控制寄存器SPCTL的SSIG及MSTR位置"0",选择从机模式,当从机 $\overline{\text{SS}}$ 引脚被拉为低电平时,从机被选中。

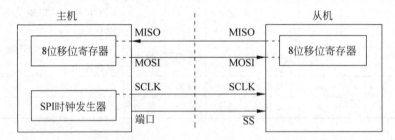

图10-4-2　SPI接口的单主单从方式

当主机向SPI数据寄存器SPDAT写入1字节时,立即启动一个连续的8位数据移位通信过程：主机的SCLK引脚向从机的SCLK引脚发出一串脉冲,在这串脉冲的控制下,刚写入主机SPI数据寄存器SPDAT的数据从主机MOSI引脚移出,送到从机的MOSI引脚；同时之前写入从机SPI数据寄存器SPDAT的数据从从机的MISO引脚移出,送到主机的MISO引脚。因此,主机既可主动向从机发送数据,又可主动读取从机中的数据。从机既可接收主机发送的数据,也可以在接收主机所发数据的同时,向主机发送数据,但这个过程不可以由从机主动发起。

（2）互为主从方式

互为主从方式数据通信连接方式如图10-4-3所示,两片单片机可以相互为主机或从机。初始化后,两片单片机都将各自设置成由 $\overline{\text{SS}}$ 引脚(P1.2)的输入信号确定的主机模式,

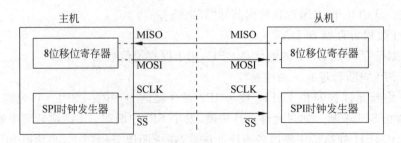

图10-4-3　SPI接口的互为主从方式

即将各自的 SPI 控制寄存器 SPCTL 中的 MSTR、SPEN 位置"1"，SSIG 位清零，P1.2 引脚（$\overline{SS}$）配置为准双向（复位模式）并输出高电平。

当一方要向另一方主动发送数据时，先检测 $\overline{SS}$ 引脚的电平状态。如果 $\overline{SS}$ 引脚是高电平，就将自己的 SSIG 位置"1"，设置成忽略 $\overline{SS}$ 引脚的主机模式，并将 $\overline{SS}$ 引脚拉低，强制将对方设置为从机模式，这样就是单主单从数据通信方式。通信完毕，当前主机再次将 $\overline{SS}$ 引脚置高电平，将自己的 SSIG 位清零，回到初始状态。

把 SPI 配置为主机模式（MSTR＝1，SPEN＝1），并且 SSIG＝0 配置为由 $\overline{SS}$ 引脚（P1.2）的输入信号确定主机或从机的情况下，$\overline{SS}$ 引脚可配置为输入或准双向模式。只要 $\overline{SS}$ 引脚被拉低，即可实现模式转变，成为从机，并将状态寄存器 SPSTAT 中的中断标志位 SPIF 置"1"。

注意：互为主/从模式时，双方的 SPI 通信速率必须相同。如果使用外部晶体振荡器，双方的晶体频率也要相同。

（3）单主多从方式

单主多从方式数据通信的连接如图 10-4-4 所示。主机将 SPI 控制寄存器 SPCTL 的 SSIG 及 MSTR 位置"1"，选择主机模式，此时主机使用不同的 I/O 端口来控制不同从机的 $\overline{SS}$ 引脚；从机将 SPI 控制寄存器 SPCTL 的 SSIG 及 MSTR 位置"0"，选择从机模式。

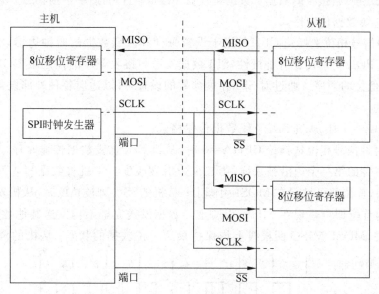

图 10-4-4　SPI 接口的单主多从方式

当主机要与某一个从机通信时，只要将对应从机的 $\overline{SS}$ 引脚拉低，该从机即被选中；其他从机的 $\overline{SS}$ 引脚保持高电平。这时，主机与该从机成为单主单从的通信。通信完毕，主机将该从机的 $\overline{SS}$ 引脚置高电平。

2）SPI 接口的数据通信过程

在 SPI 的 3 种通信方式中，$\overline{SS}$ 引脚的使用在主机模式和从机模式下是不同的。对于主机模式来说，当发送 1 字节数据时，只需将数据写到 SPDAT 寄存器中，即可启动发送过程，此时 $\overline{SS}$ 信号不是必需的，并可作为普通的 I/O 端口使用；但在从机模式下，$\overline{SS}$ 引脚必须在被主机驱动为低电平的情况下,才可传输数据,$\overline{SS}$引脚变为高电平时,表示通信结束。

在 SPI 串行数据通信过程中,传输总是由主机启动。如果 SPI 使能 SPEN＝1,主机对 SPI 数据寄存器 SPDAT 的写操作将启动 SPI 时钟发生器和数据的传输。在数据写入 SPDAT 之后的半个到 1 个 SPI 位时间后,数据将出现在 MOSI 引脚。

写入主机 SPDAT 寄存器的数据从 MOSI 引脚移出,发送到从机的 MOSI 引脚;同时,从机 SPDAT 寄存器的数据从 MISO 引脚移出,发送到主机的 MISO 引脚。传输完 1 字节后,SPI 时钟发生器停止,传输完成标志 SPIF 置位,并向 CPU 申请中断(SPI 中断允许时)。主机和从机 SPI 的两个移位寄存器可以看作一个 16 位循环移位寄存器。当数据从主机移位传送到从机的同时,数据也以相反的方向移入。这意味着在一个移位周期中,主机和从机的数据相互交换。

SPI 串行通信接口在发送数据时为单缓冲,在接收数据时为双缓冲。在前一次数据发送尚未完成之前,不能将新的数据写入移位寄存器。当发送过程中对数据寄存器 SPDAT 进行写操作时,SPSTAT 寄存器中的写冲突标志位 WCOL 位将置"1",表示数据冲突。在这种情况下,当前发送的数据继续发送,新写入的数据将丢失。接收数据时,接收到的数据传送到一个并行读数据缓冲区,释放移位寄存器,以便接收下一个数据,但必须在下一个字节数据完全移入之前,将接收的数据从数据寄存器中读取;否则,前一个接收的数据将被覆盖。

3) SPI 总线数据传输格式

SPI 时钟信号相位选择位 CPHA 用于设置采样和改变数据的时钟边沿,SPI 时钟信号极性选择位 CPOL 用于设置时钟极性,SPI 数据发送与接收顺序的控制位 DORD 用于设置数据传送高、低位的顺序。通过对 SPI 相关参数的设置,可以适应各种外部设备 SPI 通信的要求。

(1) CPHA＝0 时,从机 SPI 总线数据传输格式

当 SPI 时钟信号相位选择位 CPHA＝0 时,从机 SPI 总线数据传输时序如图 10-4-5 所示。数据在时钟的第一个边沿被采样,第二个边沿被改变。主机将数据写入发送数据寄存器 SPDAT 后,首位即可呈现在 MOSI 引脚上;从机的$\overline{SS}$引脚被拉低时,从机发送数据寄存器 SPDAT 的首位即可呈现在 MISO 引脚上。数据发送完毕不再发送其他数据时,时钟恢复至空闲状态,MOSI、MISO 两根线上均保持最后一位数据的状态;从机的$\overline{SS}$引脚被拉高

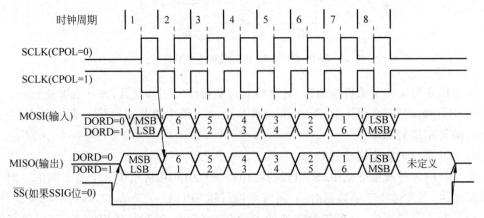

图 10-4-5　CPHA＝0 时,SPI 从机传输格式

时,从机的 MISO 引脚呈现高阻态。

注意:作为从机时,若 CPHA＝0,则 SSIG 必须为"0",也就是不能忽略$\overline{SS}$引脚;$\overline{SS}$引脚必须置"0",并且在每个连续的串行字节发送完之后需重新设置为高电平。如果 SPDAT 寄存器在$\overline{SS}$有效(低电平)时执行写操作,将导致一个写冲突错误。CPHA＝0 且 SSIG＝0 时的操作未定义。

(2) CPHA＝1 时,从机 SPI 总线数据传输格式

当 SPI 时钟信号相位选择位 CPHA＝1 时,从机 SPI 总线数据传输时序如图 10-4-6 所示。数据在时钟的第一个边沿被改变,第二个边沿被采样。

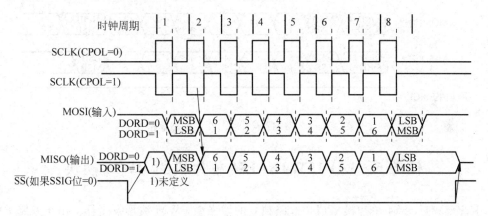

图 10-4-6　CPHA＝1 时,SPI 从机传输格式

注意:当 CPHA＝1 时,SSIG 可以为 1 或 0。如果 SSIG＝0,则$\overline{SS}$引脚可在连续传输之间保持低有效(即一直固定为低电平)。这种方式有时适用于具有单固定主机和单从机驱动 MISO 数据线的系统。

(3) CPHA＝0 时,主机 SPI 总线数据传输格式

当 SPI 时钟信号相位选择位 CPHA＝0 时,主机 SPI 总线数据传输时序如图 10-4-7 所示。数据在时钟的第一个边沿被采样,第二个边沿被改变。在通信时,主机将 1 字节发送完毕,不再发送其他数据时,时钟恢复至空闲状态,MOSI、MISO 两根线上均保持最后一位数据的状态。

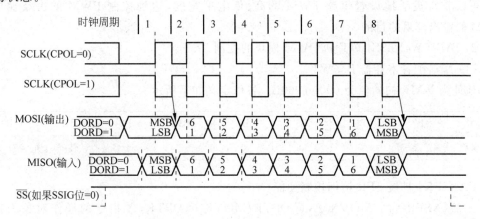

图 10-4-7　CPHA＝0 时,SPI 主机传输格式

（4）CPHA＝1时，主机SPI总线数据传输格式

当SPI时钟信号相位选择位CPHA＝1时，主机SPI总线数据传输时序如图10-4-8所示。数据在时钟的第一个边沿被改变，第二个边沿被采样。

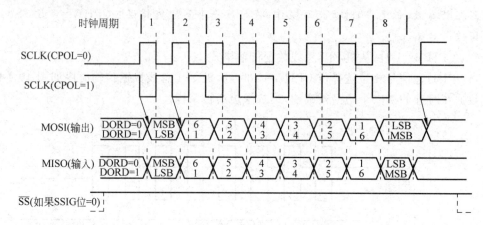

图10-4-8 CPHA＝1时，SPI主机传输格式

任务5 IAP15W4K61S4单片机的PWM模块

IAP15W4K58S4单片机集成了6路独立的增强型PWM波形发生器。由于6路PWM是各自独立的，且每路PWM的初始状态可以设定，所以用户可将其中任意2路配合起来使用，实现互补对称输出以及死区控制等特殊应用。

增强型的PWM波形发生器还设计了对外部异常事件（包括外部端口P2.4的电平异常、比较器比较结果异常）进行监控的功能，用于紧急关闭PWM输出。PWM波形发生器还可在15位的PWM计数器归零时触发外部事件（ADC转换）。

1）IAP15W4K58S4单片机PWM模块的结构

IAP15W4K58S4单片机PWM模块波形发生器框图如图10-5-1所示。PWM波形发生器内部有一个15位的PWM计数器供6路PWM使用，用户可以设置每路PWM的初始电平。另外，PWM波形发生器为每路PWM设计了两个用于控制波形翻转的计数器T1和T2，可以非常灵活地设置每路PWM的高、低电平宽度，达到控制PWM的占空比以及PWM的输出延迟的目的。

2）IAP15W4K58S4单片机PWM模块的控制

（1）端口配置寄存器P_SW2

地址为BAH，初始值为0000 0000B。各位定义如下所示。

位号	B7	B6	B5	B4	B3	B2	B1	B0
位名称	EAXSFR	0	0	0	—	S4_S	S3_S	S2_S

EAXSFR：扩展SFR访问控制使能。

• EAXSFR＝0：MOVX A，@DPTR/MOVX @DPTR，A指令的操作对象为扩展RAM（XRAM）。

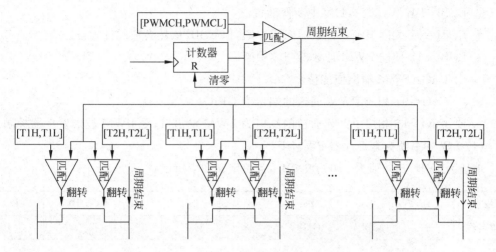

图 10-5-1 PWM 模块波形发生器框图

- EAXSFR=1：MOVX A，@DPTR/MOVX @DPTR，A 指令的操作对象为扩展 SFR(XSFR)。

注意：若要访问 PWM 在扩展 RAM 区的特殊功能寄存器，必须先将 EAXSFR 位置"1"。其中，B6、B5、B4 为内部测试使用，用户必须填"0"。

（2）PWM 配置寄存器 PWMCFG

地址为 F1H，初始值为 0000 0000B。各位定义如下所示。

位号	B7	B6	B5	B4	B3	B2	B1	B0
位名称	—	CBTADC	C7INI	C6INI	C5INI	C4INI	C3INI	C2INI

① CBTADC：PWM 计数器归零时（CBIF=1 时）触发 ADC 转换。
- CBTADC=0：PWM 计数器归零时不触发 ADC 转换。
- CBTADC=1：PWM 计数器归零时自动触发 ADC 转换，但需满足的前提条件是 PWM 和 ADC 必须被使能，即 ENPWM=1，且 ADCON=1。
② CnINI：设置 PWM 输出端口的初始电平。
- CnINI=0：PWM 输出端口的初始电平为低电平。
- CnINI=1：PWM 输出端口的初始电平为高电平。

（3）PWM 控制寄存器 PWMCR

地址为 F5H，初始值为 0000 0000B。各位定义如下所示。

位号	B7	B6	B5	B4	B3	B2	B1	B0
位名称	ENPWM	ECBI	ENC7O	ENC6O	ENC5O	ENC4O	ENC3O	ENC2O

① ENPWM：使能增强型 PWM 波形发生器。
- ENPWM=0：关闭 PWM 波形发生器。
- ENPWM=1：使能 PWM 波形发生器，PWM 计数器开始计数。

② ECBI：PWM 计数器归零中断使能位。

- ECBI＝0：关闭 PWM 计数器归零中断,但 CBIF 依然会被硬件置位。
- ECBI＝1：使能 PWM 计数器归零中断。

③ ENCnO：PWM 输出使能位。

- ENCnO＝0：相应 PWM 通道的端口为 GPIO。
- ENCnO＝1：相应 PWM 通道的端口为 PWM 输出口,受 PWM 波形发生器控制。

（4）PWM 中断标志寄存器 PWMIF

地址为 F6H,初始值为 x000 0000B。各位定义如下所示。

位号	B7	B6	B5	B4	B3	B2	B1	B0
位名称	—	CBIF	C7IF	C6IF	C5IF	C4IF	C3IF	C2IF

① CBIF：PWM 计数器归零中断标志位。

当 PWM 计数器归零时,硬件自动将此位置"1"。当 ECBI＝1 时,程序跳转到相应中断入口执行中断服务程序。CBIF 需要软件清零。

② CnIF：第 n 通道的 PWM 中断标志位。

可设置在翻转点 1 和翻转点 2 触发 CnIF（详见 PWMn 的控制寄存器 PWMnCR 的 ECnT1SI 和 ECnT2SI 位）。当 PWM 发生翻转时,硬件自动将此位置"1"。当 EPWMnI＝1 时,程序跳转到相应中断入口执行中断服务程序。CnIF 需要软件清零。

（5）PWM 外部异常控制寄存器 PWMFDCR

地址为 F7H,初始值为 xx00 0000B。各位定义如下所示。

位号	B7	B6	B5	B4	B3	B2	B1	B0
位名称	—	—	ENFD	FLTFLIO	EFDI	FDCMP	FDIO	FDIF

① ENFD：PWM 外部异常检测功能控制位。

- ENFD＝0：关闭 PWM 的外部异常检测功能。
- ENFD＝1：使能 PWM 的外部异常检测功能。

② FLTFLIO：发生 PWM 外部异常时,对 PWM 输出口控制位。

- FLTFLIO＝0：发生 PWM 外部异常时,PWM 的输出口不做任何改变。
- FLTFLIO＝1：发生 PWM 外部异常时,PWM 的输出口立即被设置为高阻输入模式,只有 ENCnO＝1 对应的端口才会被强制悬空。

③ EFDI：PWM 异常检测中断使能位。

- EFDI＝0：关闭 PWM 异常检测中断,但 FDIF 依然会被硬件置位。
- EFDI＝1：使能 PWM 异常检测中断。

④ FDCMP：设定 PWM 异常检测源为比较器的输出。

- FDCMP＝0：比较器与 PWM 无关。
- FDCMP＝1：当比较器的输出由低变高时,触发 PWM 异常。

⑤ FDIO：设定 PWM 异常检测源为端口 P2.4 的状态。

· FDIO＝0：P2.4 的状态与 PWM 无关。

· FDIO＝1：当 P2.4 的电平由低变高时，触发 PWM 异常。

⑥ FDIF：PWM 异常检测中断标志位。

当发生 PWM 异常（比较器的输出由低变高，或者 P2.4 的电平由低变高）时，硬件自动将此位置"1"。当 EFDI＝1 时，程序跳转到相应中断入口执行中断服务程序。需要软件清零。

（6）PWM 计数器的高字节 PWMCH（高 7 位）

地址为 FFF0H（XSFR），初始值为 x000 0000B。各位定义如下所示。

位号	B7	B6	B5	B4	B3	B2	B1	B0
位名称	—	PWMCH[14:8]						

（7）PWM 计数器的低字节 PWMCL（低 8 位）

地址为 FFF1H（XSFR），初始值为 0000 0000B，各位定义如下所示。

位号	B7	B6	B5	B4	B3	B2	B1	B0
位名称	PWMCL[7:0]							

PWM 计数器是一个 15 位的寄存器，可设定 1～32767 的任意值作为 PWM 的周期。PWM 波形发生器内部的计数器从 0 开始计数，每个 PWM 时钟周期递增 1。当内部计数器的计数值达到[PWMCH，PWMCL]设定的 PWM 周期时，PWM 波形发生器内部的计数器将从 0 重新开始计数，硬件自动将 PWM 归零中断标志位 CBIF 置"1"。若 ECBI＝1，程序跳转到相应中断入口执行中断服务程序。

（8）PWM 时钟选择寄存器 PWMCKS

地址为 FFF2H（XSFR），初始值为 xxx0 0000B。各位定义如下所示。

位号	B7	B6	B5	B4	B3	B2	B1	B0
位名称	—	—	—	SELT2	PS[3:0]			

① SELT2：PWM 时钟源选择。

· SELT2＝0：PWM 时钟源为系统时钟经分频器分频之后的时钟。

· SELT2＝1：PWM 时钟源为定时器 2 的溢出脉冲。

② PS[3:0]：系统时钟预分频参数。当 SELT2＝0 时，PWM 时钟为系统时钟/（PS[3:0]＋1）。

PWM 波形发生器设计了两个用于控制 PWM 波形翻转的 15 位计数器，可设定 1～32767 的任意值。PWM 波形发生器内部计数器计数值与 T1/T2 设定的值相匹配时，PWM 的输出波形将发生翻转。

6 路高、低字节两次控制 PWM 波形翻转的 15 位计数器和 PWMn 控制寄存器。PWMnCR 地址如表 10-5-1 所示。

表 10-5-1　PWM2～PWM7 计数器和寄存器地址

地址		PWM2	PWM3	PWM4	PWM5	PWM6	PWM7
第一次翻转计数器	高字节	FF00H	FF10H	FF20H	FF30H	FF40H	FF50H
	低字节	FF01H	FF11H	FF21H	FF31H	FF41H	FF51H
第二次翻转计数器	高字节	FF02H	FF12H	FF22H	FF32H	FF42H	FF52H
	低字节	FF03H	FF13H	FF23H	FF33H	FF43H	FF53H
PWMn 控制寄存器 PWMnCR		FF04H	FF14H	FF24H	FF34H	FF44H	FF54H

对于 PWMn 的第一次翻转计数器的高字节 PWMnT1H（n＝2～7），地址如表 10-5-1 所示，初始值为 x000 0000B。各位定义如下所示。

位号	B7	B6	B5	B4	B3	B2	B1	B0
位名称	—	PWMnT1H[14:8]						

对于 PWMn 的第一次翻转计数器的低字节 PWMnT1L（n＝2～7），地址如表 10-5-1 所示，初始值为 0000 0000B。各位定义如下所示。

位号	B7	B6	B5	B4	B3	B2	B1	B0
位名称	PWMnT1L[7:0]							

对于 PWMn 的第二次翻转计时器的高字节 PWMnT2H（n＝2～7），地址如表 10-5-1 所示，初始值为 x000 0000B。各位定义如下所示。

位号	B7	B6	B5	B4	B3	B2	B1	B0
位名称	—	PWM2T2H[14:8]						

对于 PWMn 的第二次翻转计时器的低字节 PWMnT2L（n＝2～7），地址如表 10-5-1 所示，初始值为 0000 0000B。各位定义如下所示。

位号	B7	B6	B5	B4	B3	B2	B1	B0
位名称	PWMnT2L[7:0]							

（9）PWMn 的控制寄存器 PWMnCR

地址如表 10-5-1 所示，初始值为 xxxx 0000B，各位定义如下所示。

位号	B7	B6	B5	B4	B3	B2	B1	B0
位名称	—	—	—	—	PWMn_PS	EPWMnI	ECnT2SI	ECnT1SI

① PWMn_PS：PWMn 输出引脚选择位。

- PWMn_PS＝0：PWMn 的输出引脚为第 1 组 PWMn。
- PWMn_PS＝1：PWMn 的输出引脚为第 2 组 PWMn_2。

② EPWMnI：PWMn 中断使能控制位。

- EPWMnI＝0：关闭 PWMn 中断。
- EPWMnI＝1：使能 PWMn 中断。当 CnIF 被硬件置"1"时,程序跳转到相应中断入口执行中断服务程序。

③ ECnT2SI：PWMn 的 T2 匹配发生波形翻转时的中断控制位。

- ECnT2SI＝0：关闭 T2 翻转时中断。
- ECnT2SI＝1：使能 T2 翻转时中断。当 PWM 波形发生器内部计数值与 T2 计数器设定的值相匹配时,PWM 的波形发生翻转,同时硬件将 CnIF 置"1"；此时若 EPWMnI＝1,程序将跳转到相应中断入口执行中断服务程序。

④ ECnT1SI：PWMn 的 T1 匹配发生波形翻转时的中断控制位。

- ECnT1SI＝0：关闭 T1 翻转时中断。
- ECnT1SI＝1：使能 T1 翻转时中断。当 PWM 波形发生器内部计数值与 T1 计数器设定的值相匹配时,PWM 的波形发生翻转,同时硬件将 CnIF 置"1"；此时若 EPWMnI＝1,程序将跳转到相应中断入口执行中断服务程序。

(10) PWM 中断优先级控制寄存器 IP2

地址为 B5H,复位值为 0000 0000B,各个中断源均为低优先级中断。寄存器 IP2 不可位寻址,只能用字节操作指令更新相关内容。各位定义如下所示。

位号	B7	B6	B5	B4	B3	B2	B1	B0
位名称	—	—	—	PX4	PPWMFD	PPWM	PSPI	PS2

① PPWMFD：PWM 异常检测中断优先级控制位。

- PPWMFD＝0：PWM 异常检测中断为最低优先级中断(优先级 0)。
- PPWMFD＝1：PWM 异常检测中断为最高优先级中断(优先级 1)。

② PPWM：PWM 中断优先级控制位。

- PPWM＝0：PWM 中断为最低优先级中断(优先级 0)。
- PPWM＝1：PWM 中断为最高优先级中断(优先级 1)。

附录 1　ASCII 码表

b3b2b1b0 \ b6b5b4	000	001	010	011	100	101	110	111
0000	NUL	DLE	SP	0	@	P	、	p
0001	SOH	DC1	！	1	A	Q	a	q
0010	STX	DC2	”	2	B	R	b	r
0011	ETX	DC3	#	3	C	S	c	s
0100	EOT	DC4	$	4	D	T	d	t
0101	ENQ	NAK	％	5	E	U	e	u
0110	ACK	SYN	&	6	F	V	f	v
0111	BEL	ETB	’	7	G	W	g	w
1000	BS	CAN	(	8	H	X	h	x
1001	HT	EM	)	9	I	Y	i	y
1010	LF	SUB	*	:	J	Z	j	z
1011	VT	ESC	+	;	K	[	k	{
1100	FF	FS	,	<	L	\	l	|
1101	CR	GS	—	=	M	]	m	}
1110	SO	RS	.	>	N	^	n	~
1111	SI	US	/	?	O	_	o	DEL

说明：ASCII 码表中各控制字符的含义如下所示。

NUL	空字符	VT	垂直制表符	SYN	空转同步
SOH	标题开始	FF	换页	ETB	信息组传送结束
STX	正文开始	CR	回车	CAN	取消
ETX	正文结束	SO	移位输出	EM	介质中断
EOT	传输结束	SI	移位输入	SUB	换置
ENQ	请求	DLE	数据链路转义	ESC	溢出
ACK	确认	DC1	设备控制 1	FS	文件分隔符
BEL	响铃	DC2	设备控制 2	GS	组分隔符
BS	退格	DC3	设备控制 3	RS	记录分隔符
HT	水平制表符	DC4	设备控制 4	US	单元分隔符
LF	换行	NAK	拒绝接收	DEL	删除
SP	空格				

附录 2　STC15W4K32S4 系列单片机指令系统表

指　　令	功能说明	机器码	字节数	指令执行时间(系统时钟数)
数据传送类指令				
MOV　A,Rn	寄存器送累加器	E8~EF	1	1
MOV　A,direct	直接地址单元内容送累加器	E5(direct)	2	2
MOV　A,@Ri	间接 RAM 送累加器	E6~E7	1	2
MOV　A,♯data	立即数送累加器	74(data)	2	2
MOV　Rn,A	累加器送寄存器	F8~FF	1	1
MOV　Rn,direct	直接地址单元内容送寄存器	A8~AF(direct)	2	3
MOV　Rn,♯data	立即数送寄存器	78~7F(data)	2	2
MOV　direct,A	累加器送直接地址单元	F5(direct)	2	2
MOV　direct,Rn	寄存器送直接地址单元	88~8F(direct)	2	2
MOV　direct1,direct2	直接地址单元 2 内容送直接地址单元 1	85(direct1)(direct2)	3	3
MOV　direct,@Ri	间接 RAM 送直接地址单元	86~87(direct)	2	3
MOV　direct,♯data	立即数送直接地址单元	75(direct)(data)	3	3
MOV　@Ri,A	累加器送间接 RAM	F6~F7	1	2
MOV　@Ri,direct	直接地址单元内容送间接 RAM	A6~A7(direct)	2	3
MOV　@Ri,♯data	立即数送间接 RAM	76~77(data)	2	2
MOV　DPTR,♯data16	16 位立即数送数据指针	90(data15~8)(data7~0)	3	3
MOVC　A,@A+DPTR	以 DPTR 为变址寻址的程序存储器读操作	93	1	5
MOVC　A,@A+PC	以 PC 为变址寻址的程序存储器读操作	83	1	4
MOVX　A,@Ri	外部 RAM(8 位地址)读操作	E2~E3	1	2*
MOVX　A,@ DPTR	外部 RAM(16 位地址)读操作	E0	1	2*
MOVX　@Ri,A	外部 RAM(8 位地址)写操作	F2~F3	1	4*
MOVX　@ DPTR,A	外部 RAM(16 位地址)写操作	F0	1	3*
PUSH　direct	直接地址单元内容进栈	C0(direct)	2	3
POP　direct	直接地址单元内容出栈	D0(direct)	2	2

指　令	功能说明	机　器　码	字节数	指令执行时间(系统时钟数)
数据传送类指令				
XCH　A,Rn	交换累加器和寄存器	C8~CF	1	2
XCH　A,direct	交换累加器和直接字节	C5(direct)	2	3
XCH　A,@Ri	交换累加器和间接 RAM	C6~C7	1	3
XCHD　A,@Ri	交换累加器和间接 RAM 的低 4 位	D6~D7	1	3
SWAP　A	半字节交换	C4	1	1
算术运算指令				
ADD　A,Rn	寄存器加到累加器	28~2F	1	1
ADD　A,direct	直接地址单元内容加到累加器	25(direct)	2	2
ADD　A,@Ri	间接 RAM 加到累加器	26~27	1	2
ADD　A,#data	立即数加到累加器	24(data)	2	2
ADDC　A,Rn	寄存器带进位加到累加器	38~3F	1	1
ADDC　A,direct	直接地址单元内容带进位加到累加器	35(direct)	2	2
ADDC　A,@Ri	间接 RAM 带进位加到累加器	36~37	1	2
ADDC　A,#data	立即数带进位加到累加器	34(data)	2	2
SUBB　A,Rn	累加器带寄存器	98~9F	1	1
SUBB　A,direct	累加器带借位减去直接地址单元内容	95(direct)	2	2
SUBB　A,@Ri	累加器带借位减去间接 RAM	96~97	1	2
SUBB　A,#data	累加器带借位减去立即数	94(data)	2	2
MUL　AB	A 乘以 B	A4	1	2
DIV　AB	A 除以 B	84	1	6
INC　A	累加器加 1	04	1	1
INC　Rn	寄存器加 1	08~0F	1	2
INC　direct	直接地址单元内容加 1	05(direct)	2	3
INC　@Ri	间接 RAM 加 1	06~07	1	3
INC　DPTR	数据指针加 1	A3	1	1
DEC　A	累加器减 1	14	1	1
DEC　Rn	寄存器减 1	18~1F	1	2
DEC　direct	直接地址单元内容减 1	15(direct)	2	3
DEC　@Ri	间接 RAM 减 1	16~17	1	3
DA　A	十进制调整	D4	1	3

指　　令	功　能　说　明	机　器　码	字节数	指令执行时间（系统时钟数）
逻 辑 运 算				
ANL　A,Rn	Rn与A相与,结果送A	58～5F	1	1
ANL　A,direct	直接地址单元内容与累加器相与,结果送A	55(direct)	2	2
ANL　A,@Ri	间接 RAM 与 A 相与,结果送 A	56～57	1	2
ANL　A,♯data	立即数与A相与,结果送A	54(data)	2	2
ANL　direct,A	A与直接地址单元内容相与,结果送地址单元	52(direct)	2	3
ANL　direct,♯data	立即数与地址单元内容相与,结果送地址单元	53(direct)(data)	3	3
ORL　A,Rn	R.n与A相或,结果送A	48～4F	1	1
ORL　A,direct	直接地址单元内容与累加器相或,结果送A	45(direct)	2	2
ORL　A,@Ri	间接 RAM 与 A 相或,结果送 A	46～47	1	2
ORL　A,♯data	立即数与A相或,结果送A	44(data)	2	2
ORL　direct,A	A与直接地址单元内容相或,结果送地址单元	42(direct)	2	3
ORL　direct,♯data	立即数与地址单元内容相或,结果送地址单元	43(direct)(data)	3	3
XRL　A,Rn	R.n与A相异或,结果送A	68～6F	1	1
XRL　A,direct	直接地址单元内容与累加器相异或,结果送A	65(direct)	2	2
XRL　A,@Ri	间接 RAM 与 A 相异或,结果送 A	66～67	1	2
XRL　A,♯data	立即数与A相异或,结果送A	64(data)	2	2
XRL　direct,A	A与直接地址单元内容相异或,结果送地址单元	62(direct)	2	3
XRL　direct,♯data	立即数与地址单元内容相异或,结果送地址单元	63(direct)(data)	3	3
CLR　A	累加器清零	E4	1	1
CPL　A	累加器取反	F4	1	1

指　　令	功 能 说 明	机 器 码	字节数	指令执行时间(系统时钟数)
移 位 操 作				
RL　A	循环左移	23	1	1
RLC　A	带进位循环左移	33	1	1
RR　A	循环右移	03	1	1
RRC　A	带进位循环右移	13	1	1
位操作指令				
MOV　C,bit	直接地址位送进位位	A2(bit)	2	2
MOV　bit,C	进位位送直接地址位	92(bit)	2	3
CLR　C	进位位清零	C3	1	1
CLR　bit	直接地址位清零	C2(bit)	2	3
SETB　C	进位位置1	D3	1	1
SETB　bit	直接地址位置1	D2(bit)	2	3
CPL　C	进位位取反	B3	1	1
CPL　bit	直接地址位取反	B2(bit)	2	3
ANL　C,bit	直接地址位与C相与,结果送C	82(bit)	2	2
ANL　C,/bit	直接地址位的取反值与C相与,结果送C	B0(bit)	2	2
ORL　C,bit	直接地址位与C相或,结果送C	72(bit)	2	2
ORL　C,/bit	直接地址位的取反值与C相或,结果送C	A0(bit)	2	2
控制转移指令				
LJMP　addr16	长转移	02addr15~0	3	4
AJMP　addr11	绝对转移	addr10~800001 addr7~0	2	3
SJMP　rel	短转移	80(rel)	2	3
JMP　@A+DPTR	间接转移	73	1	5
JZ　rel	累加器为零转移	60(rel)	2	4
JNZ　rel	累加器不为零转移	70(rel)	2	4
CJNE　A,direct,rel	A与直接地址单元内容比较,不相等转移	B5(direct)(rel)	3	5
CJNE　A,#data,rel	A与立即数比较,不相等转移	B4(data)(rel)	3	4
CJNE　Rn,#data,rel	Rn与立即数比较,不相等转移	B8~BF(data)(rel)	3	4
CJNE　@Rn,#data,rel	间接RAM与立即数比较,不相等转移	B6~B7(data)(rel)	3	5
DJNZ　Rn,rel	寄存器内容减1,不为零转移	D8~DF(rel)	2	4

续表

指　令	功能说明	机器码	字节数	指令执行时间（系统时钟数）
		控制转移指令		
DJNZ　direct,rel	直接地址单元内容减1,不为零转移	D5(direct)(rel)	3	5
JC　rel	进位位为1转移	40(rel)	2	3
JNC　rel	进位位为0转移	50(rel)	2	3
JB　bit,rel	直接地址位为1转移	20(bit)(rel)	3	4
JNB　bit,rel	直接地址位为0转移	30(bit)(rel)	3	4
JBC　rel	直接地址位为1转移并清零该位	10(bit)(rel)	3	5
LCALL　addr16	长子程序调用	12addr15~0	3	4
ACALL　addr11	绝对子程序调用	addr10~810001 addr7~0	2	4
RET	子程序返回	22	1	4
RETI	中断返回	32	1	4
NOP	空操作	00	1	1

说明：

① addr11：11 位地址 addr10~0。

② addr16：16 位地址 addr15~0。

③ bit：位地址。

④ rel：相对地址,8 位有符号数。

⑤ direct：直接地址单元。

⑥ #data：立即数。

⑦ Rn：工作寄存器 R0~R7。

⑧ A：累加器。

⑨ Ri：i＝0 或 1,数据指针。

⑩ DPTR：16 位数据指针。

⑪ *：STC 系列单片机利用传统扩展片外 RAM 的方法,将扩展 RAM 集成在片内,采用传统片外 RAM 的访问指令访问。表中所列数字为访问片内扩展 RAM 时的指令执行时间。STC 系列单片机保留了片外扩展 RAM 或扩展 I/O 的功能,但片内扩展 RAM 与片外扩展 RAM 不能同时使用。虽然访问指令相同,但访问片外扩展 RAM 的时间比访问片内扩展 RAM 所需的时间长,访问片外扩展 RAM 的指令时间是：

```
MOVX A,@Ri        5 × ALE_BUS_SPEED + 2
MOVX A,@DPTR      5 × ALE_BUS_SPEED + 1
MOVX @Ri,A        5 × ALE_BUS_SPEED + 3
MOVX @DPTR,A      5 × ALE_BUS_SPEED + 2
```

其中,ALE_BUS_SPEED 是由总线速度控制特殊功能寄存器 BUS_SPEED 选择确定的。

附录 3　C51 常用头文件与库函数

1. stdio.h（输入/输出函数）

函数名	函数原型	功　能	返　回　值	说　明
clearerr	void clearerr(FILE * fp);	使 fp 所指文件的错误标志和文件结束标志置"0"	无返回值	
close	int close(int fp);	关闭文件	成功,返回 0;不成功,返回-1	非 ANSI 标准
creat	int creat(char * filename, int mode);	以 mode 指定的方向建立文件	成功,返回正数;否则,返回-1	非 ANSI 标准
eof	inteof(int fd);	检查文件是否结束	遇文件结束,返回 1;否则,返回 0	非 ANSI 标准
fclose	int fclose(FILE * fp);	关闭 fp 所指的文件,释放文件缓冲区	有错,返回非 0;否则,返回 0	
feof	int feof(FILE * fp);	检查文件是否结束	遇文件结束符,返回非零值;否则,返回 0	
fgetc	int fgetc(FILE * fp);	从 fp 指定的文件中取得下一个字符	返回所得到的字符。若读入出错,返回 EOF	
fgets	char * fgets(char * buf, int n,FILE * fp);	从 fp 指向的文件读取一个长度为 n-1 的字符串,存入起始地址为 buf 的空间	返回地址 buf。若遇文件结束或出错,返回 NULL	
fopen	FILE * fopen(char * filename,char * mode);	以 mode 指定的方式打开名为 filename 的文件	成功返回一个文件指针(文件信息区的起始地址);否则,返回 0	
fprintf	int fprintf(FILE * fp,char * format,args,…);	把 args 的值以 format 指定的格式输出到 fp 指定的文件中	返回实际输出的字符数	
fputc	int fputc(char ch,FILE * fp);	将字符 ch 输出到 fp 指向的文件中	成功,则返回该字符;否则,返回非 0	
fputs	int fputs(char * str,FILE * fp);	将 str 指向的字符串输出到 fp 指定的文件	返回 0;若出错,返回非 0	
fread	int fread(char * pt, unsigned size,unsigned n, FILE * fp);	从 fp 指定的文件中读取长度为 size 的 n 个数据项,存到 pt 指向的内存区	返回所读取的数据个数。如遇到文件结束或者出错,返回 0	

续表

函数名	函数原型	功　能	返　回　值	说　　明
fscanf	int fscanf(FILE * fp,char format,args,…);	从 fp 指定的文件中按 format 给定的格式将输入数据送到 args 指向的内存单元(args 是指针)	返回已输入的个数	
fseek	int fseek(FILE * fp,long offset,int base);	将 fp 指向的文件的位置指针移到以 base 指出的位置为基准、以 offset 为位移量的位置	返回当前位置;否则,返回—1	
ftell	long ftell(FILE * fp);	返回 fp 指向的文件中的读写位置	成功,则返回 fp 指向的文件中的读写位置	
fwrite	int fwrite(char * ptr, unsigned size,unsigned n, FILE * fp);	把 ptr 指向的 n×size 个字节输出到 fp 指向的文件中	成功,则返回写到 fp 文件中的数据项的个数	
getc	int getc(FILE * fp);	从 fp 指向的文件读入一个字符	成功,则返回所读的字符。若文件结束或出错,返回 EOF	
getchar	int getchar(void);	从标准输入设备读取下一个字符	成功,则返回所读字符。若文件结束或出错,返回—1	
getw	int getw(FILE * fp);	从 fp 指向的文件读取下一个字(整数)	成功,则返回输入的整数。如文件结束或出错,返回—1	非 ANSI 标准函数
open	int open(char * filename, int mode);	以 mode 指出的方式打开已存在的名为 filename 的文件	成功,则返回文件号(正数)。若打开失败,返回—1	非 ANSI 标准函数
printf	int printf(char * format, args,…);	按 format 指向的格式字符串规定的格式,将输出表列 args 的值输出到标准输出设备	成功,则返回输出字符的个数。若出错,返回负数。format 可以是一个字符串,或字符数组的起始地址	
putc	int putc(int ch,FILE * fp);	把一个字符 ch 输出到 fp 所指的文件中	成功,则返回输出的字符 ch。若出错,返回 EOF	
putchar	int putchar(char　ch);	把字符 ch 输出到标准输出设备	成功,则返回输出的字符 ch。若出错,返回 EOF	
puts	int puts(char * str);	把 str 指向的字符串输出到标准输出设备	成功,则返回换行符。若失败,返回 EOF	
putw	int putw(int w,FILE * fp);	将一个整数 w(即一个字)写到 fp 指向的文件中	返回输出的整数。若出错,返回 EOF	非 ANSI 标准函数
read	int read(int fd,char * buf,unsigned count);	从文件号 fd 指示的文件中读 count 个字节到由 buf 指示的缓冲区中	返回真正读入的字节个数,如遇文件结束,返回 0;出错,返回—1	非 ANSI 标准函数

续表

函数名	函 数 原 型	功 能	返 回 值	说 明
rename	int rename(char * oldname, char * newname);	把由 oldname 所指的文件改名为由 newname 所指的文件名	成功,返回 0;出错,返回 −1	
rewind	void rewind(FILE * fp);	将 fp 指示的文件中的位置指针置于文件开头位置,并清除文件结束标志和错误标志	无返回值	
scanf	int scanf(char * format, args,...);	从标准输入设备按 format 指向的格式字符串规定的格式,输入数据给 args 指向的单元,读入并赋给 args 的数据个数。args 为指针	遇文件结束,返回 EOF;出错,返回 0	
write	int write(int fd,char * buf,unsigned count);	从 buf 指示的缓冲区输出 count 个字符到 fd 标志的文件中	返回实际输出的字节数。如出错,返回 −1	非 ANSI 标准函数

2. math.h(数学函数)

函数名	函 数 原 型	功 能	返 回 值	说 明
abs	int abs(int x);	求整型 x 的绝对值	返回计算结果	
acos	double acos(double x);	计算 $\cos^{-1}(x)$ 的值。x 应在 −1~1 范围内	返回计算结果	
asin	double asin(double x);	计算 $\sin^{-1}(x)$ 的值,x 应在 −1~1 范围内	返回计算结果	
atan	double atan(double x);	计算 $\tan^{-1}(x)$ 的值	返回计算结果	
atan2	double atan2(double x, double y);	计算 $\tan^{-1}(x/y)$ 的值	返回计算结果	
cos	double cos(double x);	计算 $\cos(x)$ 的值,x 的单位为弧度	返回计算结果	
cosh	double cosh(double x);	计算 x 的双曲余弦 $\cosh(x)$ 的值	返回计算结果	
exp	double exp(double x);	求 E^x 的值	返回计算结果	
fabs	duoble fabs(fouble x);	求 x 的绝对值	返回计算结果	
floor	double floor(double x);	求出不大于 x 的最大整数	返回该整数的双精度实数	
fmod	double fmod(double x, double y);	求整除 x/y 的余数	返回该余数的双精度	
frexp	double frexp(double x, double * eptr);	把双精度数 val 分解为数字部分(尾数)x 和以 2 为底的指数 n,即 val＝x×2n。n 存放在 eptr 指向的变量中,0.5≤x<1	返回数字部分 x	

函数名	函数原型	功　　能	返　回　值	说　　明
log	double log(double x);	求 $\log_e$ x(lnx)	返回计算结果	
log10	double log10(double x);	求 $\log_{10}$ x	返回计算结果	
modf	double modf(double val, double * iptr);	把双精度数 val 分解为整数部分和小数部分,把整数部分存到 iptr 指向的单元	返回 val 的小数部分	
pow	double pow(double x, double * iprt);	计算 xy 的值	返回计算结果	
rand	int rand(void);	产生−90～32767 间的随机整数	返回随机整数	
sin	double sin(double x);	计算 sin(x)的值,x 的单位为弧度	返回计算结果	
sinh	double sinh(double x);	计算 x 的双曲正弦函数 sinh(x)的值	返回计算结果	
sqrt	double sqrt(double x);	计算$\sqrt{x}$,x≥0	返回计算结果	
tan	double tan(double x);	计算 tan(x)的值,x 的单位为弧度	返回计算结果	
tanh	double tanh(double x);	计算 x 的双曲正切函数 tanh(x)的值	返回计算结果	

3. ctype. h(字符函数)

函数名	函数原型	功　　能	返　回　值	说　　明
isalnum	int isalnum(int c)	判断字符 c 是否为字母或数字	当 c 为数字 0～9 或字母 a～z 及 A～Z 时,返回非零值;否则,返回零	
isalpha	int isalpha(int c)	判断字符 c 是否为英文字母	当 c 为英文字母 a～z 或 A～Z 时,返回非零值;否则,返回零	
iscntrl	int iscntrl(int c)	判断字符 c 是否为控制字符	当 c 在 0x00～0x1f 之间或等于 0x7f(DEL)时,返回非零值;否则,返回零	
isxdigit	int isxdigit(int c)	判断字符 c 是否为十六进制数字	当 c 为 A～F、a～f 或 0～9 之间的十六进制数字时,返回非零值;否则,返回零	
isgraph	int isgraph(int c)	判断字符 c 是否为除空格外的可打印字符	当 c 为可打印字符(0x21～0x7e)时,返回非零值;否则,返回零	
islower	int islower(int c)	检查 c 是否为小写字母	是,返回 1;不是,返回 0	
isprint	int isprint(int c)	判断字符 c 是否为含空格的可打印字符		

续表

函数名	函数原型	功 能	返 回 值	说 明
ispunct	int ispunct(int c)	判断字符 c 是否为标点符号。标点符号指那些既不是字母、数字,也不是空格的可打印字符	当 c 为标点符号时,返回非零值;否则,返回零	
isspace	int isspace(int c);	判断字符 c 是否为空白符。空白符指空格、水平制表、垂直制表、换页、回车和换行符	当 c 为空白符时,返回非零值;否则,返回零	
isupper	int isupper(int c)	判断字符 c 是否为大写英文字母	当 c 为大写英文字母(A~Z)时,返回非零值;否则,返回零	
isxdigit	int isxdigit(int c)	判断字符 c 是否为十六进制数字	当 c 为 A~F、a~f 或 0~9 之间的十六进制数字时,返回非零值;否则,返回零	
tolower	int tolower (int c)	将字符 c 转换为小写英文字母	如果 c 为大写英文字母,则返回对应的小写字母;否则,返回原来的值	
toupper	int toupper(int c)	将字符 c 转换为大写英文字母	如果 c 为小写英文字母,则返回对应的大写字母;否则,返回原来的值	
toascii	int toascii(int c)	将字符 c 转换为 ascii 码,toascii 函数将字符 c 的高位清零,仅保留低 7 位	返回转换后的数值	

4. string. h(字符串函数)

函数名	函数原型	功 能	返 回 值	说明
memset	void * memset(void * dest, int c,size_t count)	将 dest 前面 count 个字符置为字符 c	返回 dest 的值	
memmove	void * memmove (void * dest,const void * src,size_t count)	从 src 复制 count 字节的字符到 dest。如果 src 和 dest 出现重叠,函数会自动处理	返回 dest 的值	
memcpy	void * memcpy (void * dest,const void * src,size_t count)	从 src 复制 count 字节的字符到 dest。与 memmove 功能一样,只是不能处理 src 和 dest 出现重叠的情况	返回 dest 的值	
memchr	void * memchr (const void * buf,int c,size_t count)	在 buf 前面 count 字节中查找首次出现字符 c 的位置。若找到字符 c,或者已经搜寻了 count 个字节,查找即停止	操作成功,则返回 buf 中首次出现 c 的位置指针;否则,返回 NULL	
memccpy	void * _ memccpy (void * dest,const void * src,int c, size_t count)	从 src 复制 0 个或多个字节的字符到 dest。当字符 c 被复制或者 count 个字符被复制时,复制停止	如果字符 c 被复制,函数返回这个字符后面紧挨一个字符位置的指针;否则,返回 NULL	

函数名	函数原型	功　能	返　回　值	说明
memcmp	int memcmp(const void * buf1, const void * buf2, size_t count)	比较 buf1 和 buf2 前面 count 个字节的大小	返回值<0,表示 buf1 小于 buf2 返回值为 0,表示 buf1 等于 buf2 返回值>0,表示 buf1 大于 buf2	
memicmp	int memicmp(const void * buf1, const void * buf2, size_t count)	比较 buf1 和 buf2 前面 count 个字节。与 memcmp 不同的是,它不区分大小写	返回值<0,表示 buf1 小于 buf2 返回值为 0,表示 buf1 等于 buf2 返回值>0,表示 buf1 大于 buf2	
strlen	size_t strlen(const char * string)	获取字符串长度,字符串结束符 NULL 不计算在内	没有返回值指示操作错误	
strrev	char * strrev(char * string)	将字符串 string 中的字符顺序颠倒过来。NULL 结束符位置不变	返回调整后的字符串指针	
_strupr	char * _strupr(char * string)	将 string 中的所有小写字母替换成相应的大写字母,其他字符保持不变	返回调整后的字符串指针	
_strlwr	char * _strlwr(char * string)	将 string 中的所有大写字母替换成相应的小写字母,其他字符保持不变	返回调整后的字符串指针	
strchr	char * strchr(const char * string, int c)	查找字符 c 在字符串 string 中首次出现的位置,NULL 结束符也包含在查找中	返回一个指针,指向字符 c 在字符串 string 中首次出现的位置。如果没有找到,返回 NULL	
strrchr	char * strrchr(const char * string, int c)	查找字符 c 在字符串 string 中最后一次出现的位置,也就是对 string 进行反序搜索,包含 NULL 结束符	返回一个指针,指向字符 c 在字符串 string 中最后一次出现的位置。如果没有找到,返回 NULL	
strstr	char * strstr(const char * string, const char * strSearch)	在字符串 string 中查找 strSearch 子串	返回子串 strSearch 在 string 中首次出现位置的指针。如果没有找到子串 strSearch,返回 NULL;如果子串 strSearch 为空串,函数返回 string	
strdup	char * strdup(const char * strSource)	函数运行中会自己调用 malloc 函数,为复制 strSource 字符串分配存储空间;然后将 strSource 复制到分配到的空间中。注意,要及时释放这个分配的空间	返回一个指针,指向为复制字符串分配的空间。如果分配空间失败,返回 NULL 值	

续表

函数名	函数原型	功　　能	返　回　值	说明
strcat	char ＊ strcat（char ＊ strDestination，const char ＊ strSource)	将源串 strSource 添加到目标串 strDestination 后面，并在得到的新串后面加上 NULL 结束符。源串 strSource 的字符覆盖目标串 strDestination 后面的结束符 NULL。在字符串的复制或添加过程中没有溢出检查，所以要保证目标串空间足够大。不能处理源串与目标串重叠的情况	返回 strDestination 值	
strncat	char ＊ strncat（char ＊ strDestination，const char ＊ strSource，size_t count)	将源串 strSource 开始的 count 个字符添加到目标串 strDest 后。源串 strSource 的字符覆盖目标串 strDestination 后面的结束符 NULL。如果 count 大于源串长度，会用源串的长度值替换 count 值，得到的新串后面自动加上 NULL 结束符。与 strcat 函数一样，本函数不能处理源串与目标串重叠的情况	返回 strDestination 值	
strcpy	char ＊ strcpy（char ＊ strDestination，const char ＊ strSource)	复制源串 strSource 到目标串 strDestination 指定的位置，包含 NULL 结束符；不能处理源串与目标串重叠的情况	返回 strDestination 值	
strncpy	char ＊ strncpy（char ＊ strDestination，const char ＊ strSource，size_t count)	将源串 strSource 开始的 count 个字符复制到目标串 strDestination 指定的位置。如果 count 值小于或等于 strSource 串的长度，不会自动添加 NULL 结束符到目标串中；count 大于 strSource 串的长度时，将 strSource 用 NULL 结束符填充补齐 count 个字符，然后复制到目标串中。不能处理源串与目标串重叠的情况	返回 strDestination 值	
strset	char ＊ strset(char ＊ string，int c)	将 string 串的所有字符设置为字符 c。遇到 NULL 结束符时停止	返回内容调整后的 string 指针	

续表

函数名	函数原型	功　　能	返　回　值	说明
strnset	char * strnset(char * string, int c,size_t count)	将 string 串的开始 count 个字符设置为字符 c。如果 count 值大于 string 串的长度,将用 string 的长度替换 count 值	返回内容调整后的 string 指针	
size_t strspn	size_t strspn(const char * string, const char * strCharSet)	查找任何一个不包含在 strCharSet 串中的字符(字符串结束符 NULL 除外)在 string 串中首次出现的位置序号	返回一个整数值,指定在 string 中全部由 characters 中的字符组成的子串的长度。如果 string 以一个不包含在 strCharSet 中的字符开头,函数将返回 0 值	
size_t strcspn	size_t strcspn(const char * string, const char * strCharSet)	查找 strCharSet 串中任何一个字符在 string 串中首次出现的位置序号,包含字符串结束符 NULL	返回一个整数值,指定在 string 中全部由非 characters 中的字符组成的子串的长度。如果 string 以一个包含在 strCharSet 中的字符开头,函数将返回 0 值	
strspnp	char * strspnp(const char * string, const char * strCharSet)	查找任何一个不包含在 strCharSet 串中的字符(字符串结束符 NULL 除外)在 string 串中首次出现的位置指针	返回一个指针,指向非 strCharSet 中的字符在 string 中首次出现的位置	
strpbrk	char * strpbrk(const char * string, const char * strCharSet)	查找 strCharSet 串中任何一个字符在 string 串中首次出现的位置,不包含字符串结束符 NULL	返回一个指针,指向 strCharSet 中任一字符在 string 中首次出现的位置。如果两个字符串参数不含相同字符,则返回 NULL 值	
strcmp	int strcmp(const char * string1,const char * string2)	比较字符串 string1 和 string2 大小	返回值<0,表示 string1 小于 string2 返回值为 0,表示 string1 等于 string2 返回值>0,表示 string1 大于 string2	
stricmp	int stricmp(const char * string1,const char * string2)	比较字符串 string1 和 string2 的大小。和 strcmp 不同,比较的是它们的小写字母版本	返回值<0,表示 string1 小于 string2 返回值为 0,表示 string1 等于 string2 返回值>0,表示 string1 大于 string2	

续表

函数名	函 数 原 型	功　　能	返 回 值	说明
strcmpi	int strcmpi（const char * string1, const char * string2)	等价于 stricmp 函数		
strncmp	int strncmp（const char * string1, const char * string2, size_t count)	比较字符串 string1 和 string2 的大小,只比较前面 count 个字符。比较过程中,任何一个字符串的长度小于 count,则 count 将被较短的字符串的长度取代。此时,如果两串前面的字符都相等,则较短的串要小	返回值＜0,表示 string1 的子串小于 string2 的子串 返回值为 0,表示 string1 的子串等于 string2 的子串 返回值＞0,表示 string1 的子串大于 string2 的子串	
strnicmp	int strnicmp（const char * string1, const char * string2, size_t count)	比较字符串 string1 和 string2 的大小,只比较前面 count 个字符。与 strncmp 不同的是,比较的是它们的小写字母版本	返回值与 strncmp 相同	
strtok	char * strtok（char * strToken, const char * strDelimit)	在 strToken 串中查找下一个标记,strDelimit 字符集指定了在当前查找调用中可能遇到的分界符	返回一个指针,指向在 strToken 中找到的下一个标记。如果找不到标记,返回 NULL 值。每次调用都会修改 strToken 内容,用 NULL 字符替换遇到的每个分界符	

5. malloc. h（或 stdlib. h,或 alloc. h,动态存储分配函数）

函数名	函 数 原 型	功　　能	返 回 值	说　明
calloc	void * calloc（unsigned int num, unsigned int size）;	按所给数据个数和每个数据所占字节数开辟存储空间	分配内存单元的起始地址。如不成功,返回 0	
free	void free(void * ptr);	将以前开辟的某内存空间释放	无	
malloc	void * malloc（unsigned int size）;	开辟指定大小的存储空间	返回该存储区的起始地址。如内存不够,返回 0	
realloc	void * realloc（void * ptr, unsigned int size）;	重新定义所开辟内存空间的大小	返回指向该内存区的指针	

6. reg51. h（C51 函数）

该头文件对标准 8051 单片机的所有特殊功能寄存器以及可寻址的特殊功能寄存器位进行了地址定义。在 C51 编程中,必须包含该头文件;否则,8051 单片机的特殊功能寄存器符号以及可寻址位符号就不能直接使用了。

7. intrins. h(C51 函数)

函数名	函 数 原 型	功　能	返 回 值	说　明
crol	unsigned char _crol_(unsigned char val, unsigned char n)	将 char 字符循环左移 n 位	char 字符循环左移 n 位后的值	
cror	unsigned char _cror_(unsigned char val, unsigned char n);	将 char 字符循环右移 n 位	char 字符循环右移 n 位后的值	
irol	unsigned int _irol_(unsigned int val, unsigned char n);	将 val 整数循环左移 n 位	val 整数循环左移 n 位后的值	
iror	unsigned int _iror_(unsigned int val, unsigned char n);	将 val 整数循环右移 n 位	val 整数循环右移 n 位后的值	
lrol	unsigned int _lrol_(unsigned int val, unsigned char n);	将 val 长整数循环左移 n 位	val 长整数循环左移 n 位后的值	
lror	unsigned int _lror_(unsigned int val, unsigned char n);	将 val 长整数循环右移 n 位	val 长整数循环右移 n 位后的值	
nop	void _nop_(void);	产生一个 NOP 指令	无	
testbit	bit _testbit_(bit x);	产生一个 JBC 指令。该函数测试一个位。如果该位置为"1"，则将该位复位为"0"。_testbit_ 只能用于可直接寻址的位；在表达式中使用是不允许的	当 x 为"1"时，返回"1"；否则，返回 0	

附录 4   STC-ISP 在线编程软件实用程序简介

STC-ISP 在线编程软件的最新版本 stc-isp-15xx-v6.82 除包含与下载有关的功能外，新增了波特率计算器、定时器计算器、软件延时计算器、头文件等工具，极大地方便了编程。

1. 波特率计算器

当串行口 1 和串行口 2 工作在方式 1 或方式 2 时，需要用定时器 1 或定时器 2 作为波特率发生器。此时，根据需要的波特率与选择的定时器设置串行口与定时器。STC-ISP 在线编程软件提供了专用于波特率计算与编程的计算工具，如附图 4-1 所示。只需输入相关参数，再单击"生成 C 代码"或"生成 ASM 代码"按钮，就能得到波特率发生器所需 C 语言或汇编语言的程序代码。

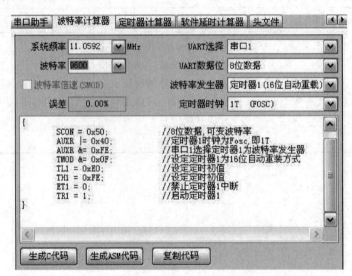

附图 4-1   STC-ISP 在线编程软件的波特率计算器

2. 定时器计算器

在实时控制中，经常需要使用定时器来实现不同需求的定时或延时。STC-ISP 在线编程软件提供了专用于定时器计算与编程的计算工具，如附图 4-2 所示。只需输入相关参数，再单击"生成 C 代码"或"生成 ASM 代码"按钮，就能得到定时器定时所需的 C 语言或汇编语言的程序代码。

3. 软件延时计算器

在键盘、显示以及时序控制等应用编程中，经常采用软件延时的方法来实现定时。在软件延时编程中，既要根据指令的执行系统周期数，还要根据系统周期的大小来计算延时时间，比较烦琐。STC-ISP 在线编程软件提供了专用于定时器计算与编程的计算工具，如

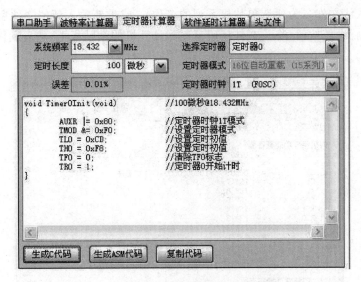

附图4-2　STC-ISP在线编程软件的定时器计算器

附图4-3所示。只需输入相关参数，然后单击"生成C代码"或"生成ASM代码"按钮，就能得到定时器定时所需的C语言或汇编语言的程序代码。

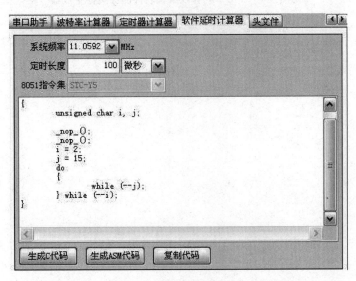

附图4-3　STC-ISP在线编程软件的软件延时计算器

4. 头文件

随着增强型8051单片机功能的扩展，系统增加了用于功能接口部件的特殊功能寄存器。传统的编译器不具备新增特殊功能寄存器地址的定义，因此，在使用增强型8051单片机时，需要在程序中定义新增特殊功能寄存器。对于不同的单片机，新增的特殊功能寄存器不一样，新增的数目不一样。当用户选择一款新型8051增强型单片机时，会觉得有些麻烦。STC-ISP在线编程软件提供了专用于STC单片机头文件的自动生成工具，如附图4-4所示。只需输入单片机系列的型号，然后单击"保存文件"按钮，再在"保存文件"对话框中单击

"保存"按钮（默认文件名为所选单片机系列的名称）；或重新输入新的文件后单击"保存"按钮。单击"复制代码"按钮，将头文件代码复制到计算机的粘贴板上，然后利用粘贴工具粘贴到应用程序中。

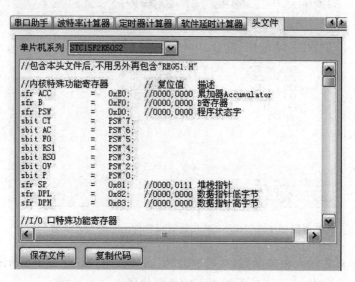

附图 4-4　STC-ISP 在线编程软件的头文件生成器

附录 5　STC15 单片机学习板各模块电路

1. IAP15W4K58S4 单片机最小系统（见附图 5-1）

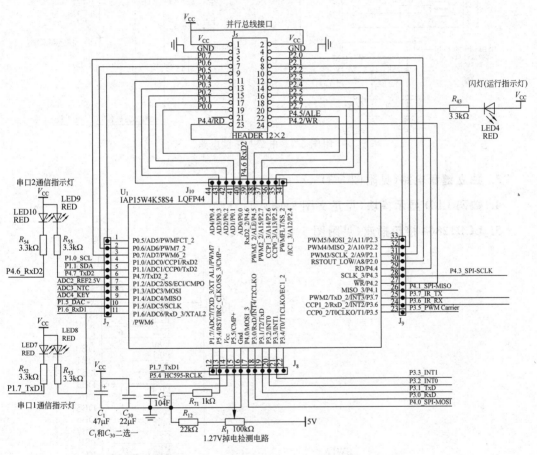

附图 5-1　IAP15W4K58S4 单片机与外围电路

2. 电源与下载电路(见附图 5-2)

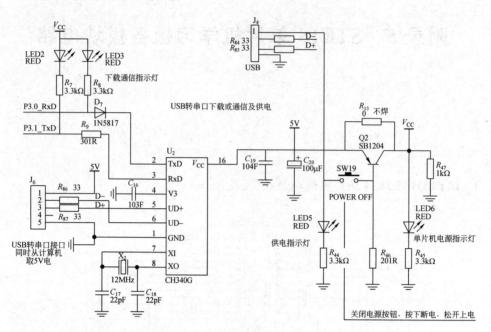

附图 5-2　电源与下载电路

3. 独立键盘电路(见附图 5-3)

4. 数码 LED 显示模块(见正文图 9-16)

5. LCD12864 接口插座(见附图 5-4)

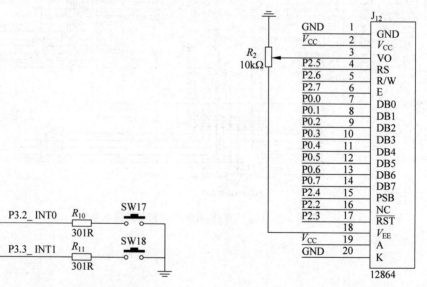

附图 5-3　独立键盘电路　　　　　附图 5-4　LCD12864 接口插座

6. 基准电压测量模块（见附图 5-5）

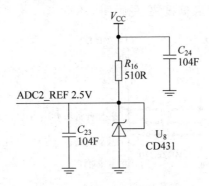

附图 5-5　基准电压测量模块

7. NTC 测温模块（见附图 5-6）

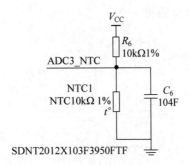

附图 5-6　NTC 测量模块

8. 双串口 RS-232 电平转换模块（见附图 5-7）

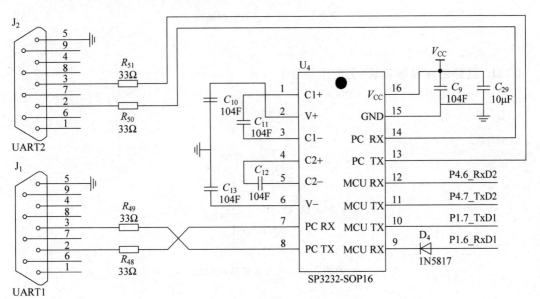

附图 5-7　双串口 RS-232 电平转换模块

9. 单机串口 TTL 电平通信模块（见附图 5-8）

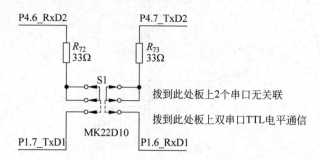

附图 5-8　单机串口 TTL 电平通信模块

10. 红外遥控发射模块（见附图 5-9）

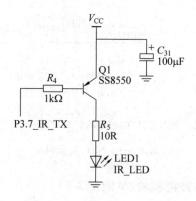

附图 5-9　红外遥控发射模块

11. 红外遥控接收模块（见附图 5-10）

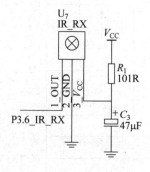

附图 5-10　红外遥控接收模块

12. PCF8563 电子时钟模块（见附图 5-11）

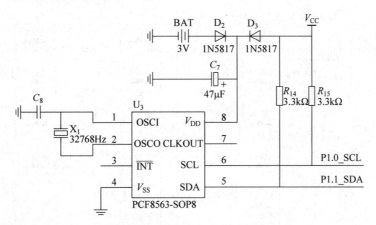

附图 5-11　PCF8563 电子时钟模块

13. SPI 接口实验模块（见附图 5-12）

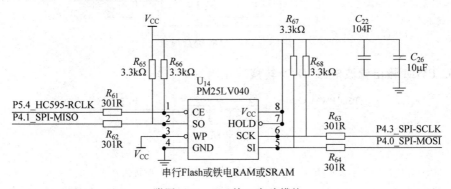

附图 5-12　SPI 接口实验模块

14. 矩阵键盘模块（见附图 5-13）

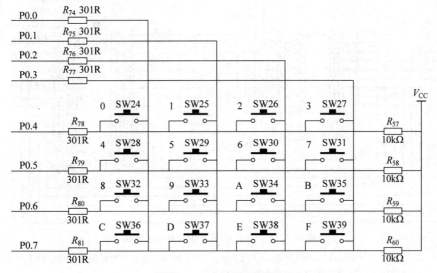

附图 5-13　矩阵键盘模块

15. ADC 键盘模块（见附图 5-14）

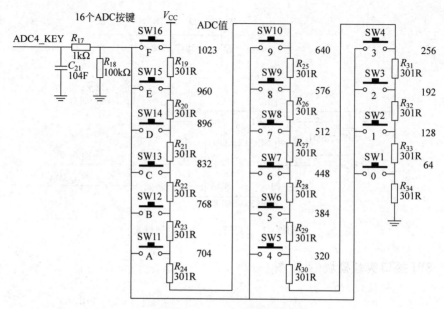

附图 5-14　ADC 键盘模块

16. PWM 输出滤波电路（D/A 转换）（见附图 5-15）

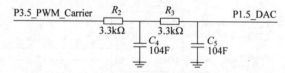

附图 5-15　PWM 输出滤波电路（D/A 转换）

17. 并行扩展 32KB RAM 模块（见附图 5-16）

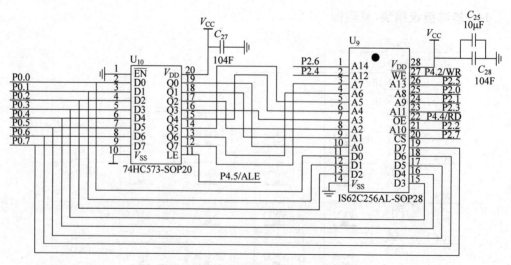

附图 5-16　并行扩展 32KB RAM 模块

注：P2.7 为高时，U_{11} SRAM 处于非选中状态，这时 SRAM 接到单片机的所有端口处于
高阻输入状态，不影响单片机的 I/O 口正常工作。

18. 下载设置开关模块（见附图 5-17）

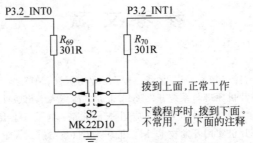

注：没有设置"P3.2/P3.3为00才可下载程序"时，可以不拨到下面。

附图 5-17　下载设置开关模块

19. DIY 扩展模块（见附图 5-18）

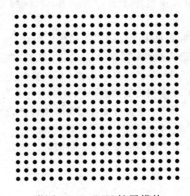

附图 5-18　DIY 扩展模块

参 考 文 献

[1] 丁向荣. 单片微机原理与接口技术[M]. 北京：电子工业出版社,2012.

[2] 丁向荣. 增强型 8051 单片机原理与系统开发[M]. 北京：清华大学出版社,2013.

[3] 丁向荣. STC 系列增强型 8051 单片机原理与应用[M]. 北京：电子工业出版社,2010.

[4] 陈桂友. 增强型 8051 单片机实用开发技术[M]. 北京：北京航空航天大学出版社,2010.

[5] 丁向荣,贾萍. 单片机应用系统与开发技术[M]. 北京：清华大学出版社,2009.

[6] 李全利,迟荣强. 单片机原理及接口技术[M]. 北京：高等教育出版社,2006.

[7] 丁向荣,谢俊,王彩申. 单片机 C 语言编程与实践[M]. 北京：电子工业出版社,2009.

[8] 陈桂友,蔡远斌. 单片机应用技术[M]. 北京：机械工业出版社,2008.

[9] 杨振江,杜铁军,李群. 流行单片机实用子程序及应用实例[M]. 西安：西安电子科技大学出版社,2002.

[10] 高锋. 单片微型计算机原理与接口技术[M]. 北京：科学出版社,2005.

[11] 唐竟南,沈国琴. 51 单片机 C 语言开发与实例[M]. 北京：人民邮电出版社,2008.

[12] 周兴华. 手把手教你学单片机 C 程序设计[M]. 北京：北京航空航天大学出版社,2007.

[13] 范风强,兰婵丽. 单片机语言 C51 应用实战集锦[M]. 北京：电子工业出版社,2005.

[14] 成友才. 单片机应用技术[M]. 北京：中国劳动社会保障出版社,2007.

[15] 王淑珍. 单片机原理与接口技术[M]. 北京：科学出版社,2008.

[16] 李珍. 单片机原理与应用技术[M]. 北京：清华大学出版社,2003.